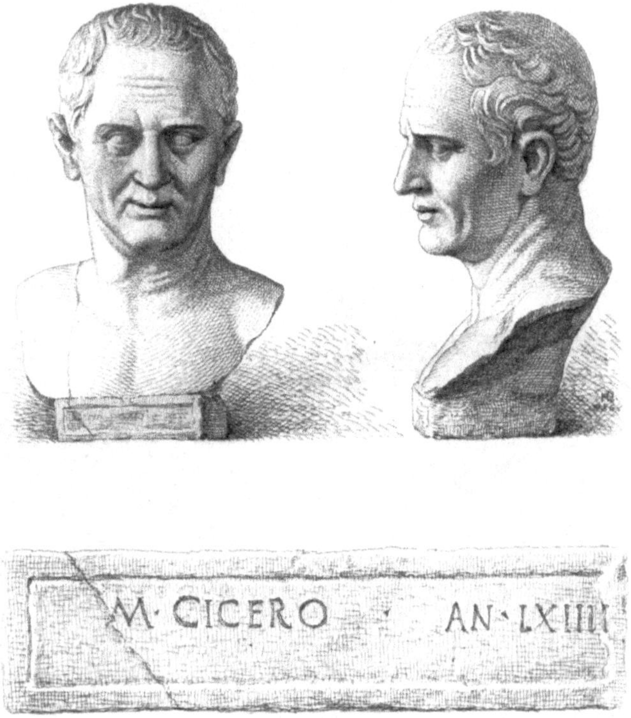

S. 115. N 191

DIE ANTIKEN BILDWERKE IN MADRID

BESCHRIEBEN

VON

EMIL HÜBNER.

NEBST EINEM ANHANG, ENTHALTEND DIE ÜBRIGEN ANTIKEN BILDWERKE IN SPANIEN UND PORTUGAL.

MIT ZWEI TAFELN.

BERLIN,

DRUCK UND VERLAG VON GEORG REIMER

1862.

DEM

ARCHÄOLOGISCHEN INSTITUT IN R

GEWIDMET.

DEM

ARCHÄOLOGISCHEN INSTITUT IN ROM

GEWIDMET.

VORWORT.

Die Beschreibung der antiken Bildwerke in Madrid war bestimmt dem römischen Institut zur Mittheilung im Bullettino übersendet zu werden, wie die im Anhang wiederholten Berichte über die übrigen spanischen und portugiesischen Städte. Die Zahl und die Wichtigkeit der antiken Bildwerke in Madrid machte es aber unmöglich die Beschreibung auf der Reise zu vollenden, und ihr Umfang überschritt bei weitem die Grenzen der römischen Publicationen. Desswegen erscheint sie jetzt statt in der anspruchslosen Form eines Reiseberichts als ein besonderes Buch, für welches die Nachsicht archäologischer Leser in vieler Beziehung in Anspruch zu nehmen ist. Einsichtige Nachfolger werden gewiss vieles zu ändern und zu bessern finden; mir selbst würden die Beschreibungen der einzelnen Werke erst dann genügt haben, wenn es möglich gewesen wäre mit der fertigen Arbeit noch ein Mal nach Madrid zu gehen und sie vor den Werken selbst zu prüfen. Da diess voraussichtlich weder mir noch einem anderen so bald möglich sein wird, so gebe ich sie trotz ihrer Mängel heraus, und hoffe dass sie wenigstens ihren zunächst statistischen Zweck erfüllen und die bisher für archäologische Studien so gut wie nicht vorhandenen antiken Kunstwerke Spaniens in den grossen Apparat der Archäologie einreihen wird. Eine Reihe werthvoller Ergänzungen und Berichtigungen verdanke ich der aufopfernden und unausgesetzten Unterstützung meines Freundes Jacob Zobel de Zangroniz in Madrid, dessen eifrige und einsichtige Theilnahme an der Arbeit in deutscher Abkunft und deutscher Erziehung wurzelt. Mit besonderem Danke erwähne ich ferner das freundliche Entgegenkommen meiner spanischen Freunde Federico und Pedro de Madrazo, Aureliano Fernandez Guerra, Antonio Delgado, Valentin Carderera, Francisco Bermudez Sotomayor und Florencio Janer, welchen ich den freien Zutritt zu allen in diesem Buch beschriebenen Sammlungen verdanke. Manches in Privatbesitz befindliche ist gewiss noch meiner Aufmerksamkeit und der meiner Freunde entgangen; auch ist das Interesse für die antike Kunst in Madrid im Zunehmen begriffen. So hat dem

Vernehmen nach neuerdings Don José de Salamanca eine Sammlung gemalter Vasen erworben [1]).

Sollte diese Beschreibung dazu beitragen dem Nationalmuseum, dessen Gründung die spanische Regierung jetzt mit dem gewünschten Eifer zu betreiben scheint, die kleinen Sammlungen der verschiedenen fürstlichen und privaten Besitzer zuzuwenden und so aus dem in der Vereinzelung unbedeutenden ein grosses und bedeutendes Ganze zu schaffen, so würde ich glauben dem Lande damit einen Theil meiner Dankesschuld für vielfache freundliche Aufnahme und Unterstützung abgetragen zu haben. Mit den Sculpturen der Sammlungen Medinaceli und Alba, mit den Vasen und Bronzen der Nationalbibliothek, der Akademie der Geschichte und des naturhistorischen Museums, mit den Vasen und Bronzen des Fürsten von Anglona und des Herrn Asensi, mit den meist einheimischen Alterthümern der Herren Cerdà, Guerra, Gayangos und Maëstre hätte das Nationalmuseum sich nicht vor der königlichen Sammlung zu schämen, auch wenn dieselbe, wie zu erwarten ist, vermehrt wird durch das in Schlössern und Landsitzen noch zerstreute, wie durch die schönen griechischen Büsten der casa del labra-

[1]) Nach der Notiz in der spanischen Zeitschrift el arte en España 1, 1862 boletin N. 2 S. 6.

dor in Aranjuez. Die beiden Sammlungen, die königliche und das Nationalmuseum, würden sich vielmehr auf das beste ergänzen und beide zusammen für die Nation die nothwendige Grundlage zur Pflege antiker Kunststudien und damit zur Bildung ächten Geschmackes bieten, dem Fremden aber die unsäglichen Schwierigkeiten des Zugangs zu so viel zerstreutem ersparen.

Für die Benutzung der Beschreibung an Ort und Stelle sehe man die S. 26 ff. gegebenen Erklärungen und das Verzeichniss auf S. 347 ff.

Die Büste des Cicero ist nach einer Photographie nach dem Abguss in meinem Besitz von Professor Bürkner in Dresden radiert.

Berlin, im October 1862.

INHALT.

I.

DIE KÖNIGLICHE SCULPTURENSAMMLUNG.

EINLEITUNG.

Von dem Kunstbesitz der spanischen Könige haben wir leider nur sehr unvollständige Kunde. Es ist unzweifelhaft, dass Fürsten von so erleuchtetem Geschmack wie Karl der V und Philipp der II ihre Wohnsitze nicht bloss mit den Werken der grossen italienischen und niederländischen Maler schmückten, welche jetzt den Hauptbestand der 2000 Nummern zählenden königlichen Bildergallerie ausmachen, sondern dass sie auch Bildhauerwerke, antike und moderne, erworben haben. Weiter zurück als die Zeit Karls des V vermag ich gar nicht zu ermitteln, ob und wo die spanischen Könige antike Kunstwerke besassen. Selbst von Karl dem V ist mir bis jetzt kein specielles Datum bekannt. Doch sind die Werke, welche unter seinem Sohne nachweislich vorhanden waren, zum Theil schon unter seiner Regierung zusammengebracht worden. Gedruckte Nachrichten darüber giebt es nicht. Denn weder die Chronisten und Geschichtschreiber jener beiden Könige, noch die Beschreibungen von Madrid und den königlichen Schlössern geben umständliche und brauchbare Berichte. Auch ältere Reisebeschreibungen, welche diesen Mangel ersetzen könnten, fehlen[1]). Am meisten findet sich noch in der Reisebeschreibung des

[1]) Der einsichtige Verfasser des Journal du voyage d'Espagne fait en 1659 (Paris 1669, 4°), Bertaud de Rouen, welchem für den Süden Spaniens allerlei antiquarische Notizen verdankt werden (vgl. das im Bullettino des römischen Instituts von 1861 S. 230 angeführte), sagt kein Wort von antiken Sculpturen in Madrid, Aranjuez oder dem Escorial.

Ponz [2]). Er schrieb sein Buch in höherem Auftrag, zunächst als Antwort auf die anonym erschienene Reise des Pater Norbert Caimo, eines Piemontesen [3]), welcher Spaniens Barbarei in Bezug auf die schönen Künste besonders scharf beurtheilt hatte. Der Zweck der Ehrenrettung seiner Nation veranlasste ihn, nicht durch umständliche Verzeichnisse die Leser zu ermüden, sondern in der damals gebräuchlichen freieren Form von Briefen mit allerlei Excursen kunsthistorischen, litterarischen und statistischen Inhalts sein Vaterland, welches unter der Regierung der ersten drei Bourbonen einen höchst bemerkenswerthen Aufschwung genommen hatte, in möglichst vortheilhaftem Lichte zu schildern. Sein Hauptinteresse nehmen die Malerei (er war selbst ein schlechter Maler) und Architectur und unter diesen wiederum begreiflicher Weise die spanischen Leistungen in Anspruch. Anton Rafael Mengs, welcher damals auf der Höhe seines Ruhmes stand, richtete einen ausführlichen Brief an ihn über die besten Bilder der königlichen Schlösser in Madrid [4]): er hätte gewiss auch über die antiken Sculpturen eingehende Auskunft zu geben vermocht. Für die Akademie der Künste in Madrid hatte Mengs im Auftrag Karls des III die Sammlung von Gipsabgüssen angelegt, welcher die Dresdener, früher seine eigene, ihre Entstehung verdankt; sie ist noch jetzt in dem von jenem König der Akademie von San Fernando oder der schönen Künste zugleich mit den naturwissenschaftlichen Sammlungen bestimmten Gebäude in der Strasse von Alcalá erhalten [5]). Von fremden Reisenden gehn Ponz an Zeit nur zwei voran. Des dänischen Gesandtschaftspredigers Plüer, der sich von 1759 bis 1765 in Spanien aufgehalten hat, trockene,

---

[2]) Don Antonio Ponz, viage de España, zuerst Madrid 1772 und 1773 in 2 Bänden, dann 1777 bis 1794 in 18 Bänden 8°.

[3]) Lettere d'un vago Italiano ad un suo amico, Mailand 1760 bis 1767, 4 Bände 8°.

[4]) Ponz Band 6 S. 164 bis 229.

[5]) Siehe den fünften Theil dieser Beschreibung.

aber durchaus zuverlässige und verständige Reisebeschreibung[6]) giebt leider keine Nachrichten von den alten Sculpturen in Madrid. Auf Plüer folgt der englische Geistliche Edward Clarke. Sein Buch[7]) enthält ein eigenthümliches Gemisch von guten Beobachtungen und grober Unwissenheit. Doch stand er in Verbindung mit einigen der ersten spanischen Gelehrten seiner Zeit, wie Perez Bayér und Mayans, von welchen er Briefe mittheilt. Er giebt einen Catalog der Bilder im Escorial; von Sculpturen aber weiss er durchaus nichts. Auch Swinburne[8]) erwähnt der Sculpturen mit keinem Wort. Der dänische Gelehrte Gerhard Ole Tychsen, welcher zwischen 1770 und 1780 in Spanien war, schreibt in einem Brief an Heyne[9]) 'über die alten Kunstwerke in Spanien'; im königlichen Schloss in Madrid will er ausser Copien nach antiken Werken nur 'verschiedene Büsten von Kaisern, Consuln u. s. f., deren jedoch die meisten unbekannt sind', gesehn haben. Alle folgenden Reisenden schöpfen ihre kunsthistorischen Notizen der eine mehr der andre weniger aus Ponz[10]). So der im übrigen zuverlässige Townsend[11]) und der ebenfalls immer noch sehr lesenswerthe Bourgoing[12]). Nichts ist zu lernen aus der der Zeit nach folgenden Reise des Grafen von Maule[13]).

---

6) Reisen in Spanien, herausgegeben von Ebeling, Leipzig 1777, 8°.

7) Letters concerning the Spanish nation written at Madrid during the years 1760 and 1761, London 1763, 4°.

8) Travels through Spain in the years 1775 and 1776, London 1779, 4°.

9) In Heerens Bibliothek der alten Litteratur und Kunst, erstes Stück, Göttingen 1786, 8°, S. 90 bis 108.

10) Band 6 S. 25 bis 77.

11) A journey through Spain in the years 1786 and 1787, London 1791, 3 Bände 8°.

12) Tableau de l'Espagne moderne, dritte Ausgabe, Paris 1803, in 3 Bänden 8°.

13) Unter diesem Namen ist er den Spaniern bekannt; sein voller Name ist Don Nicolas de la Cruz y Bahamonde, und sein Buch heisst viage de España, Françia é Italia, in 13 Bänden, Madrid und Cadiz

Auch Laborde [14]) erwähnt nur ganz im allgemeinen der Sculpturen im königlichen Schloss zu Madrid. Die genauesten Nachrichten von dem alten Alcázar giebt der Artikel Madrid in Madoz' grossem geographischem Wörterbuch [15]); doch ist auch darin von den Sculpturen nicht die Rede. Durch einen glücklichen Zufall konnte ich das Inventar der sämmtlichen Kunstschätze des königlichen Alcázars einsehn, welches im Jahr 1602 nach Philipp des II vier Jahr vorher erfolgtem Tode gemacht worden ist. Die Sculpturen sind darin von den beiden Hofbildhauern Juan Pablo Cambiago und Jacome de Trezo (nach ihm führt noch heut eine Strasse in Madrid ihren Namen) verzeichnet und taxiert worden. Es sind dabei 32 unzweifelhaft moderne Werke; darunter die vortrefflichen Bildnisse in Erz und Marmor, welche Pompeo Leoni von Arezzo von Karl dem V, seinen Gemahlinnen, seiner Schwester und seinem Sohn gemacht hat und welche jetzt eine Zierde der Sculptursammlung bilden. Ausserdem sind 85 mindestens zum grössten Theil antike Werke verzeichnet: meist Büsten römischer Feldherren und Kaiser, nur wenige ideale Darstellungen. Die Bezeichnungen sind natürlich sehr kurz und allgemeiner Art: aber nur etwa 8 davon vermochte ich nicht unter den jetzt im Museum befindlichen Werken wieder zu erkennen. Ich bezeichne sie in der folgenden Beschreibung mit ALC. und der laufenden Nummer. Viele Zutheilungen sind zwar zweifelhaft und desshalb mit einem Fragezeichen versehn; allein es genügt, im allgemeinen ihren Ursprung nachgewiesen zu haben. In den Noten gebe ich die oft wunderlichen Bezeichnungen des Inventars. Den Anfang machen die Büsten der zwölf ersten Kaiser von August bis Domitian. Es heisst davon: *estas estatuas* (nämlich *estatuas de*

1806 bis 1813, 8°. Don Isidoro Bosarte's viage artistico a varios pueblos de España, Madrid 1804, 8° ist beim ersten Bande, der die Reise nach Segovia, Valladolid und Burgos enthält, stehen geblieben.

[14]) Itinéraire déscriptif de l'Espagne, dritte Ausgabe, Paris 1828, in 6 Bänden; Band 4 S. 111.

[15]) Madrid 1847, Band 10 S. 758.

medio cuerpo, so werden die Büsten durchgehends bezeichnet) *embió á S. M. el Cardenal de Montepulciano*; das ist Giovanni Riccio, im Jahr 1539 Paul des III Gesandter bei Karl dem V. Es folgen noch einmal die Büsten derselben zwölf Kaiser mit der Notiz: *estas embió á S. M. el Papa Pio V* (1566 bis 1572). Die erste Sammlung erhielt Philipp also als Infant, die zweite als König. Von den übrigen Werken werden etwa 50 als Statuen und Büsten römischer Personen, Feldherren, Kaiser und Kaiserinnen u. s. w. bezeichnet. Nur 9 sind ideale Darstellungen und griechische oder römische Köpfe; vier davon Statuen (eine nackte Venus, ein Torso der Venus mit Amor, ein Amor und eine Leda), und fünf Büsten (Jupiter, Venus, Homer, Plato und Aristoteles)[16]. Diese Sammlung also bildet den ersten Bestandtheil des jetzigen Sculpturenmuseums. In den übrigen königlichen Schlössern scheinen zu Philipps Zeit keine Sculpturen gewesen zu sein; die Vollendung des Escorials erlebte er ja nicht. Leider standen mir aus der Zeit seiner Nachfolger keine Inventare zu Gebot: Anfragen danach in dem allgemeinen Landesarchiv von Simancas blieben ohne Erfolg. Doch folgt daraus natürlich keineswegs, dass sich nicht daselbst oder in dem Archiv der *primera secretaria de estado* in Madrid (welche alle Documente enthält, die sich auf den Besitz der Krone beziehen, ehe dieser durch die neue Verfassung von dem Staatseigenthum streng geschieden wurde) alle für diese Fragen wichtigen Papiere befinden. Unter den Nachfolgern Philipps ist es besonders von dem kunstliebenden Philipp dem IV, welcher die Maler Diego Velazquez und Rubens wie Freunde behandelte, ganz unzweifelhaft, dass er auch den Sculpturenbesitz der spanischen Krone vermehrt hat. Seine Bewunderung für die

---

[16]) Nicht vorhanden in der Sammlung ist N. 47 des Inventars *una mano grande de bronze con un pedazo de brazo, de Don Diego (Hurtado) de Mendoza*, also wahrscheinlich aus Spanien stammend, denn dieser als Feldherr, Staatsmann und Schriftsteller gleich berühmte Mann hat auch auf die Reste des Alterthums in Spanien geachtet. Vgl. die Monatsberichte der Berliner Akademie von 1861 S. 814.

Sculptur wird in Anecdoten berichtet[17]); er liess durch Velazquez in Italien in den Jahren 1648 bis 1651 'dreihundert Stück antiker Statuen und Copien der berühmtesten Werke der Sculptur in Marmor, Bronze und Stuck' ankaufen, welche im Jahr 1653 durch den Grafen von Oñate nach Madrid gebracht und zum grössten Theil im Alcázar aufgestellt wurden. Aus diesen Ankäufen stammen wahrscheinlich einige der Werke, welche Ponz aus dem königlichen Schloss citiert, während sie in dem alten Inventar fehlen[18]). Die Copien in Marmor und die Abgüsse in Bronze sind wahrscheinlich zum grössten Theil erhalten[19]). Der Hauptbestand der Gipsabgüsse dagegen, welche jetzt der spanischen Kunstakademie zu Gebot stehen, wird, wie bemerkt, Mengs verdankt. Von einem antiken Werke nur ist es sicher, dass es unter Philipp dem IV nach Spanien gekommen ist, nämlich von der Apotheose des Claudius[20]). Dass der jetzt fehlende antike Kopf des Claudius jemals im Escorial gewesen sei, ist sehr zweifelhaft. Auch zum Schmuck des Escorials scheint wenig von Sculpturen verwendet worden zu sein. Antik ist daselbst die zu einem Laurentius gemachte Statue im Chor der Kirche; sie wurde in Rom durch einen der Gesandten Philipps des II erworben. Sonst wird von alten Sculpturen im Escorial in den zahlreichen Beschreibungen[21])

---

17) Vgl. William Stirlings Velazquez, London 1855, S. 59 ff.

18) z. B. die Bacchantinnen N. 285.

19) Vgl. die Nummern 1* bis 51* dieser Beschreibung.

20) N. 201; daselbst das nähere.

21) P. Ilario Mazzolari, reali grandezze dell' Escuriale, Bologna 1648, 4"; Fray Francisco de los Santos, descripcion del Escorial, Madrid 1657, wiederholt 1667 und 1698, Fol., übersetzt von George Thompson, London 1760, 4° mit vortrefflichen Stichen; P. Andres Jimenez, descripcion del Escorial, Madrid 1764 Fol.; P. Damian Bermejo, descripcion artistica del Escorial, Madrid 1820, 8°; D. José Quevédo, historia y descripcion del Escorial, Madrid 1849, 4°, so wie eine Reihe von Fremdenführern, nebst den Artikeln bei Miñano, diccionario geografico y estadistico de España y Portugal, Madrid 1826, Band 3 S. 376 bis 398 und Madoz 7, 1847 S. 527 bis 546.

nichts erwähnt. Jetzt zeigt man im grossen Saal der Bibliothek den Bildnisskopf eines kahlköpfigen Römers, etwa Lebensgrösse, von guter Arbeit, als Cicero; mit dessen ächter Büste er nicht die geringste Aehnlichkeit hat. Er soll unter Karl dem III aus Herculaneum dorthin gekommen sein. Aus Aranjuez, dem Lieblingsaufenthalt Philipp des IV, führt Ponz [22]) nur zwei Bronzeabgüsse nach antiken Werken an, nämlich die vom Volk Adam und Eva genannten Statuen, welche nach der Beschreibung bei Madoz [23]) im Jahr 1662 (also drei Jahr vor des Königs Tod) bei dem grossen Wasserfall des Tajo '*junto al cenador*' aufgestellt und wie es scheint, 1845 noch daselbst vorhanden waren [24]). Eine genauere Beschreibung dieser und anderer Statuen in Aranjuez giebt der schon erwähnte Tychsen [25]). Er bemerkt dabei, dass eine Anzahl der früher in Aranjuez befindlichen Antiken nach San Ildefonso versetzt worden seien: diess ist vielleicht eine Verwechselung mit dem Buen retiro, wohin nach Madoz [26]) schon im Jahre 1634 viele Statuen aus Aranjuez kamen. Doch können möglicher Weise natürlich später auch Sculpturen aus Aranjuez nach San Ildefonso gekommen sein. Tychsen erklärte (S. 98) die beiden von Ponz erwähnten Bronzestatuen für 'sicher antik und vollkommen erhalten'. Die erste ist eine nackte Venus, in der Stellung der medicäischen, aber etwas grösser. Dies ist möglicher Weise N. 27 dieser Beschreibung, deren Ursprung nicht mit Sicherheit zu ermitteln ist. Die zweite, von Ponz Antinous genannt, ist, wie Tychsen selbst 'nachher entdeckte', die in dem alten Solva in Noricum (oder Virunum? Arneth) im Jahr 1502 gefundene, seit 1806 in Wien befindliche nackte Porträtfigur mit der Inschrift

---

[22]) 1, 224.

[23]) 2, 1845 S. 437. Miñano 1, 236 giebt nichts darüber.

[24]) Laborde (4, 1828 S. 289 bis 298) weiss nichts davon.

[25]) Heeren's Bibliothek der alten Litteratur und Kunst 1, 1786 S. 97 ff.

[26]) a. a. O. S. 437.

A·POBLICIVS·D·L·ANTIOC
TI·BARBIVS·Q·P·L·TIBER

das ist *A. Poblicius D. l. Antiocus, Ti. Barbius Q. P. l. Tiber(ianus* oder dgl.) auf dem r. Schenkel[27]), schon in Holz geschnitten in Apians Inschriftensammlung[28]), und beschrieben von Lambecius[29]). Winkelmann erwähnt dieser Statue[30]) und bemerkt, Mengs habe sie ihm als ein antikes Werk bezeichnet. Vorher hatte sie auch Pighius[31]) beschrieben. Die beiden Statuen in Aranjuez sind aber wohl als Abgüsse zu betrachten, wahrscheinlich ein Geschenk der östreichischen Habsburger an die spanischen Vettern. Arneth, welcher in der männlichen ein Bildniss des Germanicus vermuthet und die Inschrift ganz verkehrt erklärt, weiss nichts von dem spanischen Exemplar. Bei dieser Statue fehlt übrigens der, wie es scheint, dazu gehörige runde Schild mit einer nicht ganz richtig abgeschriebenen Inschrift. Von beiden Statuen ist nichts mehr vorhanden. Man zeigte Herrn Zobel, der auf meinen Wunsch darüber Erkundigungen eingezogen hat, den Platz, wo sie gestanden haben sollen. Ungefähr erst gegen das Jahr 1850 sollen sie fortgeschafft worden sein; wohin, war nicht in Erfahrung zu bringen. Von Marmorwerken nennt Tychsen ausserdem 'eine männliche Figur im leichten Gewand, die einem gegen sie aufspringenden Hunde schmeichelt. Man versicherte, dass sie antik sei, ob es mir gleich zweifelhaft schien'. Unter den antiken Werken des Museums ist nichts ähnliches: Tychsens Zweifel an der Aechtheit finden wohl schon in dem Motiv hinreichende Bestätigung. Im Schloss von Aranjuez im Badezimmer der Königin sah Herr Zobel

---

[27]) Arneth, Beschreibung der Statuen im k. k. Münz- und Antikenkabinet, Wien 1856, 6te Auflage, N. 55.

[28]) Inscriptiones sacrosanctae vetustatis, Ingolstadt 1534 S. 414.

[29]) In den comm. de bibl. Vindob. 2 S. 674 der 1sten, S. 379 der 2ten Ausgabe.

[30]) Werke, herausgegeben von Fernow, Meyer und Schulze (diese Ausgabe citiere ich überall) 5 S. 284.

[31]) Im Hercules Prodicius S. 146 f.

eine moderne Statue, auf welche diese Beschreibung ungefähr passt, neben einer ebenfalls modernen Copie der capitolinischen Gruppe von Eros und Psyche. Als sicher antik bezeichnet Tychsen aber 'eine schöne leicht bekleidete Venus. Das Gewand ist so leicht gearbeitet, dass man den rechten Schenkel dadurch sieht; der linke ist fast bis an die Hüfte entblösst. Ich nenne es [so] Venus, weil man sie dort so nennt; vielleicht ist es eine Nymphe oder eine Porträtstatue . . ., sie steht an einem Springbrunnen nicht weit vom Eingang des Gartens mitten unter einer Menge von Statuen'. Auch für diese Beschreibung finde ich in der Madrider Sammlung kein entsprechendes Werk; Herr Zobel suchte im Garten von Aranjuez vergebens danach. Tychsen fährt fort: 'ich bemerke noch eine dritte [Statue], die ich des Stils wegen für alt hielt; eine weibliche Figur, die ein jetzt nicht mehr kenntliches Attribut in der Hand hält. Es muss eine Muse oder sonst eine symbolische Göttin [!] vorstellen'. Die Beschreibungen führen ausserdem noch 14 Büsten antiker Persönlichkeiten als in einem der Parterres im Garten von Aranjuez befindlich an: ob sie antik sind, weiss ich nicht. Diess sind nach den übereinstimmenden Bezeichnungen zu schliessen vielleicht zum Theil die von Pabst Pius dem V an König Philipp geschenkten. Herr Zobel fand sie noch vor. Sie sind grösstentheils von sehr schlechter Arbeit und befinden sich jetzt in einem kaum erkennbaren Zustand. Nur zwei davon sind etwas besser, aber selbst für italienische Arbeiten jener Zeit sehr mittelmässig. Aranjuez scheint mithin zu der neuen Sammlung wenig beigesteuert zu haben. Der Palast des Buen retiro, bekanntlich von Philipp dem IV auf des Conde Duque von Olivåres Antrieb erbaut, enthielt nicht bloss Werke neuerer Bildhauer, wie die berühmte Statue des Königs zu Pferd von dem Florentiner Pietro Tacca, welche jetzt den Platz vor dem königlichen Schlosse schmückt. In der Nähe des Punktes, wo einst jene Statue stand (der Ort hiess danach *el jardin del caballo*) beschreibt Ponz [32]) eine Statue, 'welche, obgleich verstümmelt, für

[32]) 6, 104.

antik zu halten sei und eine Muse vorzustellen scheine'. Vielleicht ist es N. 47 dieser Beschreibung, deren Ursprung anders woher nicht zu ermitteln ist. Im Erdgeschoss und im Souterrain des Palastes, welcher bei der französischen Occupation beträchtlich litt[33]), nennt Ponz[34]) 'verschiedene Kaiserbüsten und zahlreiche andere Büsten und Marmorfiguren'. Es wird nicht einmal ausdrücklich gesagt, dass diese Werke antik gewesen seien. Bei dieser allgemeinen Bezeichnung hat man die Freiheit unter den Werken des Museums, deren Ursprung nicht mit Sicherheit zu bestimmen ist, so viel man will als aus dem Retiro stammend anzunehmen. Die wiederhergestellten Theile des Palastes enthalten jetzt theils das Artilleriemuseum, theils dienen sie dem Infanten Don Francisco de Paula, dem Vater des Königs, zur Wohnung. Hier sah im Jahr 1823 Mongez, wie er erzählt[35]), den antiken zu der Apotheose des Claudius[36]) gehörenden Kopf. Wie er dorthin gekommen und ob er noch dort ist weiss ich nicht. Man sieht aus diesem Beispiel, welche Wanderungen die Werke alter Kunst in Spanien gemacht haben mögen, ehe sie in dem jetzigen Museum eine Zuflucht fanden. Von anderen Schlössern oder Sammlungen, welche alte Sculpturen zum Museum gestellt hätten, ist mir nichts bekannt worden. Neben dem ersten Bestandtheil der Sammlung, den Sculpturen des alten Alcázar, wird man daher einen zweiten nur sehr geringen anzunehmen haben, der die wenigen Werke umfasst, welche möglicher Weise aus dem Escorial, Aranjuez und dem Retiro stammen. Dazu gehört vielleicht die schöne Nymphenstatue (N. 62), welche im sechszehnten Jahrhundert in Barcelona gewesen zu sein scheint.

Desto grösser ist der dritte Bestandtheil, nämlich die Sammlung der Königin Christine von Schweden, bis in die dreissiger Jahre (ich habe bisjetzt das Jahr der Uebersiedelung nicht in

---

[33]) Miñano 5 S. 343.

[34]) S. 133 f.

[35]) Iconographie Romaine 2 S. 192 f. und Tafel 27, 3. 4.

[36]) N. 201 dieser Beschreibung.

Erfahrung bringen können) aufgestellt im Erdgeschoss des königlichen Lustschlosses von San Ildefonso, schlechthin genannt la Granja (das ist die Meierei), vierzehn spanische Leguen nördlich von Madrid an der Strasse nach Segovia gelegen, von welchem es nur zwei Leguen entfernt ist. Von der Entstehung dieser berühmten Sammlung und ihrem Bestande ehe sie nach Spanien kam, giebt es so viel ich weiss keine vollständige Nachricht. Die Biographen der Königin von Schweden erwähnen ihrer Sammlungen nur beiläufig. Am meisten findet sich noch bei Grauert[37]). Die Münzen der Königin Christine publicierte Sigbert Havercamp[38]); die geschnittenen Steine sind später ebenfalls veröffentlicht worden[39]). Was aus den kleinen Bronzen der Sammlung Odescalchi geworden ist weiss ich nicht[40]). Denn auch von dem Bestand der Sammlung als sie aus dem Besitz der Erben der Königin in den des Livio Odescalchi gelangt war, finde ich in den alten Beschreibungen Roms keine nähere Angabe. Nur einzelne der vorzüglichsten Stücke sind veröffentlicht worden. Zuerst erschien eine Abbildung des später unter dem Namen der Gruppe von San Ildefonso berühmt gewordenen Werkes (N. 67) in Perriers Tafeln[41]). Danach folgen einzelne Stiche von Sante Bartoli,

---

[37]) Christina, Königinn von Schweden und ihr Hof, Bonn 1842 Band 2 S. 323; dazu vergleiche man den glänzenden Excurs von Ranke, die römischen Päbste, Band 3 dritte Auflage 1845 S. 99.

[38]) Numophylacium reginae Christinae oder Médailles du cabinet de la reine Christine, im Haag 1742 Fol.

[39]) In dem Museum Odescalcum, Rom 1747 und 1751, 2 Bände Fol., gestochen von Pietro Sante Bartoli, mit Text von dem Jesuiten Nicolao Galeotti.

[40]) Die schöne kleine Venus wenigstens, welche im Museum Odescalcum Tafel 35 von Bartoli gestochen und danach von Clarac Tafel 610, 1354 wiederholt worden ist, findet sich unter den kleinen Bronzen der Nationalbibliothek (denn im Sculpturenmuseum giebt es deren überhaupt nicht) so wenig wie die übrigen früher in jener Sammlung befindlichen Werke.

[41]) Rom 1638 Fol. Tafel 37; danach wiederholt in den holländischen Nachstichen des Werks.

wie z. B. die Apotheose des Claudius (N. 201)[42]; dann die für ihre Zeit sehr guten Stiche Domenico de Rossi's[43]). Darin finden sich die Musen (N. 48 bis 57 auf Tafel 111 bis 120), die Gruppe von San Ildefonso (N. 67 auf Tafel 121) und der Satyr mit dem Böckchen (N. 59 auf Tafel 122). Einige mehr finden sich in Montfaucons grossem Werke[44]): die Musen (N. 48 bis 57), das bacchische Puteal (N. 289), die Apotheose des Claudius (N. 201), der Satyr mit dem Böckchen. Bald nach seiner im Jahr 1724 erfolgten Abdankung, so erzählt Ponz[45]), erfuhr Philipp der V, dass in Rom die Sammlung antiker Sculpturen der Königin Christine von dem Prinzen von Elba, dem Erben des Livio Odescalchi, zum Kauf ausgeboten werde. Der Bildhauer Camillo Rusconi wurde durch den Cardinal Acquaviva, den spanischen Bevollmächtigten in Rom, mit dem Ankauf beauftragt und bezahlte für die ganze Sammlung 12000 Dublonen (etwa 36000 Thaler) und Benedict der XIII ertheilte die Erlaubniss die Sammlung ohne Ausgangszoll auszuführen. Unzweifelhaft existieren noch im Archiv des Staatssecretariats in Madrid oder in Simancas die sämmtlichen auf den Ankauf bezüglichen Akten. Wem es gelingt, sie einzusehn, der wird wahrscheinlich mit Leichtigkeit alle einzelnen Stücke der Sammlung daraus feststellen können. Die Aufstellung scheint erst etwa zwanzig Jahr später, bald nach Philipp des V Tod (1746) auf Anordnung der Königin Wittwe Doña Isabel de Farnese durch den (wohl italienischen) Architecten Domenico Maria Sani erfolgt zu sein[46]). Die Decken der Zimmer des Erdgeschosses, in welchem man die Sammlung aufstellte, wurden von Bartolomeo Rusca gemalt, wie es scheint erst nach dem Tod der Königin Isabella (1776)[47]). Es ist wahrscheinlich, dass einzelne

---

[42]) Admiranda Romae Tafel 80.

[43]) Raccolta di statue antiche e moderne, Rom 1704 Fol.

[44]) Antiquité expliquée, 1719 bis 1724.

[45]) 10, 1781 S. 118.

[46]) Ponz S. 123.

[47]) Ponz S. 126.

Stücke, die nicht zur Sammlung der Königin von Schweden gehörten, schon damals auch nach San Ildefonso kamen, entweder aus anderen königlichen Schlössern, oder aus Privatsammlungen [48]). Um das Jahr 1730 nämlich, wie es scheint, beauftragte die Königin Isabella den Pater Don Eutichio Ajello y Lascari [49]) mit einer grossen Prachtpublication der ganzen Sammlung [50]). Das Original dieser wohl wegen ihrer kostbaren Anlage nie zum Druck gekommenen Schrift bewahrt das Archiv des Staatssecretariats in Madrid: es ist das der Königin Isabella Farnese vorgelegte, in weisse Seide eingebundene Originalmanuscript. Auf 200 paginierten Seiten in gross Folio enthält es zunächst 23 Dissertationen oder *diatribas*, in welchen 65 Werke, antike und moderne, beschrieben werden: allein nur von 44 derselben liegen die Zeichnungen vor, 21 fehlen. Dann folgen noch 12 unnumerierte Dissertationen, welchen ihr fester Platz wohl erst nach Vollendung des ganzen Werkes angewiesen werden sollte. In diesen werden noch 28 Werke mehr erläutert, von denen etwa 11 noch nicht gezeichnet sind. Endlich liegen am Schluss noch 10 Zeichnungen, zu welchen die Erläuterungen fehlen. Die Dis-

---

[48]) Möglich ist z. B. dass manche der Antiken aus Aranjuez hierher gekommen sind, wie oben bemerkt wurde. Vielleicht war die Leda (N. 40) früher im Alcázar in Madrid. Sicher kamen erst später hierher drei kleine römische Urnen (N. 296 bis 298), welche der Dean Martí in den zwanziger Jahren des achtzehnten Jahrhunderts in Madrid im Hause des Marques del Carpio sah, Ajello aber, von dem gleich zu reden ist, schon 1751 aus San Ildefonso den novelle Fiorentine schickte.

[49]) Seinen vollen Namen kenne ich nur aus den erwähnten novelle letterarie di Firenze von 1751 S. 511; er scheint ein Neapolitaner von halb griechischer Abkunft gewesen zu sein.

[50]) Ponz weiss von diesem Unternehmen nichts; das Verdienst, darauf aufmerksam gemacht zu haben, gebührt Herrn Benito Vicens y Gil de Tejada in Madrid. Er beschreibt es in einem Aufsatz einer neuen spanischen Zeitschrift la Razon (2, 1861 S. 394 bis 400): *rápido exámen de una descripcion manuscrita de la galeria de escultura del real palacio de San Ildefonso.*

sertationen behandeln, wie Herr Vicens berichtet und ich selbst bei flüchtiger Durchsicht des Werks gesehn habe, immer die gleichartigen Kunstwerke zusammen mit höchst weitläufiger und seichter Gelehrsamkeit; sie sind voll der verfehltesten Deutungen und nehmen gar keine Rücksicht auf die Ergänzungen. Möglich ist, dass bei der Uebersiedelung in das Museum noch einzelne antike Werke in San Ildefonso zurückgeblieben oder sonst wohin gekommen sind. Von 14 ägyptischen Statuen aus schwarzem Marmor, welche Ajello beschreibt, sind nur drei im Museum. Ich habe die übrigen weder in San Ildefonso noch anderswo gesehn. Die Zeichnungen zu Ajellos Werk sind gewiss von den geschicktesten der damals in Madrid lebenden Künstler mit einer für die Zeit grossen Treue und Sorgfalt gemacht, nur, wie ebenfalls von jener Zeit nicht anders zu erwarten, im Charakter sämmtlich durchaus verfehlt. Den Wunsch des Herrn Vicens, das ganze Werk so wie er liegt noch jetzt publiciert zu sehn, könnten wir daher, auch wenn es ausführbar wäre, nicht theilen. Die Zeichnungen hätten, ehe Claracs Werk erschien, von Nutzen sein können. Jetzt dient das Werk zu nicht viel mehr, als zur Controle des nach Karl des III Tode gemachten Inventars, welches ich einzusehn Gelegenheit hatte. Die sämmtlichen von Ajello beschriebenen oder für ihn gezeichneten Werke befanden sich in San Ildefonso. Daraus folgt nach dem oben bemerkten jedoch nicht, dass sie sämmtlich aus der Sammlung Odescalchi stammen. Herr Vicens hat die Zeichnungen mit den Statuen selbst verglichen, so dass nur in wenigen Fällen Zweifel über die Richtigkeit der Attributionen geblieben sind. Nur bei den Büsten, deren Beschreibungen sehr unbestimmt sind, kommt diess öfter vor [51]. Ich citiere in der Beschreibung unter jedem Stück, welches in San Ildefonso gewesen ist, zuerst Ajellos Werk, dann mit der Bezeichnung S. ILD. die Nummern der 13 Zimmer und die lau-

[51]) Vgl. N. 54 *estatua de medio cuerpo*, das ist Büste, *que no se sabe de quien es* und ähnliches.

fenden Nummern, wie sie in dem von den Hofbildhauern Pedro Michel und Celedonio de Auce (wohl Franzosen) höchst oberflächlich gemachten Inventar stehen, so weit es mir möglich war aus den zuweilen ganz unklaren und meist summarischen Bezeichnungen die verschiedenen Werke zu erkennen. Einige Unterstützung gewährte dabei die Beschreibung von Ponz [52]), welche zwar im ganzen mit dem Inventar übereinstimmt, im einzelnen aber auch höchst ungenau und unvollständig ist. Ich citiere sie daher zuweilen beide, zuweilen Ponz allein [53]). Antikes und modernes ist im Inventar gar nicht, bei Ponz nicht durchgehends unterschieden: eine Reihe von näher beschriebenen Stücken finden sich nicht im Museum. Nach der Einrichtung des Museums im Prado haben die als Conservatoren angestellten Bildhauer begonnen, die alten Ergänzungen theils zu entfernen, theils andere an ihre Stelle zu setzen. Besonders der Bildhauer Salvatierra soll in dieser Weise gewirkt haben. Unter geübter Leitung könnte der grösste Theil der Sammlung von schlechten Ergänzungen befreit und mit verständigen neuen versehen werden. Allein das an sich löbliche aber nur halb und ohne festes Princip durchgeführte Entfernen der älteren Ergänzungen macht es zuweilen fast unmöglich, die einzelnen Werke aus den alten Bezeichnungen zu erkennen. Darüber gewährte manchen Aufschluss die Betrachtung der in den unteren Räumen des Lustschlosses von San Ildefonso aufgestellten Gipsabgüsse, welche von der ganzen Sammlung genommen worden sind, ehe sie in das Museum versetzt wurde. Diese Gipsabgüsse zeigen daher die sämmtlichen alten Ergänzungen. Die im Inventar und bei Ponz Clytia oder Daphne genannte Statue (N. 63) wurde z. B. nur auf diese Weise wiedererkannt; die alten Ergänzungen fanden sich nachher von dem

[52]) 10 S. 127 bis 135.

[53]) Die Berichte späterer Reisenden (z. B. der von Twiss voyage en Portugal et en Espagne, Bern 1776 S. 114 bis 117; das englische Original steht mir nicht zu Gebot) sind, wie schon bemerkt, nur aus Ponz abgeschrieben.

antiken Stück getrennt in einer der äusseren Galerien des Museums [54]). In vielen zweifelhaften Fällen tritt Ajellos Werk ergänzend ein; wo zu der Bezeichnung S. ILD. keine Zahl hinzugefügt ist, ergab sich die Zugehörigkeit des Stückes zur Sammlung nur aus seinem Vorkommen in Ajellos Beschreibung. Dennoch sind wahrscheinlich einzelne Werke von mir falsch citiert, bei anderen die Zugehörigkeit nicht erkannt worden. Was soll man sich z. B. vorstellen bei 6, 59 *un penates* (so), *solo el torso antiguo*? oder bei 9, 125 *una estatua antigua, restaurada la cabeza*? Zuweilen giebt wenigstens die Maassangabe eine Art von Anhalt. Da aber, wie gesagt, die modernen Werke meist ohne Unterscheidung von den antiken aufgeführt werden, und man nicht weiss ob alles moderne sich jetzt im Museum befindet, so lässt sich vollständig und mit Sicherheit auch nicht aus dem Inventar die Sammlung von San Ildefonso reconstruieren. Von Statuen bleiben etwa 8 im Inventar verzeichnete unbestimmt; ein Theil derselben ist gewiss modern [55]). Bei diesen konnten daher die Sammlungen des Alcázar und von San Ildefonso nur durch eine annähernde Rechnung auseinandergehalten werden; wieviel von dieser grade zum architectonischen Schmuck so häufig verwendeten Klasse von Sculpturen noch etwa anderswoher stammt, war gar nicht zu ermitteln. Nichtsdestoweniger lässt sich die Herkunft aller wichtigen Werke nach Berücksichtigung des gleich zu erwähnenden dritten Bestandtheils der Sammlung feststel-

---

[54]) Die Abgusssammlung der Granja verzeichnet, ebenfalls höchst oberflächlich, des Santos Martin de Sedeño descripcion del real sitio de S. Ildefonso (6te Ausgabe von Andres Gomez de Somorrostro y Martin, Segovia 1854, 8°). Eine andere anonyme descripcion historico-artistica de los reales sitios de Aranjuez, San Ildefonso y del … Escorial, Madrid 1844, 8° habe ich nicht gesehn.

[55]) Z. B. 3, 28 bis 31 *seis bustos de a dos pies, entre ellos varios emperadores*; 7, 87 bis 89 *dos cabezas y un busto.* Man vermuthet nach dieser Unterscheidung, dass *cabezas* etwa die Reliefköpfe sein möchten, allein auch das stimmt nicht.

len. Es bleiben von den Statuen im ganzen etwa 15, von den Büsten allerdings mehr als die Hälfte, von den Reliefs ebenso etwa 30, also über die Hälfte, der Herkunft nach unbestimmbar. Herkunft bedeutet hier freilich nur die ältere Sammlung, zu der die Werke gehörten. Der Fundort bleibt unbekannt. Doch stammt die Sammlung der Königin Christine zum grössten Theil aus Rom selbst; ebenso die Sammlung des alten Alcázar.

Don José Nicolás de Azára, ein aragonesischer Edelmann, hat seinen langen Aufenthalt in Rom als spanischer Gesandter im letzten Viertel des vorigen Jahrhunderts dazu benutzt, in Verbindung mit dem durch Winkelmann angeregten Kreise von Künstlern und Kunstliebhabern aller Nationen [56]) eine beträchtliche Sammlung von Kunstwerken aller Art zusammenzubringen. Im Jahre 1779 liess er auf dem Grundstück bei Tivoli, welches den Namen der Villa der Pisonen ich weiss nicht mit welchem Rechte führt, Ausgrabungen anstellen, deren Resultat dem berühmten Namen der Localität in der That keine Schande gemacht zu haben scheint. Einen ausführlichen Bericht über diese Ausgrabungen kenne ich nicht; wenigstens finde ich in den Büchern über Tivoli nichts darüber [57]). Statuen von besonderer Grösse scheinen sich nicht gefunden zu haben. Besonders gerühmt wird eine Venus, welche Azára Mengs schenkte, und über deren Verbleib bei der Antikensammlung des naturhistorischen Museums zu reden sein wird. In der Madrider Sammlung ist von dort gefundenen Statuen nur der kleine Bacchus (N. 20). Es scheint, dass Azára alle bei jenen Ausgrabungen gefundenen Gegenstände mit folgender Inschrift versehn liess:

SIGNVM IN TIBVRTINO PISONVM EFFOSSVM
ANNO MDCCLXXIX. IOS. NIC. AZARA REST. C.

Diese Inschrift trägt die berühmte Büste des Alexander im Lou-

[56]) Er war besonders mit Mengs eng befreundet und hat ihm ein Denkmal gesetzt, auch seine Werke zu Parma 1780 herausgegeben.

[57]) Cabral und del Re (ville di Tivoli, Rom 1779, 4°) beschreiben nur die Lage der sogenannten Villa der Pisonen (S. 137); Viola Tivoli etc. (Rom 1848) sagt nichts darüber.

vre[58]), Azára hatte sie damals dem ersten Consul zum Geschenk gemacht[59]). In der Madrider Sammlung tragen sie ausser dem genannten Bacchus die folgenden Büsten: N. 156 *Zenon*, 158 *Heraklit*, 159 *Herakles*, 160 *Herodot*, 161 *Theokrit*, 162 *Theophrast*, 166 *Karneades*, 167 *Metrodoros*, 169 *Pittakos*, 173 *Sokrates*, 175 *Sophokles*, 176 *Pherekydes*. Zu seiner Uebersetzung von Middletons Leben des Cicero[60]), hat Azára folgende Büsten der Madrider Sammlung, als damals in seinem Besitz befindlich, stechen lassen[61]): N. 152 *Demosthenes*, 165 *Isokrates*, 170 *Plato*, 149 *Aristoteles*, 192? *Cäsar*, 166 *Karneades*, 196 oder 197 jugendlicher *August* oder vielmehr *Tiberius*, und 173 *Sokrates*. An diesen Büsten sämmtlich sind die Bruststücke mit den Aufschriften oder doch die Aufschriften modern. Das richtige treffen darunter nur die Bezeichnungen des Aristoteles, Demosthenes, Sokrates und vielleicht des Sophokles; alle übrigen sind höchst problematisch, einige sicher falsch. Nun finden sich aber in der Sammlung noch eine Reihe ganz ähnlicher Büsten, ebenfalls mit ergänzten Bruststücken und Inschriften: N. 172 *Sardanapal*, d. i. ein sogenannter indischer Bacchus, 174 *Solon* oder vielmehr *Herakles* (hier ist wohl nur die Inschrift neu), 150 *Aristophanes*, 151 *Bias*, 154 *Epikur*, 157 *Zenon von Kittion*, 163 *Thespis*, 164 *Hippokrates*, 168 *Periander*; gewiss gehörten sie ebenfalls Azára[62]). Sechzehn Bü-

[58]) Vgl. Winkelmann Werke 6, 2, 223.

[59]) Visconti iconographie grécque Tafel 39, 1. 2.

[60]) Sie ist unter dem Titel historia de la vida de M. T. Ciceron, escrita en ingles por Conyers Middleton, traducida por el Exc. S. D. Josef Nicolas de Azára in Madrid 1788 zum ersten und 1804 zum zweiten Mal in der königlichen Druckerei schön ausgestattet erschienen.

[61]) Bei mehreren derselben giebt er ausdrücklich an, sie seien in Tivoli in dem genannten Jahr ausgegraben worden.

[62]) Die Inschriften tragen alle den gleichen Schriftcharacter und sind zum Theil fehlerhaft: z. B. 172 Σαρδαναπάλλως, 157 ZHNWN KITFEYΣ für KITIEYΣ oder KITTIEYΣ? [den andern

sten, welche in der sogenannten *casa del labrador*, einem Pavillon des Gartens von Aranjuez, aufgestellt sind [63]), gehören ferner zu den aus Azáras Besitz stammenden. Nur eine dieser Büsten, der bekannte Homerkopf, schien mir modern zu sein, und steht daher in dieser Beschreibung unter den Copieen N. 9*. Von den übrigen 15 tragen 8 den Namen Azáras mit der oben angeführten Inschrift, nämlich 158, 159, 160, 161, 162, 166, 169 und 175 dieser Beschreibung. Die übrigen 7 sind 152, 154, 163, 168, 172, 182 und 183, ein unbekanntes Bildniss eines Griechen ohne Inschrift. Zwei andere Büsten, auf ganz ähnliche Bruststücke gesetzt, ebenfalls griechische Bildnissköpfe, aber ohne Inschriften, die Nummern 179 und 184, wird man mit Wahrscheinlichkeit als zu derselben Sammlung gehörig erkennen, welche mithin aus einer oder zwei Statuen (N. 20 und der Mengsischen Venus) und 30 Büsten bestanden haben würde, von welchen nur eine, der Homer, modern scheint. Wahrscheinlich stammen diese Werke sämmtlich ebenfalls aus Tivoli; jedenfalls werden sie in Rom erworben worden sein. Wenigstens soll Azára seine ganze Sammlung seinem Monarchen geschenkt haben. Zwei Doppelbüsten (147 und 148) und 7 griechische Köpfe ähnlicher Art (153, 155, 171, 177, 178, 180, 181) können natürlich an sich auch Azáras Sammlung, eben so gut aber auch den anderen Bestandtheilen der Sammlung angehört haben [64]). Unter Azáras Büsten sind einige Werke von hoher Vortrefflichkeit, wie N. 158. 163. 166, und besonderem kunst-

---

Zenon 156 hielt Azára für den Eleaten], 162 ΘΕΟΦΡΑΣΤΟϹ mit dem runden Schlusssigma, 173 ΣΟΚΡΑΤΗΣ.

[63]) Keine der mir zugänglichen Beschreibungen von Aranjuez erwähnt ihrer mit einem Worte, auch Laborde 4 S. 289 bis 298 nicht.

[64]) Vielleicht gehörte von diesen Stücken auch N. 170, ein dem Plato genannten Kopf N. 169 ganz ähnliches Werk, etwa ein bärtiger Dionysos, auch zu Azáras Sammlung. Der Plato genannte Kopf bei Ajello 34 ist wenigstens verschieden davon. Endlich gehört zu Azáras Sammlung wahrscheinlich der weibliche Kopf N. 115.

historischem Interesse, wie 176, das alterthümlichste Stück der Madrider Sammlung. Trotz der einleuchtenden Verkehrtheit oder doch Grundlosigkeit der meisten von Azáras Benennungen sind sie als einmal hergebrachte des leichteren Findens wegen der alphabetischen Anordnung dieser Büsten zu Grunde gelegt worden.

Diese drei Sammlungen, die des alten Alcázars, die von San Ildefonso und die Azáras, nebst den vermuthlich aus den anderen königlichen Schlössern stammenden Werken sind die nachweislichen Bestandtheile der Madrider Sammlung. Zu ihnen sind einzelne spätere Erwerbungen gekommen, zu welchen z. B. die schöne Statue des Schlafgottes (N. 39) und die kleinen Stücke aus Pompeji (32?, 99 und 100) gehören. Genauer lassen sich diese späteren Erwerbungen nicht nachweisen; doch ist ihre Zahl jedenfalls gering [65]).

Mit Auswahl der zur Bildung des Museums bestimmten Sculpturen aus den genannten Sammlungen wurde zu Ende der zwanziger Jahre dieses Jahrhunderts der in Italien in Canovas Schule gebildete und auch in Rom geschätzte Bildhauer Don José Alvarez beauftragt [66]). Die Bildung der Sculpturensammlung schloss sich der langsam fortschreitenden der Gemäldesammlung an [67]). Im Jahr 1819 wurde der erste Gemäldesaal eröffnet, 1839 der Saal der Königin Isabella oder die sogenannte Rotunde neu angebaut. Da dessen Erdgeschoss eine Reihe der besten Sculpturen enthält, so ist die ganze Sculpturensammlung wahrscheinlich erst mit der Vollendung desselben eröffnet worden. Don José

---

[65]) Wohin ein Kopf gekommen ist, den Laborde (mosaïque d'Italica S. 102) in allgemeinen Ausdrücken rühmt, weiss ich nicht; damals hatte ihn der schwedische Gesandte in Madrid Herr von Erensward von dem Padre Moscoso gekauft.

[66]) Nach der Angabe Miñanos 5 S. 322.

[67]) Siehe Fords handbook for travellers in Spain, dritte Ausgabe, in Murrays Sammlung London 1855 S. 680 f. und die Vorrede zu dem offiziellen Catalog der Gemäldesammlung von Don Pedro de Madrazo, vierte Ausgabe, Madrid 1854.

de Madrazo, seit 1838 Director, soll in der Aufstellung der Sculpturen von den Bildhauern Salvatierra und Piquér unterstützt worden sein. Die Absicht war Sculpturen aller Art, antike und moderne, in dem Erdgeschoss des von Karl dem III ursprünglich für naturwissenschaftliche Sammlungen durch den Architecten Juan de Villanueva begonnenen, unter Karl dem IV langsam fortgesetzten, durch die Franzossn fast zerstörten und noch jetzt nicht vollendeten Museum im Prado zu vereinigen [68]). Gegen diese Vereinigung der verschiedenartigsten Sculpturen lässt sich an sich nichts einwenden, nur hätte man mit leichtester Mühe die allergröbste Scheidung des alten vom neuen räumlich ausführen können. Statt dessen scheint das Princip der Anordnung und Aufstellung ausschliesslich das einer äusseren, decorativen Symmetrie gewesen zu sein. Statuen, Büsten und Reliefs, antike Werke, Copieen nach der Antike, vortreffliche Arbeiten des sechszehnten Jahrhunderts, abscheuliche Productionen des siebzehnten und achtzehnten, Bildnisse der letzten spanischen Regenten und einige mehr aus politischen als aus künstlerischen Gründen bewunderte Denkmäler des Unabhängigkeitskrieges stehn in fünf grösseren und ebensoviel kleineren Räumen in buntester Unordnung durcheinander. Selbst den künstlerischen Anforderungen ist dabei nicht im entferntesten genügt: die besten Werke stehn meist im schlechtesten Lichte; Statuen, die man von allen Seiten zu sehn wünscht, in Ecken eng an der Wand, und in der Mitte der Sääle an den bevorzugtesten Plätzen meist moderne, von den antiken manche der mittelmässigsten Sachen; die sämmtlichen Basreliefs sind so hoch in die Wände eingelassen, dass man sie kaum mit blossem Auge deutlich erkennt. Das ist der Grund, wesshalb die Sammlung seit den über zwanzig Jahren

---

[68]) Dort ist die Sammlung wie die Gemäldegallerie für Fremde täglich ausser an Fest- und Regentagen, für Einheimische Montags zu sehn. Zu häufigerem Besuch für Studienzwecke werden Eintrittskarten vom Director gegeben.

ihres Bestehens noch von keinem Fremden gehörig gewürdigt worden ist. Von den Einheimischen wird sie bis heute meist nicht gekannt und allgemein als neben der Gemäldegallerie nicht der Rede werth unterschätzt. Wer den Stand der Bildung in Spanien kennt und die lange Zeit der inneren Kriege und Revolutionen erwägt, welche an der andauernden Vernachlässigung aller geistigen Interessen Schuld waren, der wird mit Dank anerkennen, dass die Gemälde und Bildhauerwerke überhaupt gesammelt und wie auch immer zu öffentlicher Betrachtung aufgestellt sind. Der Tadel solcher und vieler anderer Missstände in Spanien, wie er besonders von den Reisenden aus Frankreich in reichem Maasse gespendet zu werden pflegt, ist nicht schwer; schwer aber war es gewiss den für die Künste begeisterten Männern, welche das Museum schufen, unter so ungünstigen Umständen, im steten Kampf mit dem Absolutismus des Hofes auf der einen Seite und mit den Launen der rasch wechselnden Ministerien auf der anderen und mit knappen Mitteln auch nur eine solche Sammlung zu Stande zu bringen. Aber die jetzt bestehende Ordnung oder vielmehr Unordnung durch ein locales Verzeichniss zu verewigen lag durchaus keine Nöthigung vor. Im Gegentheil, da die Absicht nicht sein konnte, auch die zahlreichen modernen Werke genauer zu beschreiben, so hätte sich ein solches Verzeichniss kaum ausführen lassen. Ausserdem ist unter der intelligenten Leitung des jetzigen Directors Don Federico de Madrazo sichere Aussicht dazu vorhanden, dass, sobald für die dringenderen Bedürfnisse der Gemäldesammlung gesorgt ist, auch zu einer verständigen Aufstellung der Sculpturen geschritten werden wird [69]). Die Principien einer solchen neuen Aufstellung sind höchst einfach und man kann sie fast jeder grösseren Sammlung absehen. Zunächst ist natürlich antikes

[69]) Auf den Rath des Verf. sind bereits einige der besseren Sachen, welche der Unbill des Klimas in den offenen äusseren Gallerien ausgesetzt waren, in die Säle gebracht worden, z. B. N. 16, 19, 29, 71, 113.

und modernes zu scheiden. Unter den modernen Werken sind dann die Copieen nach antiken zusammenzustellen, damit sie nicht täuschen. Nur diese modernen Copieen nach Antiken verzeichne ich kurz am Schluss der antiken Werke. Wo mir zweifelhaft blieb, ob ein Werk für antik oder für eine Copie nach der Antike zu halten sei, habe ich es nach einem auf anderen Gebieten des Wissens jetzt immer allgemeiner werdenden Grundsatz einstweilen als verdächtig unter die Copieen gesetzt. Das hindert ja nicht, dass Nachfolger in der Betrachtung seine Aechtheit mit Gründen vertheidigen. Ich fürchte nicht in den Athetesen zu weit gegangen zu sein; im Gegentheil, eher bin ich vielleicht nicht streng genug im Ausschliessen gewesen. Doch habe ich wenigstens jedes Mal meine Zweifel ausgesprochen. Unter dem antiken wird man bei der Aufstellung, soweit es angeht, griechisches von römischem trennen. Freilich macht die geringe Anzahl griechischer Werke es räthlich auf griechische Vorbilder zurückgehende römische Arbeiten mit jenen wenigen vereinigt zu lassen. Auch das an sich gewiss allein richtige Princip der chronologischen Anordnung der verschiedenen Stilarten wird sich auf eine Sammlung, in welcher das gänzlich stillose bei weitem überwiegt, nicht wohl anwenden lassen. Man wird daher einer Ordnung nach den Gegenständen diejenige nach den Stilarten am besten so unterordnen, dass man die einzelnen Vorstellungen möglichst in chronologischer Folge neben einander stellt. Raum und Licht, die beiden mächtig bestimmenden Gewalten aller Museenordnung, werden dabei gebührend zu berücksichtigen sein; gewiss ist es nicht bloss erlaubt, sondern geboten, von den Grundsätzen der Aufstellung so oft abzuweichen, als es darauf ankommt die besten Werke dem Beschauer im besten Lichte zu zeigen. Den Grundsätzen nach will die folgende Beschreibung jener zukünftigen Aufstellung den Weg vorangehn. Nur schien es zweckmässig des leichteren Findens wegen die drei Hauptformen der Bildhauerwerke, Statuen, Büsten und Reliefs, zu trennen. Dabei kommt nichts darauf an, welche dieser

Formen das Werk in seiner ursprünglichen Gestalt gehabt hat; wer das berücksichtigen will, müsste eine grosse Anzahl von Büsten, als Köpfe früherer Statuen, unter die Statuen aufnehmen. Auch die feineren Unterschiede der Statuen und Reliefs sind ausser Acht gelassen; die Anzahl und Verschiedenheit beider Arten ist nicht gross genug, um bei den Statuen etwa die zu grösseren Gruppen gehörigen von den Einzelstatuen, die nur für vordere Ansicht berechneten von runden Gruppen, bei den Reliefs die architectonischen von den Sarkophagen und Disken zu unterscheiden. Wo es anging, ist natürlich das gleichartige zusammengestellt worden. Ich zähle 84 Statuen, 199 Büsten und 55 Reliefs, zusammen 339 Nummern alter Werke, und 51 Copieen; ungezählt die modernen Werke. Innerhalb jener drei Klassen ist eine sachliche Ordnung beobachtet. Vorangestellt sind die wenigen ägyptischen Werke. Es beginnen dann die Götterbilder in der hergebrachten Folge des olympischen Kreises; dann folgen Heroen und andere ideale Darstellungen, endlich Bildnisse von Griechen und Römern, sicherer und unsicherer Benennung; Männer und Frauen wiederum geschieden. Aehnlich ist bei den Reliefs verfahren. Trotz der offenbaren Verkehrtheit vieler Ergänzungen sind einige der auf sie gegründeten Benennungen für die Anordnung beibehalten worden, wie bei Azáras Büsten, des leichteren Findens und der Abbildungen wegen; so z. B. bei der Ceres (N. 11), welche wahrscheinlich eine Fortuna, bei dem Apollo (N. 14), welcher eher das Bildniss eines Kaisers war, und anderen. So wendet sich zwar auch in der Art der Anordnung die vorliegende Beschreibung an das gelehrte Publicum, welches die Sammlung selbst nicht besuchen kann; allein sie kann darum nicht minder an Ort und Stelle von den Besuchern benutzt werden. Zu diesem Zwecke ist ein Grundriss des Erdgeschosses des Museums im Prado beigegeben, in welchem die einzelnen Räume mit Buchstaben von A bis L bezeichnet sind. A wird gemeinhin das Vestibul genannt, durch welches man an den öffentlichen Tagen eintritt, B die Rotunde [70]), C der Saal links (vom Haupteingang nämlich) und F der Saal rechts; H nennt man das Achteck [71]), D E G sind Cabinete, und I K die äusseren offenen Säulenhallen nach dem Prado zu. In diesen stehn die am ärgsten verstümmelten Werke, so wie die alten verworfenen Restaurationen und viel modernes Zeug. Einige wenige Statuen stehen ausserdem an dem Nebeneingang gegenüber dem botanischen Garten (welcher an die Seite bei H anstösst) und in einem dahin führenden Gang. Sie sind mit L 1 bis 4 bezeichnet; ich wusste in Madrid nichts von ihnen (so wenig wie Herr Benito Vicens), und verdanke ihre Beschreibung Herrn Jacob Zobel in Madrid. Die 16 Büsten aus Azáras Sammlung in Aranjuez endlich sind mit M bezeichnet. Auf diese Bezeichnung gehn die der laufenden Nummer des Verzeichnisses in Klammern an erster Stelle beigefügten Buchstaben und Zahlen. In den einzelnen Sälen ist immer von rechts neben dem Eingang zu zählen angefangen, so dass die Nummer neben dem Buchstab allein schon auf den ungefähren Platz des Werkes führt. Ausserdem tragen aber die meisten Werke verschiedene Zahlen, roth angemalte, welche sich auf die allgemeine Inventarisierung zu beziehen scheinen, und auf Papierzetteln aufgeklebte nebst kurzen Bezeichnungen. Diese rühren von Don José Madrazos Vorarbeiten zu einem Catalog her. Ich habe sie sämmtlich mitverzeichnet, so weit ich sie noch vorfand (denn sie sind zuweilen durch Muthwillen abgerissen worden); man kann nicht wissen, ob sie nicht durch Hinweis auf irgend welche Inventarisierung einmal auf die noch häufig unsichere Herkunft leiten. Das sind die an zweiter Stelle in den Klammern stehenden Zahlen. Die zuerst stehenden

---

[70]) Sie ist aber viereckig, und nur durch eine die obere Gallerie tragende Säulenstellung in der Mitte oval; die Bildergallerie oben führt den Namen Sala de Doña Isabel segunda.

[71]) An den nicht öffentlichen Tagen tritt man durch dieses Zimmer in die Sammlung ein; desshalb wird es zuweilen der erste Saal genannt.

roth gemalten alten Nummern stellt ein besonderes Verzeichniss den laufenden Nummern dieser Beschreibung gegenüber. Wo sich die alten Nummern nicht fanden, sind die Klammern leer gelassen; die Werke ohne diese Nummern stehn am Schluss des Verzeichnisses nach den Buchstaben der Säle. Danach wird es leicht sein mit der Beschreibung in der Hand jedes Werk sofort zu finden. Freilich sind in einzelnen Fällen die alten Nummern an kaum sichtbaren Stellen angebracht; doch sind sie an Zahl zu gering, als dass es desshalb nöthig schien auch die Zahlen auf Madrazos Zetteln noch besonders zu verzeichnen [72]). Nach

---

[72]) Im einzelnen ist über die jetzige Aufstellung in den verschieden Sälen folgendes zu bemerken:

In A ist einfach von rechts an gezählt (1—12).

In B steht zuerst die äussere Reihe der Büsten an den dunkelen Wänden unter der Gallerie (1 - 29), dann die innere Reihe der Statuen an den Säulen, ebenfalls von rechts beginnend (30—48). Die modernen Stücke in der Mitte des Saals habe ich nicht mit verzeichnet.

In C stehn zuerst die Werke an den Wänden entlang von rechts beginnend (1—89), dann das einzige antike Werk in der Mitte (110), alle übrigen daselbst sind modern; endlich, wieder von rechts beginnend, die Basreliefs oben an den Wänden (90—109). Sie sind durchgehends zu hoch angebracht, um ordentlich gesehn zu werden; die alten Nummern sind oft nicht zu erkennen, die Maasse nur annähernd bestimmt. Die zusammengehörigen Basreliefs rechts und links vom Eingang sind, wie sich versteht, zusammengenommen worden (90—93).

In D ist einfach von rechts nach links gezählt (1—15).

In E stehn nur moderne Werke.

In F ist wie in C gezählt: zuerst die an den Wänden stehenden Werke, von rechts anfangend (1—85), dann die in der Mitte (86 – 103), endlich die Basreliefs an den Wänden, wiederum von rechts anfangend (104—152), wobei die zusammengehörigen zu beiden Seiten des Eigangs (104—107) voranstehen.

In G ist einfach von rechts nach links gezählt (1—14).

In H ebenso (1—19); über die Vasen in diesem Saal und ihre Aufstellung s. unten den fünften Abschnitt.

den zur Auffindung nöthigen Zahlen ist ferner oben bei jedem Werk die Höhe in Centimetern angegeben. Ausser der Höhenangabe in Zahlen schien es geeignet, um ein concreteres Bild zu geben, in der Beschreibung selbst die natürliche Grösse als vergleichenden Maassstab heranzuziehn. Nebendinge veranlassen häufig, dass die Zahl keinen sicheren Begriff von den Körpermaassen giebt; desshalb sind die Bezeichnungen *colossal*, *über Lebensgrösse*, *Lebensgrösse*, *drei Viertel*, *halbe Lebensgrösse* und *klein* hinzugefügt worden. Nach der Angabe der Höhe folgt die des Materials. Ich mache zwar keinen Anspruch darauf die feineren Unterschiede der einzelnen Marmorarten zu kennen, allein ich glaube im allgemeinen in den italienischen, französischen und deutschen Sammlungen gelernt zu haben, den griechischen Marmor vom italischen zu unterscheiden. Mehr als diese allerdings nur sehr allgemeine Unterscheidung bezwecken meine Angaben nicht; und es ist leicht möglich, dass ich darin zuweilen geirrt habe. Wo die Angabe über das Material fehlt, ist der gewöhnliche weisse italische Marmor zu

---

In I beginnt die Zählung dem Eingang gegenüber und geht von da nach links weiter. Die Werke sind zwischen und an den einzelnen Fenstern angebracht, zum Theil so hoch, dass man sie kaum sieht. Die Maasse konnten nur annähernd bestimmt werden; die alten Nummern fehlen meist. Alles moderne ist dabei übergangen. Die alten Werke vertheilen sich so auf die einzelnen Fenster: 1 (1—6), 2 (7 und 8), 3 (9—11), 4 (12—17), 5 (18—21), 6 (22—24).

In K allein ist von links nach rechts gezählt worden; die Werke vertheilen sich so auf die sieben Fenster: 1 (1—4), 2 (5—8), 3 (9—11), 4 (12), 5 (13 und 14), 6 (15—18), 7 (19—24). Den Schluss bilden die Basreliefs dem Eingang gegenüber (26 und 27), und das wenige in der Nische rechts vom Eingang (28 und 29).

In M endlich ist ebenso von rechts nach links gezählt. In den Boden dieses Zimmers der Casa del Labrador, welches den Namen *la galeria Italiana* führt, ist ein gutes Mosaik mit Fischen aus Merida eingelassen.

verstehen. Die bunten Marmorarten unterscheide ich nach den in Italien gebräuchlichen Namen; der Name afrikanischer Marmor umfasst bekanntlich sehr viel verschiedenes. Aus Bronze und gebranntem Thon sind in der königlichen Sammlung nur sehr wenige Werke.

Bei der Beschreibung der einzelnen Werke ist mir mein schon genannter Freund Herr Jacob Zobel mit der grössten Bereitwilligkeit behülflich gewesen; von ihm sind fast alle Messungen gemacht worden, er hat zuerst die Inschrift der Cicerobüste (N. 191) und die falsche der angeblichen des Isokrates (N. 165) gelesen. Mannigfache Lücken und Zweifel, welche sich bei der Ausarbeitung ergaben, wie zu erwarten war, da das Verzeichniss nicht angesichts der Werke wieder durchgesehn werden konnte, hat Herr Zobel in wiederholten und genauen Mittheilungen sämmtlich ausgefüllt und gelöst. Die Beschreibungen sind nach Möglichkeit gleichmässig so gemacht worden, dass zunächst nach einer kurzen übersichtartigen Bezeichnung des ganzen Werks alle Restaurationen genau angegeben werden, von oben nach unten gehend. Ebenso sind dann die einzelnen Theile, so weit es nöthig war, beschrieben. Am Schluss stehen Bemerkungen über den Stil und die Arbeit. Bei diesen glaube ich am meisten die Nachsicht archäologischer Leser in Anspruch nehmen zu müssen. Ich weiss zu gut, wie schwer es oft ist selbst bei wiederholter Betrachtung über den Stil eines antiken Kunstwerks zu einem ganz bestimmten Urtheil zu kommen, und wie viel schwerer noch bei einer zwar möglichst genauen, aber meist nur einmaligen Betrachtung. Bei den wichtigsten Werken habe ich jedoch jeden Besuch des Museums (ich konnte beinahe sechs Wochen lang täglich ein bis zwei Stunden daselbst zubringen) zu wiederholter Betrachtung benutzt. Aber da ich für jede Art von Vergleichung, auch die der Bücher, fast ausschliesslich auf das Gedächtniss angewiesen war, so werden Irrthümer nicht ganz vermieden sein. Denn die Bibliotheken Madrids bieten kaum die elementarsten Hülfsmittel archäologischer Studien; einige Privatbibliotheken, wie

z. B. die des Don José Madrazo, welche seine Söhne mir auf das bereitwilligste zur Benutzung öffneten, enthielten auch lange nicht alles nothwendige. Die Akademie der Künste bewahrt zwar noch, wie gesagt, die Abgüsse, welche Velazquez und nach ihm Mengs zusammengebracht haben, allein Zeit und Gelegenheit mangelte sie so oft zu sehn wie nöthig gewesen wäre, um die ohne ein solches immerwährendes Correctiv schwer zu vermeidende Isolierung des Blicks zu verhindern. So ist vielleicht manches Werk überschätzt, und sicherlich eine Reihe von Uebereinstimmungen und Verschiedenheiten mit verwandten Darstellungen übersehen worden. In den Anmerkungen unter jeder Nummer habe ich die mir zugänglichen Abbildungen angegeben. Weitere Angaben zur Vergleichung sind nur sparsam gegeben; sie schienen über den Zweck einer Beschreibung hinauszugehn.

Von den in der königlichen Sculpturensammlung aufgestellten 51 gemalten Vasen handelt der fünfte Abschnitt dieser Beschreibung.

Von dem jetzigen Bestand der Sammlung giebt weder ein Catalog noch eine Beschreibung irgend welche Nachricht. Auf meine Fragen nach einem schriftlichen Inventar der Sammlung ist mir von competenter Seite wiederholt versichert worden, was in der That kaum glaublich erscheint, dass ein solches nicht existiere. Das Reisehandbuch von Ford, die Hauptquelle für die Angaben aller gründlichen und ungründlichen Reisenden, erklärt die Sammlung für sehr untergeordnet und beschränkt sich auf einige oberflächliche Nachweisungen von einer Spalte Länge; Willkomm, noch einer von den gründlichsten neueren Reisenden, widmet ihr anderthalb Seiten[73]). Der verstorbene Herr von Quandt, ein im übrigen geschätzter Kunstkenner, schreibt in seinem Reisetagebuche[74]) zuerst (S. 215) des Ponz Verzeichniss der Statuen

[73]) Zwei Jahre in Spanien und Portugal, Leipzig 1847, 1 S. 251—253.

[74]) Beobachtungen und Phantasien über Menschen, Natur und Kunst auf einer Reise durch Spanien, Leipzig 1850, 8°.

von San Ildefonso ab, und ergeht sich dann in weit mehr phantastischen als gründlichen Bemerkungen über einige der antiken Sculpturen [75]). Der Graf Clarac [76]) beklagt sich bitter über die Illiberalität, mit der man ihm in Madrid, auf das neapolitanische Beispiel sich berufend, verweigert habe die Statuen der königlichen Sammlung zeichnen zu lassen. Er war daher genöthigt, die älteren Abbildungen zu wiederholen (z. B. die der Musen mit allen alten Ergänzungen nach Rossi). Diess muss gewirkt haben; denn in den Supplementtafeln finden sich eine Reihe von sonst nicht publicierten Statuen der Sammlung mitgetheilt nach Zeichnungen, welche, wie man mir sagte, Don José de Madrazo für den Grafen Clarac besorgt hatte. In Claracs oder seiner Fortsetzer Text finde ich nichts davon erwähnt. Allein es sind nur 48 Statuen abgebildet, und unter den fehlenden sind grade einige der wichtigsten wenn auch verstümmelten Werke (z. B. N. 9 und 62). Ausserdem sind diese Zeichnungen (ich finde als Zeichner Bernardino Montanés und Mori angeführt) zum grössten Theil vollkommen verfehlt. Nur so ist es zu erklären, wie man z. B. die schlechte und späte Bildnissstatue einer Kaiserin (N. 81) für eine Penelope ansehn konnte [77]). Unter den Spaniern hat meines Wissens nur der schon bei Ajellos Werk erwähnte Herr Benito Vicens [78]) sich mit der Sculpturensammlung beschäftigt.

---

[75]) Man lese das bei N. 39, 62, 66 und 198 daraus mitgetheilte.

[76]) Musée de sculpture 1, 1841, Avant-propos S. XXI.

[77]) Durch die Musenstatuen, welche Clarac aus Labordes mosaïque d'Italica wiederholt, Tafel 507, 1014. 512, 1042. 516, 1053. 518, 1061. 524, 1078. 524, 1090. 531, 1104. 534, 1119, darf man sich nicht täuschen lassen: sie sind einem Townleyschen Sarkophag entnommen, den Laborde S. 19 als Vignette abbildet; jetzt ist er im brittischen Museum (Ancient marbles 10, 44).

[78]) In verschiedenen Artikeln der offiziellen gaceta de Madrid (von 1860 N. 86, 98, 90, 100, 102 und 103), welche nach dem Vorbild des französischen Moniteurs zuweilen ihre Spalten den schönen Wissenschaften öffnet.

Er nennt seine sechs Artikel 'Bemerkungen über einige Sculpturen des königlichen Museums'; diese Bemerkungen, welche ich an ihrer Stelle citiere, sind auf das spanische Publicum berechnet.

Diess sind die Hülfsmittel, welche bei der folgenden Beschreibung benutzt und angeführt worden sind.

1. STATUEN.

1 **F 95 [513] H. 1, 03 Schwarz und grün gefleckter und grüner Stein.**

Knieender ägyptischer Jüngling (ursprünglich König Nectanebus), nackt, bis auf einen Schurz um die Lenden. Auf dem Kopf trägt er das übliche zu beiden Seiten herabfallende Tuch; zwischen den Knieen hält er nach Art der Trapezophoren ein ambosähnliches Gestell, wohl für Opfergaben. Die Statue scheint schon im Alterthum verstümmelt und wiederhergestellt worden zu sein. Denn das Material der durch die Inschrift als ächt erweislichen Theile ist ein schwarz und grün gefleckter serpentinähnlicher Stein. Die alten Ergänzungen sind von einem fleckenlosen grünen Stein, die neuen von grauem, schwarz und weiss gefleckten. Der ganze Kopf mit dem Anfang der an den Seiten herabhängenden Enden des Kopftuchs ist von dem grünen Stein. Er ist nach Arbeit und Material für alt zu halten, gehörte aber zur Statue eines Privatmannes. Im Kopf sind ein Stück über dem r. Auge und in der r. Backe bis über die Nase wiederum von neuer Ergänzung in grauem Stein. Ausser der Verschiedenheit des Steins beweist das Fehlen des Uräus, der Königsschlange vor der Stirn, welche das Königsbild nothwendig getragen haben muss, dass der Kopf nicht zu der Statue gehört. Von moderner Ergänzung sind ferner das ganze r. herabhängende Ende des Kopftuchs, die ganze Seite der Brust mit dem r. Oberarm, ein Theil des Gestells zwischen den Knieen, sowie die neuen Theile des Plinthos mit den darauf stehenden Hieroglyphen.

Ajello 1, 1? S. ILD. 10, 136 *idolo egipcio en marmol negro?* Abgebildet bei Clarac Tafel 998, 2559 B. Ich theile die Bemerkungen von

Lepsius über die Hieroglyphenschriften dieser Statue mit; auch die Beurtheilung der Ergänzungen rührt von ihm her. 'Die Statue stellte ursprünglich den König Νεχθανεβός vor, den letzten der einheimischen Pharaonen, Dynastie XXX 3, 358—340 v. Chr. (vgl. Lepsius Königsbuch Tafel 50, 673). Von den Inschriften ist die des Rückenpfeilers vollständig erhalten; von denen des Plinthos ist nur die der Hinterseite, bis auf das eine Ende (hinter dem r. Fusse) alt, von den Seiteninschriften nur die der Hinterseite zunächst liegenden Theile. Das übrige ist mit den hieroglyphischen Zeichen ergänzt. Das alte Stück der Inschrift bedeutet: 'Sohn des Ra (Sonne), seines Stammes, der ihn liebt, Neχtnebf (Nectanebus), immer lebend, liebend den Osiris Merti, den grossen Gott, Herrn des Himmels, in der Stadt Bahet'. Von der anderen Seite her lief genau dieselbe Inschrift bis zur Mitte der Hinterseite, doch ist von ihr noch weniger erhalten. Auf beiden Seiten fehlen ohne Zweifel nur die übrigen Namen des Königs, welche sich in der Rückeninschrift finden. Der Beiname des Osiris Merti ist auf den Denkmälern ebenso selten, wie der Name der Stadt Bahet, in welcher dieser Osiris verehrt wurde. In der Rückeninschrift enthält die r. Columne den Namen des Königs, die l. Namen und Epitheta des Osiris Merti 'König der Götter, grosser Gott, Herr des Himmels, wohnend in Bahet', welchen der König 'der lebengebende u. s. w. liebt'. Der Verlust des Kopfes ist um so mehr zu bedauern, weil bisjetzt nur ein Bildniss des Nectanebus im Louvre (Lepsius Denkmäler der preussischen Expedition 3, 301, 82) bekannt ist.

2 C 45 [421] H. 1,55 Schwarzer Basalt.

Stehende ägyptische Figur, ob männlich oder weiblich, konnte ich nicht unterscheiden. Den Kopf bedeckt der übliche, hinter den Ohren herunterfallende steife Schleier mit Querstreifen. Bis unter die flache Brust ist der Leib von einem engen, faltenlosen Gewand umschlossen, welches unten nur die Füsse frei lässt. Der faltige Schurz um die Lenden ist neu: auch sonst sind vielfache kleine Ergänzungen und Flicken aus anderen Steinarten kenntlich. Die früher vorhandenen Ergänzungen der verstümmelten Arme sind entfernt worden. Neu ist der l. Fuss.

Ajello 1, 2 S. ILD. 10, 133 *idolo egipcio en pie de marmol negro.* Abgebildet bei Clarac Tafel 998, 2559 D.

3 C 47 [424] H. 1, 58 Schwarzer und grauer Basalt.

Stehende ägyptische Figur; wie bei der vorhergehenden ist mir das Geschlecht nicht deutlich, doch wird wohl das männliche gemeint sein. Von über dem Nabel an ist die Gestalt ebenfalls eng geschürzt; beide Arme und Hände sind neu. Unten kommen die sehr kleinen Füsse hervor; sie sind alt. Der l. tritt auf ein kleines vierfüssiges Thier mit kurzer Schnauze (Krokodil?). Die Statue besteht aus drei Stücken, wovon das Mittelstück, der Leib, hellgrau, die übrigen schwarz sind.

Ajello 1, 3 S. ILD. 10, 134 *idolo egipcio de pie en marmol negro.* Abgebildet bei Clarac Tafel 998, 2559 C.

4 A 6 [95. 334 — 227. 5 Jupiter] H. 2, 34 Italischer Marmor.

Nakter kolossaler Jupiter. Neu sind die Nase, beide Arme von der Schulter an, das r. Bein vom Knie abwärts, das l. von unter der Wade an, der Baumstamm, an welchen sich das l. Bein lehnt, und der Plinthos mit beiden Füssen. Der Kopf, mit Binde, dem bekannten von Otricoli ähnlich, ist alt; der Bart zierlich gelockt. Der Mantel ruht auf der l. Schulter, fällt über den Schenkel herab und ist auf die l. Wade gestützt. Der l. Arm ist wohl mit Recht zu der Bewegung des Speerhaltens ergänzt worden; der r. lehnt sich mit nichtssagender Handbewegung auf den als Stütze angebrachten Baumstamm. Der Torso ist von breiter, ziemlich oberflächlicher Arbeit; die l. Hüfte mit dem Oberschenkel ist angesetzt, aber alt. Der Körper hat eine gezierte Krümmung in den Hüften, doch liegt offenbar ein schönes Vorbild zu Grunde.

Ajello 5, 1 S. ILD. Abgebildet bei Clarac Tafel 410 G 684 E

5 F 42 [79; Jupiter] H. 1, 49 Griechischer Marmor.

Nackter, bärtiger Jupiter; drei Viertel Lebensgrösse. Neu sind die Nasenspitze, der l. Arm von über dem Ellenbogen an und das untere Stück der Aegis, sowie die l. Hand mit der Opferschale, das r. Bein von unter dem Knie bis zum Knöchel dazu einige Flicken im r. Oberarm, im Knoten der Aegis auf der r. Schulter und im r. Oberschenkel. Angesetzt, aber alt sind der Kopf, der r. Arm mit dem Donnerkeil, beide Beine von den Hüften an; das r. auch oberhalb des Kniees. Das ganze Werk hat von Feuchtigkeit gelitten, so dass die Glätte der Epidermis meist verloren gegangen ist. Der Kopf ist nach l. gewendet. Das kurze Haar umschlingt ein einfaches Band; auch der Bart ist kurz. Der Ausdruck ist ernst, aber verschieden von dem des Jupiter von Otricoli. Auf der l. Schulter liegt, die Brust und den Oberarm bedeckend, eine kurze Aegis, welche auf der r. Schulter in einen Knoten zusammengeknüpft ist. Der Körper ruht auf dem l. Bein, das an einen durchaus antiken Baumstamm gelehnt ist. Auch der Plinthos ist alt. Unten an dem Baumstamm sitzt der Adler, dessen Kopf und Hals neu sind. Die Körperformen sind eher schlank als gedrungen. Auch die Rückseite ist ziemlich ausgeführt, so dass die Statue frei zu stehn bestimmt gewesen sein muss. Die Arbeit ist im ganzen nicht sehr ausgeführt, aber von gutem Stil.

Ajello 5, 2 S. ILD. 3, 26. Abgebildet bei Clarac Tafel 410 G 684 D.

6 C 78 [987] H. 75 Italischer Marmor.

Kleine weibliche Figur mit Diadem (Juno), stehend. Neu ist das Halsstück, beide Arme (nur die Oberarme sind in alter Ergänzung vorhanden; die Unterarme fehlen), und das ganze Untertheil von den Knieen abwärts mit dem Plinthos. Der dorische ärmellose Chiton mit wolligen Frangen ist auf der r. Schulter durch einen Knopf festgehalten: die offne Seite unter dem l. Arm zeigt die l. Brust von einem feinen Unterkleid bedeckt, welches auf den alten Ansätzen der Oberarme durch je vier und sechs Knöpfe zugehalten wird. Der Kopf scheint zum Rumpf zu gehören, doch ist er sehr viel zu klein. Auch der Rumpf selbst ist viel zu lang. Sehr mittelmässige Arbeit.

7 G 9 [100] H. Italischer Marmor.

Kleine weibliche Figur in dorischem Chiton mit ergänztem

Diadem (Juno?). Neu sind beide Arme von den Ellenbogen an; in die r. Hand ist ihr eine Schriftrolle gegeben worden; die l. ist erhoben, ohne etwas zu halten. Im Gewand ist viel geflickt. Neu sind endlich der l. Fuss und der Plinthos. Der Kopf ist angesetzt, aber alt und dazugehörig. Auch das Diadem scheint richtig ergänzt zu sein: grade Locken fallen rings um den Kopf herab; an den Seiten je zwei auf die Schultern. Das Gewand zeigt nicht üble Falten, allein der Kopf ist sehr schlecht, und das ganze macht einen unerfreulichen Eindruck.

Abgebildet bei Clarac Tafel 410 G, 749 D.

8 F 76 [986] H. 62 Italischer Marmor.

Kleine weibliche Figur in Chiton und Mantel (Juno?). Der Kopf und beide Arme, welche früher ergänzt worden waren, sowie ein Stück vom l. Fuss und von dem ovalen Plinthos fehlen. Sie trägt einen reichen, feingefalteten Aermelchiton mit doppeltem Bruststück. Die Aermel sind durch Knöpfe auf den Schultern befestigt. Der Chiton fällt unten fast ganz über die Füsse. Der Mantel ruht auf der l. Schulter und ist unter den r. Arm gelegt. Die Anordnung der Gewandung lässt auf ein schönes Vorbild schliessen. Beide Arme scheinen ausgestreckt gewesen zu sein und etwa Scepter und Opferschale gehalten zu haben. Sie bildet das Gegenstück zu der Ceresstatue (N. 11).

9 G 6 H. 1, 92 Griechischer Marmor.

Kolossale Minerva. Der Kopf und beide Arme fehlen, ebenso grosse Stücke des Gewandes vorn an der l. Seite und an der r. hinten. Eiserne Zapfen zeigen, dass alle diese Theile schon einmal ergänzt waren. Die Statue war in der Mitte des Leibes und unten über dem Saum des Gewandes einmal abgebrochen. Die Brust bedeckt die von Schlangen eingefasste Schuppenaegis: vorn reicht sie nur bis grade über die Brüste, hinten bis unter die Mitte des Körpers. Bis auf die Knöchel fällt der schwere dorische Chiton in graden Falten herab; an den Oberarmen und auf den Füssen kommt das fein gefaltete Untergewand darunter hervor. Der r. Arm war, wie die Bewegung der Schulter deutlich zeigt, hoch erhoben und hielt vielleicht den Speer zum Wurf ausholend, wie die Promachos der Akropolis. Der l. Arm ist am Ellenbogen abgebrochen, doch umgiebt ihn noch das breite und schwere Band des Schildes, welchen sie an demselben ebenfalls hoch erhoben hielt. Die Füsse sind unbeschuht: der alte Plinthos von unregelmässiger Form, in der Grundfläche etwa einer Muschel ähnlich. Trotz der Verstümmelung erkennt man noch die hohe Vortrefflichkeit des Werkes: eine verständige Restauration würde es zur Zierde einer jeden Sammlung machen können.

Ajello 7 S. ILD. Ich finde bei Clarac keine ganz entsprechende Statue, welche das Motiv verdeutlichen könnte: allenfalls kann man die aus dem Palast Torlonia Tafel 469, 889 vergleichen; doch ist ihr Schild viel kleiner und der r. Arm nicht so hoch gehoben, als der der Madrider Statue.

10 G 3 jetzt neben C 486, links vom Eingang [90] H. 98 Ital. Marmor.

Kleine stehende Minerva. Neu sind nur der r. Arm mit dem bronzenen Speer von unter der Schulter an, und vom Ellenbogen an der l., welcher den Schild auf den Boden gestützt hielt (dieser Schild befindet sich von der Statue getrennt in einem Fensterschrank des Saales H), sowie einige Flicken im Gewand. Auf dem Kopf trägt sie den attischen Helm mit diademähnlichem Stirnschmuck, in welchen Löcher zum Einsetzen metallenen Zierrathes eingebohrt sind. Statt des Busches ruht eine Sphinx oben auf dem Helm. Das Obertheil dieser Sphinx ist modern, ihr Hintertheil und alle vier Füsse aber alt. Auch oben sind einige Löcher zum Einsetzen metallener Theile. Der Kopf ist von der saubersten Ausführung; lange Haarlocken fallen hinter den Ohren auf die Schultern herab, über den Ohren ist das Haar in zierliche Löckchen gekräuselt. Die Augen sind hohl, um aus Metall eingesetzt zu werden. Der Mund ist halbgeöffnet. Auf den Schultern liegt die Aegis, welche vorn durch ein Medusenhaupt ohne Schlangen festgehalten wird. Der an der Seite offne Chiton ist von einem Gürtel gehalten, und fällt in tiefen und graden Falten herab. Das r. Bein steht grade, das l. im Knie gebogen, der l. Fuss etwas rückwärts gestellt. Die Füsse tragen hohe, kothurnartige Sandalen. Der Plinthos mit geschmackvoller Gliederung ist alt. Das ganze ist vortrefflich erhalten, und eine schöne Arbeit hadrianischer Zeit, vielleicht nach einem Original von Bronze.

Abgebildet, sehr schlecht, bei Clarac Tafel 474 A, 902 A.

11 F 1 [253; 13 Ceres] H. 81 Italischer Marmor.

Kleine weibliche Figur im Chiton und Mantel (Ceres). Neu sind der Kopf mit Mohn- und Aehrenkranz, der r. Arm mit dem Aehren- und Mohnbündel, und die l. Hand, sowie die Spitze und die Oeffnung des im übrigen alten Füllhorns mit Früchten, welches sie im l. Arme hält; ferner die Spitze des r. Fusses und ein Stück des viereckigen Plinthos. Das feine Untergewand wird mit Knöpfen auf der r. Schulter festgehalten. Der Mantel ruht auf der l. Schulter; der andere Zipfel ist um den Leib herum über den l. Arm geschlagen. Der Kopf ist viel zu klein, die Ergänzungen aber sorgfältig, wohl im siebzehnten Jahrhundert gemacht. Das einzige sichere Attribut, das Füllhorn, weiset eher auf eines der häufig wiederholten Fortunabilder. Doch fehlt jede Andeutung des üblichen Steuerruders am Plinthos.

S. ILD. 13, 171 (*Abundancia, siete cuartas de altura*)? Abgebildet bei Clarac Tafel 410 F, 791 A.

12 C 3 [767] H. 60 Italischer Marmor.

Kleine Cybele mit Diadem und Schleier auf einem Thron sitzend; das Gesicht ist abgeschlagen. Neu ist der l. Arm mit dem grossen Füllhorn, ebenso die l. Ecke der Rücklehne des Thrones. Zu beiden Seiten sitzende Löwen, mit unwesentlichen Ergänzungen. Auf dem vorn halbrunden Plinthos stand wahrscheinlich eine Inschrift, doch ist davon nichts mehr erhalten.

Am nächsten kommen zwei bei Clarac abgebildete Statuen Tafel 396 A, 664 D und Tafel 396 E, 662 B.

13 A 12 [504; 12 Neptuno] H. 2, 36 Italischer Marmor.

Kolossaler nackter Neptun. Neu sind Nase und beide Arme von den Schultern an; in die erhobene L. hat man ihm einen vergoldeten Dreizack gegeben; der r. Arm hängt herab. Neu ist ferner der herabhängende Zipfel des Mantels, einzelne Flicken in den Beinen, der grösste Theil des Delphins, an welchen sich das l. Bein lehnt, und der Plinthos. Der Kopf ist alt und von guter Arbeit. Haar und Bart sind stark geringelt; im übrigen ist der Kopf dem Jupitertypus sehr ähnlich. Der kurze Mantel ruht nur auf der l. Schulter. Die Bewegung des r. Arms ist durch die Hebung der Schulter vorgeschrieben. Die Bewegung des l. Arms lässt sich nach dem kurzen alten Ansatz nicht erkennen. Einige alte Stücke in dem Schwanz des Delphin rechtfertigen die Ergänzung und Benennung. Das Werk ist eine nicht üble Arbeit der schon manierierten Epoche nach nicht seltenem Vorbild.

Ajello 6? S. ILD. 10, 129. Abgebildet bei Clarac Tafel 749 C, 1796 B.

14 A 1 · [336] H. 2, 62 Italischer Marmor.

Nackte kolossale Jünglingsfigur, zum Apollo ergänzt. Der Kopf ist neu, eine Copie des belvederischen Apollo. Neu sind ebenso beide Arme; der r. ist erhoben, in der l. Hand ist ein Stück des Bogens angedeutet; beide Beine sind von den Knieen abwärts aus mehreren, nur theilweis alten Stücken zusammengesetzt: dass viel neue Stücke darunter sind, zeigt schon die übermässige Länge der Beine. Der kurze Mantel bedeckt nur die l. Schulter und den r. Oberschenkel; er hängt auf dem Rücken glatt herunter und ist auf einen Baumstamm gestützt. Das r. Bein, im Knie gekrümmt, steht auf einer Erhöhung des Piedestals, auf dem l. ruht die Last des Körpers. Was von der Statue ächt ist, gehörte vielleicht zu der Bildnissfigur eines jugendlichen Kaisers; entscheidende Attribute oder Kennzeichen anderer Art fehlen durchaus. Der Oberkörper ist in den Verhältnissen sehr verfehlt: die Entfernung zwischen Nabel und Brustwarze ist auffallend viel zu lang. Der Mantel, dem des belvederischen Apoll nicht unähnlich, ist das einzige, was an eine ideale Figur denken lässt, und veranlasste gewiss den italienischen Restaurator zu der Ergänzung zum Apollo. Die Körperformen tragen zwar kein besonderes individuelles Gepräge, schliessen aber die Möglichkeit einer conventionellen Porträtstatue keineswegs aus.

Ajello 12, 2 S. ILD. Abgebildet bei Clarac Tafel 540 B, 966 B.

15 F 72 [779; Apollo Musagetes] H. 1, 72 Italischer Marmor.

Torso eines Apollo in langem Chiton. Neu sind der Kopf und die Schultern, auf der l. Seite bis fast zum Gürtel, mit Ausnahme der r. Seite der Brust. Die beiden Arme, einst ebenfalls ergänzt, fehlen jetzt. Neu ist ferner der ganze Untertheil von den Knieen abwärts mit dem Plinthos. Der Kopf mit dem Lorbeerkranz und langem zum Krobylos geknoteten Haar ist wohl richtig und ziemlich gut ergänzt. Der Chiton ist an der Seite offen und mit breitem Gurt geschürzt. Darunter sieht man ein leichteres Untergewand. Farbe und Art des Marmors, der Stil der tiefen und scharfen Falten erinnern an die acht sitzenden Musen (N. 48—57). Die Auffassung ist trockener, ernster, weniger bewegt, als in der Statue des Berliner Museums, deren Benennung grade wegen der stärkeren Bewegung bezweifelt wird. Vgl. Gerhards Verzeichniss der Berliner Antiken 112.

16 K 4 jetzt neben D 193 [733] H. 1, 10 Griechischer Marmor.

Kleine halbbekleidete Statue des Apollo Kitharödos. Der Kopf und der r. Arm fehlen ganz, der l. Arm vom Ellenbogen an, doch ist der untere Theil der Leier erhalten, welche er in demselben hielt. Die Spitze des r. Fusses fehlt, vom l. sind zum Theil noch die Zehen erhalten. Der Oberkörper ist nackt, um Beine und Hüften ist der Mantel geschlagen. Das l. Bein ruht an einem Baumstamm, den der Mantel bedeckt. Die Arbeit ist zierlich, besonders der Faltenwurf gut.

Ajello 12, 1 S. ILD. 2, 12.

17 G 5 [352] H. 0, 91 Italischer Marmor.

Torso einer stehenden Artemis, drei Viertel Lebensgrösse. Der Kopf, beide Arme von den Schultern an und beide Beine von den Knieen abwärts fehlen. Die Brust bedeckt ein fein gefaltetes Untergewand; um die Hüften ist der Chiton hoch aufgeschürzt. Die Tracht liesse auch an eine Amazone denken: aber die ganz bedeckte Brust passt besser für eine Artemis. Der Plinthos ist neu. Gute Arbeit.

Ajello 9 S. ILD. 11, 156.

18 B 43 [34] H. 1, 58 Griechischer Marmor.

Nackter jugendlicher Bacchus mit Epheukranz, auf eine Herme gestützt, über Lebensgrösse. Unter den Ergänzungen sind ältere und ganz neue zu unterscheiden. Von älterer Ergänzung sind einige Epheublätter im Kranz, die Nasenspitze, der r. Oberarm von der Schulter an: von neuester der r. Unterarm von unter dem Ellenbogen an mit der eine Weintraube haltenden R.; ebenso der l. Unterarm mit der L., die einen sehr unantiken flachen Becher hält, aus welchem in noch weniger antiker Weise der Wein herausläuft. Das r. Bein ist unter dem Knie und über dem Knöchel gebrochen und an beiden Stellen mit Stücken neuen Marmors angesetzt, unter der Kniescheibe ist ein ausgebrochenes aber altes Stück wieder eingesetzt worden. An denselben Stellen ist das l. Bein gebrochen und ebenfalls mit modernen Flicken angesetzt. Vom l. Bein ist auch das ganze Stück vom Knie bis Knöchel modern, wie schon der ganz verschiedene Marmor zeigt: es gehört zu den älteren Ergänzungen. Der l. Fuss ist alt, ebenso der r. bis auf die Spitzen der Zehen, welche mit dem dazu gehörigen Stück des Plinthos von älterer Ergänzung sind. Die Herme eines bärtigen Dionysos, auf welcher der l. Arm ruht, und an der die Nase ergänzt ist, war in der Mitte durchgebrochen und ist mit mehreren Stücken verschiedenen Marmors zusammengesetzt. Auch von dem unter dem Arm auf dem Kopf der Herme liegenden Mantel sind mehrere Stücke ergänzt, hinten ein ziemlich grosses mit Gips. Der Plinthos ist alt, bis auf das erwähnte Stück mit den Zehen des r. Fusses, und ein anderes links unter der Herme. Die blendende Weisse des Marmors, die elegante Arbeit des Kopfes, die Behandlung des in eckige Falten gelegten Mantels auf dem Kopf der Herme liessen den Gedanken an ein ganz modernes Werk aufkommen; allein bei näherer Betrachtung zeigte es sich doch als unzweifelhaft antik, wenn auch aus frühestens augustischer Zeit. Der Kopf ist von grosser Schönheit und merkwürdiger Erhaltung, wie der ganze Torso. Nur im Unterleib und in der r. Hüfte ist ein kleines Loch im Marmor schon in alter Zeit geflickt worden. Das Haar ist hinten in alterthümlicher Weise zu einem gradgeschnittenen Zopf zusammengebunden; vorn quillt es in schönen Wellen unter dem Kranz hervor. Die Last des Körpers ruht auf dem l. Bein; die r. Hüfte wird dadurch beträchtlich herausgedrückt. Die Hüften sind von fast weiblicher Fülle; der Torso zeigt zwar reiche und schöne Formen, ist aber in der Ausführung nicht sehr lebendig. Vortrefflich gearbeitet ist der Rücken; auch die alten Theile der Beine sind sehr schön. Der Kopf der Herme ist in archaisierender Weise zierlich. Ueberzierlich, und desshalb bald modern erscheinend, ist der Mantel behandelt.

Soll nach den Aussagen des Portiers nicht in der Granja gewesen, sondern aus dem Real Palacio gekommen sein. ALC.?

Abgebildet, sehr schlecht, bei Clarac Tafel 690 B, 1598 A.

Abguss in Berlin.

19 K 24, jetzt neben D 495 [772 Baccho] H. 1, 15 Italischer Marmor.

Kleiner jugendlicher Bacchus, nackt. Der Kopf mit dem Epheukranz ist alt und von guter Arbeit; nur die Nase ist neu. Der Hals ist aus mehreren Stücken schlecht zusammengesetzt. Neu ist der auf einen Baumstamm gestützte r. Arm vom Ellenbogen an mit der R., die eine Weintraube hält. Der l. Arm, der aus drei Stücken besteht, ist ganz neu; die L. hält eine Schale. Der Leib ist in der Mitte durchbrochen und mit neuen Flicken zusammengesetzt. Das r. Bein, das an den Baumstamm gelehnt ist, war an der Hüfte gebrochen, ist aber mit dem Baumstamm alt. An derselben Stelle ist das l. Bein gebrochen und mit Flicken angesetzt. Alt ist der Oberschenkel; das Stück vom Knie abwärts besteht aus drei Stücken und ist ganz neu; der Fuss scheint alt zu sein. Alt ist auch der Plinthos; aber die in denselben eingegrabene Inschrift BACCHO ist neu. Es liegt ein schönes Vorbild zu Grunde, und die Arbeit ist zierlich.

S. ILD. 8, 116.

20 K 25, jetzt neben G 92 [762] H. 0, 97 Griechischer Marmor.

Kleiner nackter Bacchus. Der Kopf fehlt; der r. Arm ist vom Ellenbogen an neu, der l. fehlt von unter der Schulter an. Beide Beine sind unter dem Knie gebrochen, aber ganz alt; nur im l. ist über dem Knöchel ein moderner Einsatz. Alt sind auch die beiden mit zierlichen Sandalen bekleideten Füsse, der Baumstamm, an den sich das r. Bein lehnt, der Plinthos (beide, Baumstamm und Plinthos, sind mitten durchgebrochen), und der kleine Panther, welcher r. unten sitzt, mit abgebrochenem aber altem Kopf; neu ist die l. Vorderpfote, die er aufhebt. Saubere Arbeit nach schönem Vorbild.

Aus Tivoli mit Azaras Namen.

21 C 75 [748] H. 81 Italischer Marmor.

Kleiner stehender Bacchus, nur mit einem Ziegenfell (so) bekleidet. Neu sind der Kopf mit dem Epheukranz, der l. Arm mit dem Becher, beide Beine von den Knieen abwärts, der Baumstamm und der Plinthos. Der r. Arm war ergänzt, fehlt aber jetzt; auch die übrigen Ergänzungen sind aus verschiedenen Zeiten. Sehr unbedeutendes, in den Proportionen verfehltes Werk.

Ajello 2, 2 S. ILD.

22 L 4 [794] H. 1, 35 Italischer Marmor.

Nackter Jüngling mit kurzem Mantel auf der l. Schulter (Mercur?). Der Kopf ist alt und schön, das untere Stück des

Halses bis zu den Schultern ist neu. Neu ist der ganze r. Arm mit dem Zipfel des Mantels, den er vor die Brust hält; ebenso der l. Arm, über welchen der Mantel geschlagen ist, vom Ellenbogen an; ferner beide Beine, das r. von der Hüfte, das l. vom Oberschenkel an, und beide Füsse mit dem Plinthos. Der Kopf und der Torso sind von schöner Arbeit; wahrscheinlich hielt er in der bekannten Weise den Beutel und Caduceus.

Ajello am Schluss?

23 F 13 [34] H. 1, 84 Griechischer Marmor.

Kolossale bekleidete Venus in der Stellung der von Melos. Der Kopf und beide Arme fehlen: die eisernen Zapfen an den Bruchstellen zeigen, dass alte Ergänzungen vorhanden waren. Neu ist das r. Bein vom Knie abwärts und hinten ein Stück des Gewandes, so wie einzelne Flicken. Alle diese Ergänzungen sind aus schlechtem grauem Marmor auf das ungeschickteste gemacht. Der l. Fuss war abgebrochen, ist aber alt; er tritt nicht auf einen Helm, sondern auf ein erhöhtes Stück des Bodens. Drei Zehen fehlen, waren aber auch früher ergänzt. Das dazu gehörige Stück des ovalen Plinthos ist alt. Die Fugen und Risse sind auf das roheste mit Kalk und Gyps ausgeschmiert, und verrathen dieselbe Hand, welche auch erst in neuerer Zeit einige andere Werke der Sammlung (z. B. N. 67) verunziert hat. Der Oberkörper ist fast ganz von vorn zu sehn, wie der der Pariser Statue, nicht so weit nach l. gewendet, wie der der Venus von Capua. Aber er ist nicht nackt, sondern mit einem fein gefalteten Gewand bedeckt, dessen Aermel Knöpfe auf den Schultern zusammen halten. Ein schmaler vorn zusammengeknoteter Gürtel hält es unter den Brüsten fest; ein schmales Band liegt ausserdem grade um die Hüften. Der Mantel reicht weit höher über die Hüften hinauf, als bei der Pariser Statue. Ueber die Bewegung der Arme kann kein Zweifel sein; auf dem erhobenen l. Knie ist ein Einschnitt, in welchen der Schild des Mars gepasst haben muss. Die mächtigen Körperformen und die züchtige Bekleidung entsprechen ganz der etwa in augustischer Zeit nach dem griechischen Vorbild veränderten Vorstellung der Venus Victrix, der Stammmutter der Aeneaden und daher auch in den Provinzen weit verehrten Beschützerin des julischen Kaiserhauses.

Ajello 11, war zur Ceres restauriert. S. ILD.

Man sollte keine Kosten scheuen, um diess vortreffliche Werk von geschickten Händen würdig wiederherstellen oder wenigstens die rohen Ergänzungen, die es jetzt entstellen, entfernen zu lassen. Schon so würde es jede grosse Sculpturensammlung zieren.

Ueber das Motiv dieser Venusbilder und ihre spätere Verwendung zu Siegesgöttinnen hat neuerdings Otto Jahn (Berichte der sächsischen Gesellschaft der Wissenschaften 13, 1861 S. 122—126) eingehend und lehrreich gesprochen.

24 B 42 [394] H. 2, 00 Italischer Marmor.

Kolossale nackte Venus mit Delphin, in der Stellung der mediciischen. Neu sind die Nasenspitze, die vier Finger der unter der Brust liegenden R. (ausser dem Daumen), die vier Finger und die Daumenspitze der L. Das r. Bein besteht aus drei Stücken. Alt ist die obere Hälfte des Oberschenkels; neu das ganze Stück von der Mitte des Oberschenkels an bis zum Knöchel. Die Ferse und ein Stück des Spanns sind eingeflickt. Das l. Bein ist unter dem Knie gebrochen. Der Oberschenkel ist alt, alt auch ein vorn angesetztes grosses Stück. Neu ist das Wadenstück. Neu sind ferner beide Füsse, der Untertheil des Delphins, dessen Schwanz alt ist, und der ganze Plinthos. Die Restaurationen scheinen wie die von N. 65 aus Berninis Schule und Zeit. Der Rest der Statue ist zwar vorzüglich erhalten, aber stark poliert und geglättet, wodurch einige Theile, besonders die Brust, an ihrer ursprünglichen Schönheit viel verloren zu haben scheinen. Der Kopf ist von ausserordentlicher Schönheit, schärfer geschnitten und grossartiger als der der mediciischen, aber weicher und feuchteren Blickes als die capitolinische. Das schön gearbeitete reiche Haar scheint nicht von Ueberarbeitung gelitten zu haben. Die Körperformen zeigen, wie die der capitolinischen, vollendete Reife und Grossheit; vorzüglich schön ist der Rücken.

Ajello 8, 2 S. ILD. 1, 5.

Wahrscheinlich die bei Clarac 634 C, 1392 B abgebildete; doch stimmt dazu nicht die Höhenangabe von 4 Fuss.

Die zahlreichen verwandten Vorstellungen sind neuerdings zusammengestellt worden von Stark in den Berichten der sächsischen Gesellschaft der Wissenschaften 12, 1860 S. 59 f.

25 B 44 [266; la Paz] H. 1, 78. Italischer Marmor.

Weibliche Gewandstatue über Lebensgrösse (Venus?). Neu sind der Kopf mit dem Diadem (auf welchen in der antiken Kunst wenig entsprechender Weise ein kleiner Lorbeerzweig angebracht ist); ferner die aus zwei Stücken bestehende R. mit dem Gewandzipfel, den sie hält; die L. mit dem Lorbeerzweig, die Zehen beider Füsse und einige Flicken im Gewand, so wie die vordere l. Ecke des Plinthos. Der Oberkörper ist von einem auf der r. Schulter zusammengenommenen Chiton bedeckt, welcher den r. Arm ganz bloss lässt. Die Art, wie der Mantel um die Hüften geschlagen ist und mit dem l. Arm gehalten wird, ist eigenthümlich und deutet vielleicht auf Vorbild älteren, strengeren Stils. Im übrigen ist die Auffassung und Arbeit durchaus mittelmässig; das Werk verdient keineswegs den bevorzugten Platz, den es einnimmt.

Ajello 19, 2 als Flora. S. ILD.

Abgebildet bei Clarac Tafel 770 F, 1902 B.

Die Benennung 'der Friede' hat gar keinen Grund. Man kann an verschiedene Göttinnen denken; der Aehnlichkeit wegen mit der Statue bei Cavacappi, die bei der folgenden Nummer citiert ist, habe ich das Werk zu den Venusbildern gestellt.

26 B 34 [293; Pandora] H. 1, 74 Italischer Marmor.

Halbbekleidete weibliche Gestalt (Venus?); über Lebensgrösse. Neu sind der Kopf mit dem Hals, der r. Arm von unter dem Ellenbogen an, nebst dem Henkelkrug von ganz barocker Form, welchen sie auf die kleine viereckige Stele links stützt. Diese ist bis auf zwei Stützen, welche sie mit dem Gewand verbinden, alt, wie der Rest der Statue bis auf einige unbedeutende

Flicken. Der ganze Oberkörper ist entblösst; der Mantel umgiebt die Beine bis über die Hüften, und ist um den in die Seite gestemmten l. Arm geschlagen, die Schulter frei lassend. Die Körperformen sind eckig und dürftig, in den Verhältnissen zu lang, die Füsse zu klein. Der Faltenwurf ist einfach, aber ohne jede Sorgfalt ausgeführt. Hinten ist der Mantel nur roh behandelt, während der nackte Rücken besser ausgeführt ist. Sehr unbedeutende Arbeit der antoninischen Epoche.

Ajello 8, 4. S. ILD. 8, 20 *una Venus de pie antigua vestida de medio cuerpo abajo.* Abgebildet bei Clarac Tafel 632 H, 1327 A. Sehr ähnlich die Figur bei Cavaceppi raccolta d'antiche statue Rom 1768 Fol. 1 Tafel 22 = Clarac Tafel 599, 1312. Wegen des entblössten Oberkörpers zu den Venusbildern gestellt; doch ist die Deutung keineswegs sicher. Zu Grunde liegt der Typus einer Statue, die Jahn für Amymone erklärte (Arch. Aufs. S. 27 ff.). Vgl. die Dresdener Statue bei Clarac Tafel 601, 1319.

27 F 103 [18] H. 1, 82 Bronze.

Stehende Venus in der Stellung der mediciischen, über Lebensgrösse. Neu erschienen trotz genauer Beobachtung nur beide Arme von den Schultern an, die nach dem Vorbild der mediciischen ergänzt worden sind; aber wie es scheint mit Unrecht. Denn das Gewand, welches hinten bis an die Hüften reicht, ist an den Seiten ohne Abschluss gelassen; wahrscheinlich stand es mit der Bewegung wenigstens des einen Arms in Verbindung; eine Stellung etwa wie die der Venus von Syrakus wäre denkbar. Unten endet das Gewand am Plinthos ebenfalls ohne rechten Abschluss. Der Kopf ist nach l. gewendet und ohne lebendigen Ausdruck; das Haar ist sorgfältig behandelt. Der Oberkörper ist besser als die etwas plumpen leblos erscheinenden Beine.

Vielleicht früher im Garten von Aranjuez, vgl. die Einleitung S. 9. ALC. 41 *estatua entera de Venus desnuda?* doch ist nicht bemerkt, dass sie aus Bronze sei. Vgl. Ponz 6, 27 *una Venus en el cuarto del Rey.* Doch kann diess ein modernes Werk gewesen sein.

28 C 4 [365] H. 1, 00 Italischer Marmor.

Im Bade kauernde Venus, in Lebensgrösse. Beide Arme

und Schultern sind neu; die Arme und Hände mit den Attributen sind, wohl im siebzehnten Jahrhundert, höchst plump und hässlich ergänzt worden. In der L. hält sie, über dem r. Schenkel, ein Tuch, mit der R. giesst sie sich aus einem Fläschchen Oel ins Haar. Der Kopf ist stark rückwärts gewendet; da die Schulter und ein Stück des Halses neu sind, so hat die Ergänzung wahrscheinlich die Bewegung übertrieben. Der Kopf ist alt, bis auf Nase und Unterlippe, und von vortrefflicher Arbeit, an Weichheit und Anmuth des Ausdrucks der Dresdener Venus vergleichbar. Das r. zur Erde gebogene Knie ruht auf einer Schildkröte, deren Kopf fehlt. Auf das erhobene l. Knie stützt sich der l. Ellenbogen. Der l. Fuss ist alt, aber angesetzt; der r. dagegen scheint neu zu sein. Endlich ist ein Stück des l. Schenkels und die r. Brust neu eingesetzt. Mir scheint diess eines der vorzüglichsten Exemplare, wenn nicht das beste, dieses oft wiederholten Werkes zu sein. Besonders die Beine sind von ausserordentlicher Schönheit. Die schlechte Anfügung des Kopfes und die plumpen modernen Arme lassen die Schönheit des Körpers nicht recht erkennen; auch der Rücken ist besonders vollendet. Die dunkle ganz ungünstige Aufstellung verhindert ausserdem eine rechte Würdigung des Werkes.

Ajello 8, 1. S. ILD. 3, 22. *Venus saliendo del baño, tiene hinchada la rodilla derecha sobre un galápago.* Abgebildet bei Clarac Tafel 634 C, 1419 A. Ueber Dädalos den Erfinder des Typus der im Bade kauernden Venus sehe man Stark in den Berichten der sächs. Ges. der Wissensch. 12, 1860 S. 79, welcher ihn für einen bithynischen, von dem älteren gleichnamigen sikyonischen verschiedenen Künstler hält; wogegen Stephani compte-rendu de la commission imp. arch. pour l'année 1859 S. 122 ff. Einwendungen erhoben hat. Zu dem Motiv der Schildkröte unter dem Knie vergleicht Jahn die Erzählung bei Athenäos 13, 55 S. 589 B *Πολέμων — ἀναιρεθῆναι φάσκων αὐτὴν* (nämlich die Lais) *ὑπό τινων γυναικῶν ἐν Θετταλίᾳ — κατὰ φθόνον καὶ δυσζηλίαν ταῖς ξυλίναις χελώναις τυπτομένην ἐν Ἀφροδίτης ἱερῷ* und Suid. v. *χελώνη*. Dazu Panofka Tod des Skiron S. 5 f.

29 K18, jetzt neben D372 [771] H. 1, 42 Italischer Marmor.

Kleine halbbekleidete Venus, von welcher nur der Torso alt ist. Der Kopf, beide Arme und die Beine mit dem Gewand sind neu; sie tritt mit dem r. Fuss auf einen Delphin. Die Ergänzungen sind äusserst schlecht. Gewöhnliche Arbeit.

Ajello 8, 1. S. ILD. 2, 6? oder 11, 155.

30 I 12 [ ] H. 1, 06 Italischer Marmor.

Kleine nackte Venus. Alt ist nur das Mittelstück vom Nabel bis über die Kniee. Der Kopf und die l. Hand fehlen; alles übrige ist modern und auf das schlechteste ergänzt. Sehr unbedeutende Arbeit.

S. ILD. 9, 124?

31 F96 [289; *torso de una Venus*] H. 94 Griechischer Marmor.

Kleine stehende Venus. Der Kopf, beide Arme und die Beine von den Knieen abwärts fehlen; vielleicht sind ältere Ergänzungen entfernt worden. Der moderne Plinthos ist von Sandstein. Der Oberkörper ist nackt, um die l. (allein erhaltene) Schulter liegt ein Armband in Schlangenform. Das Gewand ist um die Beine geschlagen bis über die Hüften; ein Zipfel desselben ist unter die l. Schulter hinaufgezogen und wird mit dem l. Arm festgehalten. Der l. Arm war, wie die heraufgezogene Schulter und ein Ansatz beweist, irgendwo aufgestützt. Die Formen sind, obgleich klein, etwas eckig und breit behandelt, aber nach gutem Vorbild. Ein gutes Vorbild zeigt auch das einfach gefaltete Gewand.

ALC.? Vicens gaceta de Madrid 1860 N. 103. Erwähnt bei von Quandt S. 219.

32 H16 [194] H. 38 Italischer Marmor.

Kleine bekleidete Venus Genetrix in der Stellung der bekannten so benannten Statuen. Der Kopf, der r. Arm und die l. Hand fehlen, die Füsse mit dem Plinthos sind ergänzt. Höchst zierliche Arbeit.

Steht mit den aus Pompeji stammenden kleinen Büsten N. 99 u. 100 zusammen, daher sie vielleicht ebendaher stammt. Ueber die Darstellungen der Venus Genetrix vgl. Jahn in den Berichten der sächs. Ges. der Wiss. 13, 1861 S. 113 ff.

33 C 42 [415] H. 1, 48 Italischer Marmor.

Stehende Fortuna, drei Viertel Lebensgrösse. Neu ist der Kopf (alte Ergänzung, wie die übrigen), die L. mit einem Stück des Unterarms und dem Untertheil des im übrigen alten, mit Trauben, Weinlaub und anderen Früchten gefüllten Füllhorns, welches sie im l. Arm hält. Neu sind einige der Früchte in dem Füllhorn. Der r. Arm vom Ellenbogen bis zum Handgelenk, die r. Hand, bis auf einige Finger, und das obere Stück des Steuerruders, welches durch Stützen mit dem Gewand verbunden an der r. Seite zur Erde reicht, sind alt. Neu ist von dem Ruder nur das Mittelstück. Bekleidet ist die Gestalt mit dem an der Seite offenen Doppelchiton, der in einfachen, schön angedeuteten Falten herabfällt. Quer über der Brust liegt ein breites Wehrgehenk, welches unter der l. Brust und über die r. Schulter hingeht. Nur die Fussspitzen unten kommen hervor; sie stehen auf hohen kothurnartigen Sandalen. Hinten ist die Statue fast glatt gearbeitet, so dass sie gegen eine Wand oder Nische zu stehn bestimmt war. Es scheint ein gutes Werk des älteren Stils zu Grund zu liegen, dagegen ist die Ausführung, wie Arme und Hände zeigen, ziemlich roh.

Ajello 18. S. ILD. 8, 6. Abgebildet bei Clarac Tafel 410 H, 837 A.

34 F 78 [761] H. 1; 35. Italischer Marmor.

Stehende Fortuna. Neu sind der Kopf, der r. Arm vom Ellenbogen an, die Spitze des Füllhorns mit Früchten, welches sie im l. Arm hält, und einige Finger der L. Auf der Schulter sind die herabfallenden Haarlocken erhalten. Sie trägt einen hoch unter der Brust gegürteten Chiton, darunter ein feineres Untergewand, das auf Schulter und Oberarm mit Knöpfen zugehalten wird. Der Mantel ruht auf den Hüften, sein Zipfel ist um den

l. Arm geschlungen. Das Füllhorn im l. Arm entscheidet wohl für die Benennung. Die L. ruht mit dem Gewandzipfel an einer kleinen Korastatue. Der l. Fuss steht auf einer kleinen Erhöhung des Bodens; beide Füsse tragen Sandalen. Die von drei Seiten freistehende Korastatue steht auf einer vierseitigen Basis und trägt einen sehr hohen und schmalen cylinderförmigen Modius auf dem Kopf; mit Basis und Kopfschmuck beträgt ihre Höhe 77 Centimeter. Unter dem Modius trägt sie noch ein Diadem; das Haar ist alterthümlich angeordnet, zwei glatte Stränge fallen hinter den Ohren auf die Schultern herab. Der r. ausgestreckte Arm mit der R., welche wohl die übliche Frucht hielt, ist abgebrochen, der l. Arm ist vom Ellenbogen bis zur Handwurzel eingesetzt. Sie trägt einen Doppelchiton, welcher von der l. Schulter zur r. Hüfte herabgenommen ist und die l. Seite des Oberkörpers frei lässt. Das feinere Untergewand ist mit Knöpfen auf den Schultern und dem Oberarm befestigt. Mit der L. hebt sie den Zipfel des Chitons auf; die L. mit den Fingern ist alt.

Ajello 24 (Pomona). S. ILD. 8, 111.

35 F8 [25; 219 Isis] H. 1, 43 Italischer Marmor.

Stehende **Isis** aus römischer Zeit; ungefähr Lebensgrösse. Neu ist sicher der Kopf. Bei den Armen und Händen machen die vielfältigen Brüche und Ergänzungen aus verschiedener Zeit (zum grösseren Theil sind sie aus dem siebzehnten Jahrhundert) und von fast gleichem Marmor die Unterscheidung des alten vom neuen sehr unsicher. Von dem r. ausgestreckten Arm ist jedenfalls ein Stück neu; wahrscheinlich von älterer Ergänzung. Die R. mit der Opferschale ist alt. In der l. herabhängenden Hand trägt sie das Cymbium, in Form eines kleinen runden Kessels, dessen Henkel sicher neu ist; wie auch einige Finger der Hand. Das übliche Gewand, die Calasiris mit den langen Frangen, ist auf der Brust zu einem Knoten geschürzt, und lässt keinen Zweifel an der Benennung. Die Arbeit ist nicht sehr ausgeführt, aber geschmackvoll. Es gehörte gewiss ein Kopf mit der Lotosblume dazu, ähnlich dem schönen in der vaticanischen Sammlung (Sala de' busti, N. 286 des Verzeichnisses vom Jahr 1854).

Abgebildet bei Clarac Tafel 994, 2574 G.

36 F 83 [311; Hercules joven] H. 1, 50 Italischer Marmor.

Jugendlicher nackter Hercules, drei Viertel Lebensgrösse. Neu sind ein Flicken l. im Schädel, die Nase, Stücke im Handgelenk der L., Stücke in beiden Knieen, der r. Fuss, Zehen und Ferse des l., der Plinthos, und einige andere Flicken. Der Kopf, die r. Hand, der l. Arm und die L., sowie beide Beine von den Knieen abwärts, waren abgebrochen, sind aber alt und dazugehörig. Der Kopf mit kurzem krausem Haar, mit einem schmalen Reif geschmückt, ist nach l. gewendet. In der R. hält er die unten auf ein kleines Felsstück gestützte Keule, in der L. das Löwenfell, welches auf einem Baumstamm liegt, an den sich das l. Bein lehnt. Das Gewicht des Körpers ruht auf dem r. Bein; der l. Fuss ist stark nach aussen gekehrt. Der Körper ist etwas steif und eckig, doch ist auch der Rücken sorgfältig ausgeführt, so dass das Werk bestimmt gewesen zu sein scheint, von allen Seiten gesehn zu werden. Es liegt ein schönes Vorbild zu Grunde.

Ajello 10, 1. S. ILD. 3, 25? Abgebildet bei Clarac Tafel 802 H, 1973 A. Ganz ähnlich muss die Statue gewesen sein, welche Tychsen (in Heerens Bibliothek der alten Litteratur und Kunst 1, 1786 S. 96) als im Palast Medinaceli befindlich beschreibt. Dort ist jetzt keine ähnliche.

37 F 46 [249; Hercules] H. 1, 51 Italischer Marmor.

Nackter Hercules, drei Viertel Lebensgrösse. Neu sind der Kopf, der r. Arm vom Ellenbogen an und die Keule, die er trägt, die Finger der L., welche einen Apfel hält, und einige Zehen. Angesetzt aber alt sind das l. Bein vom Knie abwärts und beide Kniescheiben. Der Plinthos ist alt. Der Körper ruht auf dem l. Bein. Das r. Bein ist etwas gekrümmt; daran lehnt die

Keule. Ueber dem l. Arm hängt das Löwenfell. Der l. Unterarm ist falsch angesetzt, wie ein unbenutzt gebliebener Stützbalken auf dem l. Schenkel zeigt. Die Arbeit ist ziemlich grob.

Ajello 10, 2. S. ILD. 8, 109? Abgebildet bei Clarac Tafel 802 H, 2013 B *bis*.

38 L 1 [790] H. 1, 95 Italischer Marmor.

Jugendlicher Hercules mit Löwenhaut und Keule, ungefähr in Lebensgrösse. Neu sind die Nasenspitze, der l. Arm vom Ellenbogen an und die L. (welcher man drei Aepfel zu tragen gegeben hat, die fast wie Halteren aussehn), das obere Stück des r. Oberschenkels (von über dem Knie an ist das Bein alt), das l. Fussgelenk, und die ganze r. Hälfte des Plinthos, sowie die l. Ecke desselben. Das Haar ist kurz geschoren, der Bart schwach. Die R. stützt die Keule senkrecht auf einen Felsblock; über dem l. Arm hängt das Löwenfell, dessen Zipfel auf dem r. Oberschenkel neu ist. Das Gewicht des Körpers ruht auf dem r. Bein; im Torso ist einiges geflickt. Die Arbeit ist mittelmässig und aus später Zeit; die Züge erinnern etwas an den Commodus-Hercules.

S. ILD. 9, 122?

39 F 100 [530; Mercurio] H. 1, 50 Griechischer Marmor.

Nackter l. hin schreitender Jüngling mit Flügeln an den Schläfen (Hypnos), wenig über Lebensgrösse. Beide Arme fehlen von unter den Schultern an. Die Löcher darin zeigen, dass einmal eine Ergänzung versucht worden ist. Ausserdem sind die Spitze des r. Flügels am Kopf und die daran stossende Haarlocke, die Nasenspitze, der Geschlechtstheil und einige Zehen des l. Fusses abgestossen, die des r. vollkommen erhalten. Die Oberfläche des l. Oberschenkels hat durch Feuchtigkeit gelitten; das l. Bein hat über dem Knie einen kaum merklichen Riss; unter der Brust sind einige Schrammen. Das Haar ist in alterthümlicher Weise hinten zusammengebunden; hinter den Flügeln an den Schläfen zwei Lockenbüschel. Der etwas kleine Kopf ist vorwärts gebeugt und blickt nach unten; der vorgestreckte r. Arm hielt, wie die Vergleichung der verwandten Darstellungen lehrt, unzweifelhaft das Horn mit Balsam, welchen der Gott über die Schläfer ausgiesst. Die rückwärts gestreckte L. hielt wahrscheinlich den Mohnstengel. Das l. Bein ist in eiligem Schritt vorgesetzt; das ausgestreckte r. Bein ruht auf der Spitze des r. Fusses. An dem Baumstamm neben dem l. Bein (dessen glatt abgeschnittene Rückseite die Vorderansicht der Statue bestimmt) sind zwei Eidechsen, wie miteinander spielend, wohl als Symbole hohen Sonnenstandes und der Tageshelle, angebracht. Vortreffliches griechisches Werk, nach Gerhard dem neuattischen Stil des Apollo Sauroktonos und Apollino an Zeit wenig vorangehend. Der Kopf noch von alterthümlich kindlichem, puppenhaften Ausdruck (Gerhard hält ihn für absichtlich freundlich), der Körper von vollendeter Natürlichkeit, aber ohne idealisierende Schönheit. Daher die Brust dürftig, die Oberschenkel etwas kurz und die Füsse gross gebildet sind. Trotzdem ist diese Statue unzweifelhaft die Perle des Madrider Museums; besonders schön auch in der Rückenansicht.

Die Statue soll ziemlich unsicherer mündlicher Ueberlieferung nach aus der Sammlung der Herzöge von Frias (vielleicht aus deren Palast in Valladolid) stammen. Daraus mag sie in einen der königlichen Gärten gekommen sein. Jedenfalls findet sie sich nicht in den Verzeichnissen der Sammlungen des Alcázar und von San Ildefonso, noch bei Ajello. Abgebildet bei Clarac Tafel 666 C, 1512 C als Mercur. Auch Vicens, gaceta de Madrid 1860 N. 100 nennt sie Mercurio. Die richtige Benennung, welche auch Brunn in einer brieflichen Mittheilung fand, ist zuerst von Jahn (in Gerhards Denkmälern und Forschungen 20, 1861 S. 97 f. zu Tafel 141) ausgesprochen worden, welcher schon in seinen archäologischen Beiträgen (1847) die Darstellungen des Schlafgotts auf Reliefs (S. 53 und S. 446 f.) und in Statuen (S. 55 Anm. 11) verglichen hat. Nach dem durch mich in das Berliner Museum gelangten Gipsabguss hat Gerhard die Statue mit eingehender Besprechung und meiner Beschreibung veröffentlicht (Denkmäler und Forschungen 20, 1862 S. 217 bis 226) mit den Tafeln 157, 158, 1, 2 und 159, 1, 2, welche die ähnlichen Vorstellungen der Florentiner (Galleria di Firenze 4, 130 Tafel 138) und Wiener (nach Jahn in den Berichten der sächs. Ges. der Wissenschaften 5, 1853 S. 142. 152) Bronzen und des Pisanischen (Lasinio sculture del campo Santo di Pisa 1814 Tafel 63) und Pariser (Clarac 222, 58) Reliefs zusammengestellt. Bachofens neuerdings veröffentlichte Erklärung (das lykische Volk, Freiburg 1862 S. 81 f.), welcher darin den Apoll erkennt, wie er vom Idagebirg auf das troische Schlachtfeld schreitet, um Sarpedons Leichnam auf Zeus Befehl zu holen (Il. 16, 676), hat zwar für den ersten Anblick manche Aeusserlichkeit für sich, wie die Eidechsen, scheitert aber schon an den bei Apollobildern bisher unerhörten Flügeln an den Schläfen, welche durch 'den geflügelten Eihut der lykischen Krieger, die dadurch auch äusserlich als Diener des Ledasohns sich darstellen', keineswegs gerechtfertigt werden. Bei dem, wie Gerhard mit Recht annimmt, zu Grunde liegenden Bronzewerk fehlte wahrscheinlich der Baumstamm und mit ihm die Eidechsen. Als ein Curiosum und zum Beweise, wie wenig sogenannter allgemeiner Kunstgeschmack vor den schiefsten Urtheilen bewahrt, mag hier stehn, was von Quandt (S. 230) über diess Werk sagt; wenigstens finde ich durchaus kein anderes, auf welches die folgenden Worte passen: 'Aus einem der königlichen Gärten wurde unlängst ein junger Fechter oder Ballschläger in diese Sammlung aufgenommen. Ohne Zweifel ist diese lebensgrosse Statue antik und wenig daran restaurirt. An den jugendlichen und weichen Formen und den befangenen Bewegungen, die nicht die Blitzesschnelligkeit und Entschlossenheit des borghesischen Fechters haben, erkennt man den Lehrling in der Gymnastik. Sein nach der Seite gewendeter Blick scheint den Meister zu fragen: habe ich's so recht gemacht? was der ganzen Erscheinung etwas höchst lebendiges giebt. Der Körper und das r. Bein sind sehr überarbeitet, weit besser erhalten ist das l. Bein, welches weniger verwittert war. Die Oberfläche des Marmors hat unzählige kleine Gruben bekommen, die man an vielen Stellen durch Abschleifen zu vertilgen suchte, wodurch das r. Bein magrer wurde als das l'. Die Bemerkungen über den äusseren Zustand des Werkes widersprechen im ganzen und einzelnen so direkt meinen Beobachtungen, dass es unnütz ist, sie zu widerlegen; es kann an die Abbildung und den Abguss in Berlin appelliert werden. Wie wenig genau der Verfasser beobachtete zeigt allein der Umstand, dass er die Flügel am Kopf gänzlich übersah.

40 F 3 [17; Leda] H. 1, 45 Griechischer Marmor.

Leda stehend mit dem Schwan. Neu sind die Nasenspitze,

der Hals. ein Stück im r. Oberarm und die r. Hand, der l. Arm vom Ellenbogen an mit einem grossen Stück des bauschigen, aufwärts gehaltenen Mantels, mit welchem sie den Schwan zu bedecken sucht; ausserdem einige Zehen beider Füsse, ein Stück der Fussbank, auf welcher der l. Fuss steht, und viele Flicken im Gewand. Vom Schwan ist der ganze Körper neu, allein da sein Kopf und der Fuss alt sind, so sind seine kleinen Dimensionen und seine Stellung bestimmt und die Ergänzung scheint richtig. Die Haartracht der Leda ist alterthümlich, mit gradem auf den Nacken herabhängenden Zopf. Der viel zu lang gerathene neue Hals ist falsch eingesetzt; die Kopfbewegung, nach l. oben, ist ganz unverständlich; sie blickte wohl abwärts auf den Schwan, oder wenigstens grade aus. Der r. Arm war ebenfalls abgebrochen, und ist mehrfach angesetzt. Hinten ist ein Felsstück, wie ein Sitz, von welchem sie sich eben erhoben zu haben scheint; der Mantel liegt zum Theil darauf. Sie ist ausserdem mit einem feinen langen Gewand bekleidet, welches alle Körperformen durchscheinen lässt und auf der r. Schulter zusammengeknüpft ist. Es ist an der Seite offen und lässt die r. Seite des Körpers bis unter die Hüfte nackt; der Schwan, der auf dem r. Schenkel sitzt, hält das Gewand mit zusammen. Der Mantel ruht auf dem höherstehenden l. Knie. Die Arbeit des Gewandes und Mantels ist zierlich, etwa der trajanischen Zeit entsprechend, die Bewegung aber steif und der Kopf am schwächsten.

ALC. 42 *estatua de Leda sin brazos.* Ajello 27 S. ILD. 11, 154. Ponz S. 188. Abgebildet bei Clarac Tafel 410 E, 715 C. Vicens, gaceta de Madrid 1860 N. 100. Vgl. Jahn archäol. Beiträge S. 1 bis 11 und Ber. der sächs. Ges. der Wiss. 4, 1852 S. 47 ff. Am nächsten kommen die von Jahn archäol. Beiträge S. 2 unter A und B verzeichneten Statuen und die venezianische bei Clarac Tafel 412, 716.

41 C 110 [531] Länge 2,50 Italischer Marmor.

Wiederholung der liegenden Ariadne des vaticanischen Museums in derselben Grösse. Sie liegt auf einem sehr niedrigen Felsblock; auch scheint mir die ganze Lage horizontaler, der

Kopf tiefer, als in der vaticanischen Statue. Neu sind Stirn, Nase, Mund und Kinn, grosse Stücke beider Arme, die Kniee, der l. Fuss. Auch sonst ist die Statue vielfach geflickt und ganz und gar poliert. Trotzdem und trotz der etwas manierierten Behandlung, besonders der übertriebenen Breite der Brust, war diess Werk ein gutes Exemplar.

Ajello 27 S. ILD. 6, 57. Erwähnt in Winkelmanns Werken 2, 404. 6, 1, 222. 6, 2, 289 und 7, 218 Tafel 62. Abgebildet bei Clarac Tafel 726 E, 1622 A. Die verwandten Darstellungen hat Stark zusammengestellt in den Berichten der sächs. Ges. der Wiss. 12, 1860 S. 25. Vgl. Jahn archäol. Beiträge S. 296.

42 A 7 [2] H. 2, 21 Italischer Marmor.

Kolossale weibliche Figur im dorischen Doppelchiton (Muse? zur Juno ergänzt). Der Kopf und beide Arme sind neu; die R. hält einen scepterartigen Stab, die L. ist in undeutlicher Bewegung erhoben. Neu sind ferner die Fusszehen und die hohen kothurnartigen Sandalen, die jedoch wohl richtig und mit Nothwendigkeit ergänzt sind. Alles übrige ist alt. Auf den Schultern ruht in zwei Zipfeln ein kurzer, doppelt gelegter Mantel. Diess sieht man deutlich auf der Rückseite, wo die Statue zwar platt, aber doch ziemlich ausführlich gearbeitet ist. Sie stand daher jedenfalls nicht von allen Seiten frei. Die Gewänder sind schön gearbeitet, die gradlinigen feinen Falten zeigen ein alterthümliches Vorbild. Wahrscheinlich ist es eine Muse, etwa die tragische, ähnlich, aber etwas jünger, als die beiden Statuen in Paris und Neapel.

Abgebildet bei Clarac Tafel 410 F, 749 C als Juno.

43 F 36 [70; Flora] H. 1, 65 Griechischer Marmor.

Weibliche Gewandfigur (Muse?). Neu sind der Kopf mit dem Hals, beide Arme, der r. von der Schulter an, der l. vom Ellenbogen an, der grosse Zeh des l. Fusses und der runde Plinthos; über dem l. Arm ist ein Stück weissen Marmors eingesetzt.

Die Ergänzungen sind aus dem siebzehnten Jahrhundert. Sie trägt den an der l. Seite offnen dorischen Doppelchiton, aus einem dicken friesartigen Stoff (wie an den Enden angedeutet ist). Um den Leib ist er mit einem vorn zugeknüpften Band gegürtet und auf der l. Schulter durch einen Knopf zusammengehalten. Nur der l. Fuss, mit zierlichen Sandalen, ist zu sehn; der r. ist von den steifen Falten des Chitons ganz verdeckt. Die Bewegung des r. Arms ist durch die Hebung der Schulter vorgeschrieben. In die R. sowohl, wie in die herabhängende L. hat man ihr Blumen gegeben. Der einfache schwere Faltenwurf erinnert an die Figur der Villa Ludovisi l. vom Eingang, erstes Zimmer, so wie an die herculanensischen Bronzefiguren im neapolitanischen Museum.

Ajello 19, 1 S. ILD. 2, 8. Abgebildet bei Clarac Tafel 410 F, 799 A als Flora.

44 F 52 [257; Melpomene, auf dem Plinthos eingehauen] H. 1, 55 Griechischer Marmor.

Stehende Muse, etwas unter Lebensgrösse. Neu sind die Nase, der r. Unterarm und die r. Hand, die l. Hand mit einer Maske, welcher die Nasenspitze angesetzt ist, und die mit Sandalen bekleideten Füsse. Der Kopf, obgleich etwas klein im Verhältniss, ist unzweifelhaft alt; er ist leicht nach l. gewendet und ein wenig nach oben gerichtet. Das Haar von einem einfachen und schmalen Band gehalten und in gleichmässigen Wellen zurückgestrichen, fällt in doppelten Strängen auf die Schulter herab; während der Zopf gleichmässig gekämmt auf dem Nacken anliegt, so dass nur die Spitze vom Mantel bedeckt wird. Diese alterthümliche Haartracht ist jedoch mit ziemlicher Freiheit behandelt. Die Augen, obgleich ohne Andeutung der Augäpfel, blicken deutlich nach oben, der Mund ist wie in poetischer Begeisterung halbgeöffnet. Der Mantel, der nur bis über die Kniee reicht, ist über die l. Schulter geworfen, in der bekannten noch jetzt in den südlichen Ländern üblichen Weise, so dass der r. Arm davon verdeckt ist; die Bewegung des ergänzten Unterarms gegen die r. Brust hin ist vorgeschrieben. Von dem glatt anliegenden Untergewand sieht man daher nur wenig. Das Gewicht des Körpers ruht auf dem r. Bein; das l. Knie tritt etwas gekrümmt hervor. Die Bewegung des Kopfes, der begeisterte Ausdruck, die Biegung lässt wohl an Thalia denken. Mehr als ein so kleines Attribut, wie die Maske, kann sie nicht wohl in der L. gehalten haben, für eine Leier passt die Bewegung nicht; auch fehlt dafür jedes Anzeichen und jede Stütze.

Ajello 16, 1 S. ILD. Abgebildet bei Clarac Tafel 540 A', 1047 A. Die Statue gehört unzweifelhaft zusammen mit N. 45; vielleicht stellten sie als Gegenstücke die Musen der Tragödie und Komödie vor, vielleicht aber gehörten sie zu einer Reihe aller neun Musen, etwa mit dem Apollo Musagetes, welche jene der sitzenden Musen an Alter und Kunstwerth bei weitem übertroffen haben muss.

45 F58 [266; 94] H. 1, 43 Griechischer Marmor, etwas fleckig.

Stehende Muse, etwas unter Lebensgrösse. Der Kopf, beide Arme und Füsse fehlen. Ergänzt ist nichts. Der lange ärmellose Chiton wird durch einen breiten Gürtel hoch über der Brust gehalten und fällt in schlichten, wenig tiefen Falten auf die Füsse herab. Die offnen Seiten lassen die Schultern unbedeckt; auf der l. Schulter, auch den Oberarm bedeckend, liegt ein kurzer Mantel, dessen Zipfel nach vorn genommen und unter der Brust zierlich im Gürtel befestigt ist. Die Tracht scheint die der tragischen Bühne zu sein. In der L. muss sie ein Attribut getragen haben. Die Bewegung des r. Arms lässt sich nicht mit Sicherheit vermuthen; nach einem für eine Stütze bestimmten Loch auf der r. Hüfte zu schliessen, scheint er nach vorn gekehrt gewesen zu sein. Das Gewicht des Körpers ruht auf dem l. Bein. Die ganze Vorderseite ist leider vom Regen sehr abgewaschen. Doch erkennt man ein griechisches Werk von edlem Stil, obgleich von nicht sehr sorgfältiger Ausführung.

Ajello 16, 2 S. ILD.

46 F 92 [324] H. 1, 18 Griechischer und afrikanischer Marmor.

Kleine Wiederholung der stehenden Muse (Polyhymnia) des Berliner (Gerhards Verzeichniss N. 111) und anderer Museen; nur stützt sie sich nicht auf ein Felsstück, sondern auf einen nach unten verjüngten, architektonisch verzierten und sehr geschmacklosen Pfeiler aus afrikanischem Marmor. Neu sind der Kopf (ohne Kranz), die Ellenbogen, die Ferse des hinten aus dem Gewand hervorkommenden r. Fusses, und manche Flicken im Gewande. Die Ausführung ist sehr oberflächlich; die Statue verdient keineswegs die bevorzugte Stelle, die sie einnimmt.

Ajello 15 (mit einer Dissertation über die Sibyllen). S. ILD. 6, 58 (*Sibila de Cumas*). Abgebildet bei Clarac Tafel 540 A, 1058 A; von Quandt S. 219.

47 G 7 [95; Polymnia] H. 71 Italischer Marmor.

Torso einer bekleideten Muse. Der Kopf, die L. und beide Beine von den Hüften abwärts fehlen. Der r. Arm, unter dem Mantel, schlägt denselben über die l. Schulter; die Hand ist entblösst; es fehlen ihr zwei Finger. Der l. Arm hängt herab. Ueber die Hälfte des r. Oberschenkels ist erhalten und zeigt deutlich, dass die Figur eine stehende war. Die Art des Marmors und der Arbeit, die tiefen und scharfen Falten, die elegante Composition erinnern lebhaft an die folgende Reihe der sitzenden Musen.

Aus dem Retiro? Ponz 6, 104.

48 bis 56. Zu den berühmtesten Stücken der Sammlung der Königin von Schweden zählt man von jeher die acht Statuen sitzender Musen. Zur Vervollständigung der Zahl diente eine moderne stehende, welche bei Clarac Tafel 511, 1034 aus Rossi Tafel 120 (vgl. Montfaucon 1 Tafel 58, 4) abgebildet ist. Dagegen ist es mir nach Stil und Aehnlichkeit des Marmors sehr wahrscheinlich, dass der stehende Apollo Musagetes N. 15 ursprünglich zu den sitzenden Musen gehört hat. Diess scheint nicht bemerkt worden zu sein; wenigstens existierte ein moderner sitzender Apoll, der zu

den Musen gemacht worden war (abgebildet bei Rossi Tafel 111); von diesem ist nur noch das Untertheil erhalten, s. unten N. 1*. Die Musen finden sich mit den alten Restaurationen abgebildet zuerst bei Rossi Tafel 112 bis 119, dann bei Maffei und Montfaucon 1 Tafel 57, 1 bis 5 und 58, 1 bis 5. Aus Rossi wiederholt sie Clarac 501, 990 = Rossi 112; 504, 1006 = Rossi 113; 514, 1048 = Rossi 114; 517, 1057 = Rossi 115; 522, 1074 = Rossi 116; 526, 1089 = Rossi 117; 529, 1100 = Rossi 119 und 536, 115 = Rossi 118. Ajello behandelt sie 14, 1 bis 9 (mit der neunten modernen, deren Abguss in der Akademie von San Fernando aufbewahrt werden soll); im Inventar von S. ILD. stehen sie 4, 36 bis*43. In der Granja werden sie als die berühmtesten Stücke der Sammlung von allen Reisenden wenigstens erwähnt. Das Entfernen der älteren Restaurationen, an sich löblich, macht es unmöglich, ohne die Statuen selbst mit den Abbildungen vergleichen zu können, die einzelnen Tafeln Rossis zu den Statuen zu citieren. Dazu hat man begonnen neue, nicht minder verfehlte Restaurationen anzubringen, doch fehlen diese noch bei den meisten. Zwei der Musen (Rossi 113 und 116) hatten neben sich einen kleinen Amor stehen. Diese beiden Amoren sind jetzt von den Statuen getrennt. Der erste ist mit dem sogenannten Paris (N. 68) vereinigt worden; der zweite steht allein als N. 57 dieser Beschreibung. Von den acht Statuen ist nur an zweien (50 und 55) der Kopf erhalten, der der ersten (50) mit einem Lorbeerkranz; zwei andere (53 und 56) zeigen noch alte Attribute, eine grosse Leier und eine wohl komische Maske. Bei allen übrigen fehlen die Köpfe und Attribute gänzlich; d. h. sie sind bei den meisten von neuer Ergänzung (wie schon Winkelmann Werke 3 S. XI richtig bemerkt). Danach ist es kaum möglich, für mehr als jene beiden mit Leier und Maske die Namen festzustellen. Wenn auch ein älteres Werk diesen Statuen zu Grunde liegen mag, so weisen doch die schlanken, überzierlichen Proportionen, die kleinen Füsse, der tiefe und übermässig scharf geschnittene Faltenwurf der Gewänder, die zuweilen kleinliche Detaillierung der Ausführung, kurz die ganze Art der Behandlung die Madrider Statuen wie den wohl dazu gehörenden stehenden Apollo Musagetes frühestens in die hadrianische Zeit (vgl. von Quandt S. 219).

49 **C 11 [378; Erato] H. 1, 52 Italischer Marmor.**

Der Kopf mit dem Blumenkranz, beide Arme und die Attribute, die Leier in der L., auf das l. Knie gestützt, und das Plektron in der R., sowie die übereinander gekreuzten Füsse sind neu.

50 **C 17 [380; Clio] H. 1, 46 Italischer Marmor.**

Der Kopf ist angesetzt aber alt. Neu sind die Nase und beide Arme mit den Attributen: der Flöte in der R. und der Schriftrolle in der L. Alles übrige ist alt. Das Haar ist in zierliche Löckchen gekräuselt. Ein Lorbeerkranz, hinten mit Bändern gebunden, liegt darin. Um den l. Arm ist ein Zipfel des Gewandes geschlagen. Die Füsse sind von übertriebener Kleinheit.

51 **C 32 [401] H. 1, 45 Italischer Marmor.**

Neu sind der Kopf mit dem Diadem, von ganz moderner Ergänzung, der l. Arm, ältere Ergänzung, mit der L., die den Gewandzipfel hält. Der r. war ebenfalls ergänzt, fehlt aber jetzt. Neu sind ferner der r. Fuss mit einem Stück des Plinthos und eine Reihe kleiner Flicken im Gewande. Attribute fehlen mithin gänzlich. Diess ist eines der besten Exemplare in der ganzen Reihe.

52 **C 37 [408; Euterpe] H. 1, 45. Italischer Marmor.**

Neu sind der Kopf, von ganz neuer Ergänzung, mit Blumenkranz, der ganze r. Arm, die L., die Doppelflöte, der l. Fuss nebst dem Stück Gewand und Fels dabei; ausserdem verschiedene Flicken im Gewande. Sehr schönes Exemplar.

53 **C 50 [429] H. 1, 24 Italischer Marmor.**

Der Kopf fehlt ganz; ebenso beide Arme, von welchem nur

noch Stücke, wohl älterer Ergänzung, erhalten sind. Der l. vorgestreckte Fuss und viele Stücke der scharfen Falten des Gewandes sind ergänzt. Im l. Arm hält sie, auf den Schooss gestützt, die grosse Leier aus Stierhörnern, unten mit einer Klappe.

54 C 56 [436] H. 1, 39 **Italischer Marmor.**

Neu sind der Kopf, von ganz neuer Ergänzung, und beide Arme mit den Attributen, dem Globus in der auf das Knie gestützten L. und der Schriftrolle in der auf dem Ellenbogen ruhenden und gegen das Gesicht erhobenen R. Ausserdem ist das Gewand an vielen Stellen geflickt.

55 C 82 [472; Caliope] H. 1, 31 **Italischer Marmor.**

Neu sind ein Büschel Haare auf dem Scheitel, die Nasenspitze, ein Stück im Kinn, der Hals (in zwei Stücken ergänzt), Flicken in den Gewändern und die Spitze des l. vorgeschobenen Fusses. Diese und die beiden Oberarme sind alte Ergänzungen. Die Unterarme, sowie Attribute, fehlen jetzt ganz. Der Kopf war abgebrochen, ist aber alt und dazu gehörig.

56 C 86 [480] H. 1, 38 **Italischer Marmor.**

Es fehlen der Kopf und der l. Arm von unter dem Ellenbogen an. Neu sind beide Fussspitzen, viele Flicken im Gewand, und einige Stücke der auf einen Felsblock gestützten Maske, auf welcher die R. in gezierter Bewegung ruht. Um den erhobenen l. Arm ist der Mantel geschlagen.

57 C 44 [419] H. 79 **Italischer Marmor.**

Nackter Amor stehend, in halber Lebensgrösse. Der Kopf ist aufgesetzt, aber alt; nur der Hinterkopf und Stücke der Ohren sind neu. Neu sind ferner beide Arme (in der L. sollte er der Restauration nach einen Bogen halten), das r. Bein von der Mitte des Schenkels an bis unter das Knie, ebenso das Stück Baumstamm, an welches es sich lehnt; dann folgt ein Stück bis über die Hälfte des Fusses, welches alt zu sein scheint; der Fuss ist neu. Vom l. Bein ist nur das Stück abwärts vom Knie mit dem Fusse neu. Die Flügel waren abgebrochen und sind neu eingesetzt. Der Körper und der Kopf mit lächelndem Ausdruck sind zierlich ausgeführt, aber ohne eigentliche Schönheit.

War früher vereint mit der Muse Rossi N. 116.

58 B 38 [302] H. 1, 48 Griechischer Marmor.

Gruppe des Ganymedes mit dem Adler. Neu ist des Knaben Nasenspitze, der r. Arm vom Ellenbogen an mit dem Becher (in sehr moderner Form) und der rechte Fuss vom Spann an; endlich einige Flicken in der Chlamys. Angesetzt aber alt ist der Zeigefinger der R. Vom Adler sind neu der Kopf mit dem Hals und der r. Flügel. Neu sind ferner die Ohren des Hundes, welchen Ganymedes an einem ebenfalls neuen Riemen festhält. Der Kopf des Hundes ist angesetzt, aber alt; er ist mit einem doppelten Riemen um den Hals und unter der Brust gegürtet. In dem Körper des Knaben sind die Verhältnisse auffallend verfehlt; die Beine sind viel zu kurz und die mit Stiefeln bekleideten Füsse viel zu klein. Das Felsstück, auf welchem Ganymedes kniet, ist sehr roh und geschmacklos angegeben. Der Adler ist ebenfalls zu klein und sehr hässlich. Die Körperformen des Knaben sind höchst oberflächlich behandelt. Das ganze Werk entspricht keineswegs der Vortrefflichkeit des dazu verwendeten Materials.

Ajello 21. S. ILD. 11, 153. Ponz S. 133. Abgebildet bei Clarac Tafel 410 E, 707 A. Vicens, gaceta de Madrid 1860 N. 102.

59 B 48 [524] H. 1, 44 Griechischer Marmor.

Böckchentragender Satyr, in halber Lebensgrösse. Neu sind der Kopf des Böckchens und dessen vier Füsse (nicht die Beine). An dem Satyr selbst sind beide Arme von den Schultern an neu; ferner das l. Bein von unter dem Knie an bis zu den Zehen des Fusses; die Zehen selbst mit der Stütze darunter sind alt. Alt ist auch das ganze r. Bein, obgleich es an der Hüfte abgebrochen war; auch der Plinthos ist alt. Am Baume hängt die Hirtentasche. Die Arbeit ist nur leicht ausgeführt, zum Theil wie unvollendet, aber durchaus meisterhaft.

S. ILD. 3, 18. Abgebildet bei de Rossi Tafel 122, Montfaucon ant. expl. suppl. 1, 63 und Clarac Tafel 726 E, 1671 H. Mit Recht besonders gelobt von Bourgoing tableau de l'Espagne moderne 1, 1803 (dritte Ausgabe) S. 28. Vicens, gaceta de Madrid 1860 N. 98 spricht von den Buchstaben Px. F., welche irgendwo auf der Statue stehn sollen, und von einigen für 'Praxiteles fecit' erklärt worden seien. Er meint, das sei doch nicht Beweis genug für Praxiteles Autorschaft; es könne ja auch ein anderer Name, wie Perikles und Periklymenos gemeint, ja möglicher Weise die Inschrift erst später hinzugefügt sein —, etwa unter Nero oder unter Traian! Ich habe sie nicht gesehn. Abguss in Berlin.

60 B 33 [275] H. 1, 88 Italischer Marmor.

Stehender jugendlicher Satyr mit der Flöte, nackt, bis auf das Fell um die Schultern. Neu sind die Nasenspitze, der r. Arm mit der Flöte vom Ellenbogen an, der kleine Finger der L., das r. Bein von der Hüfte, das l. vom Knie an, der ganze Baumstamm mit dem Plinthos; ferner Flicken in dem Fell. Der Kopf, mit grossem Aehrenkranz, ist angesetzt aber alt. Diese Statue verdient keineswegs den bevorzugten Platz, den man ihr gegeben hat.

Ajello 3, 3. S. ILD. 3, 24. Abgebildet bei Clarac Tafel 726 G, 1691 A. Vicens, gaceta de Madrid 1860 N. 98. Eine der zahllosen und nicht eine der guten Wiederholungen dieses Werkes, in welchem man mit Unrecht den περιβοητὸς des Praxiteles zu haben glaubte.

61 L 3 [793] H. 1, 33 Italischer Marmor.

Nackter jugendlicher Bacchant, die Flöte blasend, stehend, das r. Bein über das l. geschlagen. Um die Schultern trägt er einen kurzen Mantel, der auf der r. Schulter durch einen Knoten gehalten wird. Neu ist die ganze l. Schulter mit einem grossen Stück des Mantels, daraus man ein Fell gemacht hat; ferner beide Arme, der r. von über dem Ellenbogen, der l. von der Schulter an, mit beiden Händen, in welchen er die Flöte hält, sodass deren Mundstück etwa drei Zoll vom Mund entfernt bleibt. Der kleine Finger der R. ist abgebrochen. Neu sind ebenso beide Beine, das r. von der Mitte des Oberschenkels, das l. von der Hüfte an; der Baumstamm, auf welchen das Fell herabhängt, und an welchem Syrinx und Pedum aufgehängt sind, und der Plinthos. Jede Andeutung thierischer Natur (spitze Ohren und Schwanz) fehlt. Die Arbeit ist schlecht; die Ergänzungen scheinen aus dem siebzehnten Jahrhundert zu sein; zu gleicher Zeit sind die alten Theile poliert worden.

S. ILD. 6, 60?

62 F 29 [494; fragmento de una Venus] H. 1, 64 Griech. Marmor.

Kolossale halbbekleidete weibliche Figur (Nymphe). Der Kopf und beide Arme von den Schultern an fehlen; doch scheinen alle drei Theile nach den darin vorhandenen Eisenzapfen zu schliessen einmal ergänzt gewesen zu sein. Die Brüste sind abgestossen. Vorn vor dem Schooss ist das Mittelstück einer Muschel erhalten, welche sie mit beiden Händen gehalten zu haben scheint. Unter der r. Hüfte ist ein Stück des Körpers ganz flach, worauf vielleicht der rechte Arm auflag. Um den Rand der Muschel und in der Mitte des Leibes sind ebenfalls Löcher und Zapfen zum befestigen jetzt fehlender Ergänzungen. Neu sind der ganze Saum des Gewandes unten, beide Füsse und der Plinthos. Im Mantel sind vorn und hinten grosse Stücke eingeflickt. Der Leib war grade in der Linie der Taille durchgebrochen und ist ungeschickt wieder aufgesetzt. Die Ergänzungen sind aus grauem, wahrscheinlich nicht italischem Marmor so schlecht gemacht und so roh eingefügt, dass man sie unmöglich für im sechszehnten Jahrhundert in Italien gemachte halten kann. Der nackte Oberkörper, der Rücken und die breiten Falten des Mantels zeigen trotz der jämmerlichen Verstümmelung und ungeschicktesten Restauration eine vortreffliche, grossartige Behandlung griechischen Meissels. Die Last des Körpers ruht auf dem l. Bein, das r. ist leicht gekrümmt. Vielleicht war die Statue eines der besten Exemplare der häufig vorkommenden ähnlichen Brunnenstatuen der Venus oder auch einer Nymphe, welche vor dem Schooss eine Muschel als Wasserbecken halten. Doch ist für diese Stelltung der Oberkörper gerader, als bei den übrigen ähnlichen Werken. Eine geschickte Restauration würde diess Werk zu einem der vorzüglichsten Stücke der spanischen Sammlung machen.

Auf einer Falte des Gewandes auf der l. Hüfte steht nachlässig eingegraben PRAXITELIS OPVS, und auf einer entsprechenden der r. Hüfte ·B·ROVIRA·I·V·D·EREXIT·1533. Rovira ist der Name einer catalanischen Familie; ich finde deren mehrere verzeichnet aus dem sechzehnten Jahrhundert (vgl. Torres Amát, diccionario critico de los escritores Catalanes Barcelona 1836 S. 568), aber keinen mit dem Vornamen B. und keinen Juristen. In der Sammlung der Königin Christine war die Statue nicht; der Name Rovira führt nach Barcelona als Fundort, und dazu passen die italienischer Herkunft durchaus unwürdigen Ergänzungen. Besprochen von Vicens, gaceta de Madrid 1860 N. 103. Vgl. über die muschelhaltenden Nymphen auf Sarkophagen Jahns archäologische Beiträge S. 62 f. und die ähnlichen Statuen bei Clarac Tafel 754.

63 F 98 [175; Clicia oder Dafne] H. 39, Br. 80 Griechischer Marmor.

Bruchstück einer liegenden weiblichen Figur (Nymphe?). Der Oberkörper, der nur bis zur Taille erhalten ist, war ganz entblösst und die Beine, welche von den Knieen an abwärts fehlen, nur unten vom Mantel bedeckt, so dass die Mitte des Körpers von beiden Seiten sichtbar bleibt. Die Bewegung lässt ein erotisches Symplegma vermuthen, ähnlich den Symplegmen von Satyrn und Hermaphroditen in Dresden (Hettners Verzeichniss N. 304 und 305, und die daselbst citierten Wiederholungen) und Berlin (Gerhards Verzeichniss N. 150). An die von Apoll erreichte Daphne ist schwerlich zu denken. Der mit Unrecht über die Maassen bewunderte Torso zeigt meiner Ansicht nach keineswegs eine lebensvolle und ausführliche Behandlung. Er hat vielleicht, wie augenscheinlich das Gewand, durch Ueberarbeitung gelitten. Die bevorzugte Aufstellung dieses Werkes empfiehlt sich schon durch den Gegenstand keineswegs.

Ajello 17, 2. S. ILD. 3, 23. Vicens, gaceta de Madrid 1860 N. 103. Die Statue war früher zur Clytia oder Daphne ergänzt (nach Pons S. 127 von Camillo Rusconi oder von Bernini selbst); die Restaurationen sind noch vorhanden, wie sie der Abguss in San Ildefonso zeigt. Bewundernde Beschreibung bei Quandt S. 218, welcher sich so Werke aus der praxitelischen Zeit denkt.

64 G 12 [235] H. 96 Italischer Marmor.

Torso eines stehenden Hermaphroditen. Der Kopf, beide Arme und die Beine von den Knieen abwärts und der Geschlechtstheil fehlen. Die Brust ist fast ganz weiblich gebildet, die Hüften dagegen ziemlich schmal. Schöne Arbeit.

S. ILD. 13, 194 *hermafrodita de pie, bajorelieve.* Trotz dieses irrthümlichen Zusatzes muss die Statue gemeint sein, denn es findet sich sonst durchaus kein Hermaphrodit in der Sammlung.

65 B 36 [7; Meleagro] H. 1, 98 Italischer Marmor.

Nackter jugendlicher Athlet, kolossal. Neu sind beide Beine von den Knieen abwärts, der ganze untere Theil des Baumstamms, an welchen sich das r. Bein lehnt, und der Plinthos. Es fehlt die Spitze des Zeigefingers der R., und angesetzt ist die Spitze des Daumens der L. Der r. Arm war an der Schulter abgebrochen, ist aber unzweifelhaft alt, wie schon die Gleichheit des Marmors zeigt, der einige graue Flecken hat; die Beine sind aus milchweissem carrarischem ergänzt. Alles übrige ist vollkommen erhalten; nur ist das ganze Werk poliert, wie die belvederischen Statuen. Die Ergänzungen rühren offenbar von einem Künstler der Berninischen Schule her; die Füsse sind plump und fleischig, die Fersen unnatürlich tief stehend, ganz in der Manier der Ergänzungen des belvederischen Antinous-Mercur. Das Gewicht des Körpers ruht auf dem r. Bein, das l. ist etwas gehoben und rückwärts gestellt. Der Kopf ist gesenkt, der Blick nach r. unten gerichtet. Die Haare, zierlich gelockt und auf das sauberste ausgeführt, werden über der Stirn nach Athletenart durch ein breites Band festgehalten. Das ganz bartlose Gesicht ist klein, scharf geschnitten, und von edelster Regelmässigkeit, durchaus im Styl der myronischen Athletenbilder. Die kräftigen Schultern und die überaus breite Brust sind der des belvederischen Antinous-Mercur in höchstem Grade ähnlich, wie an Ort und Stelle die Vergleichung mit dem Bronzeabguss (unten N. 7*) ergab. Die Bewegung der Arme ist mir nicht ganz verständlich. Der r. Arm (von vorzüglich schöner Arbeit) ist mit ganz leichter Krümmung seitwärts vorgestreckt. Die Hand, deren Daumen und dritter Finger durch kleine Stützen auseinandergehalten werden, hielt einen stabähnlichen Gegenstand, unter welchem der Zeigefinger als Stütze ruht (etwa ein Schabeisen?). Der l. Arm ist seitwärts gehoben, so dass der Ellenbogen fast in der Höhe der Schulter steht; der Unterarm ist in mehr als senkrechter Richtung zurück zur Schulter gebogen. Die Hand ist geschlossen, doch bleibt eine schmale Oeffnung; Daumen und Zeigefinger liegen fest aufeinander. Die Hand scheint nichts gehalten zu haben. Zwischen dem Muskel des Oberarms und dem Handgelenk ist eine Stütze. Die Bewegung könnte auf den ersten Blick an Bogenspannen erinnern; aber man spannt ja die Sehne mit der r. Hand, während die l. den Bogen hält. Es ist wohl irgend eine Verrichtung der Palästra gemeint. Die stark ausgelegten Muskeln, besonders der Hüften, zeigen die übertreibende Art der römischen Kunst des dritten Jahrhunderts; sie erinnern zum Theil an den stehenden Mars im Louvre und sogar an den farnesischen Hercules. Unschön ist besonders das r. Knie, auf welchem sich die Haut durch das starke Durchdrücken nach hinten in wulstige Falten gehoben hat. Aber die Schönheit des Kopfes und der Arme, sowie die vortreffliche Stellung lassen ein Original ähnlich den myronischen Statuen vermuthen.

Ajello 32, 2? S. ILD. 3, 27 *un Antinoo, 7' sin el zocalo?* Abgebildet, aber so schlecht, dass er kaum wieder zu erkennen ist, bei Clarac Tafel 802 F, 2020. Ein durchaus ähnlicher Kopf ist im Louvre.

66 B 45 [61; 21 joven orador de la escuela de Platon 255] H. 1, 78. Italischer Marmor.

Nackter Jüngling, über Lebensgrösse; aus vielen Stücken zusammengesetzt. Der Kopf ist alt, war aber abgebrochen; der Hals besteht aus mehreren Stücken, passt aber hinten genau auf den antiken Nacken, so dass des Kopfes Beugung und Wendung nach l. dadurch bedingt sind. Neu ist die Nase, und beide Ohren sind geflickt. Neu sind ferner beide Arme mit den Schultern; die herabhängende R. (der Arm ist aus zwei Stücken ganz verschiedenen Marmors ergänzt) hält nichts, die aufgestützte L. eine kleine Schriftrolle; alles willkürliche Ergänzungen. Der Oberschenkel des r. Beins ist aus vier grossen Stücken zusammengesetzt, von welchen die beiden vorn alt, die beiden hinten neu zu sein scheinen. Das Stück vom Knie bis zum Knöchel ist alt, ebenso der Fuss, der am Knöchel abgebrochen war, bis auf einige Zehen. Auch im l. Oberschenkel ist vorn ein grosses Stück neu; hinten ist ein anderes Stück aus mehreren Flicken zusammengesetzt. Ausserdem ist das Bein alt bis zum Knöchel, wo wiederum ein Stück eingesetzt ist. Vom l. Fuss sind die Ferse, bis auf einen Flicken darin, und das Mittelstück alt, der vordere Theil mit den Zehen neu. Der l. Arm stützt sich auf eine Herme des bärtigen Dionysos im alterthümlichen Stil. Diese ist mitten durchgebrochen, aber zum grössten Theil alt, bis auf einige Flicken; unten am Plinthos ist ein grösseres Stück angesetzt. Der Mantel, der über der Herme liegt, ist auch zum grössten Theil alt, wenngleich vielfach ausgeflickt. Zwischen dem Mantel und der l. Hüfte ist eine eiserne, mit Gips und Oelfarbe verdeckte Stütze angebracht. Der Plinthos besteht aus mehreren Stücken, ist aber zum grössten Theil alt. Der gesenkte Kopf ist von ernstem, fast traurigem Ausdruck. Die Stellung erinnert an Figuren wie N. 70 dieser Beschreibung. Für einen Athleten oder Palästriten passt sie nicht recht. Seit Jahns Untersuchungen über ähnliche Vorstellungen (Berichte der sächs. Ges. der Wissenschaften 13, 1861 S. 127 ff.) möchte man daher fast an eine Vorstellung aus der Tragödie, etwa an Orest denken. Die Körperformen sind sehr schön und lebendig; sie erinnern an die myronischen Athletengestalten, nur sind sie weicher und jugendlicher.

Abgebildet bei Clarac Tafel 970 C, 2228 G.

67 B 40 [ ] H. 1, 58 Carrarischer Marmor.

Die Gruppe von San Ildefonso ist als so bekannt vorauszusetzen, dass eine allgemeine Beschreibung überflüssig erscheint. Ich beschreibe daher gleich im einzelnen die fünf Theile, aus welchen sie besteht, nämlich den r. vom Beschauer stehenden Jüngling mit den beiden Fackeln, den l. stehenden Jüngling mit der Schale, die Korastatue neben dem r. stehenden Jüngling, den kleinen Altar zwischen beiden, und den Plinthos. Ueber den Zustand des Werks in Italien und in San Ildefonso selbst lässt sich keine sichere Auskunft geben. Denn nach glaubwürdigen Aussagen hat es bei dem Transport von San Ildefonso nach Madrid beträchtlich gelitten, so dass man eigens einen in Rom lebenden spanischen Bildhauer kommen liess, um die nöthigen Restaurationen auszuführen. Er bediente sich dabei sicher zum grössten Theil der älteren restaurierten Stücke, die wahrscheinlich nur abgebrochen waren. Fehlendes ergänzte er aber aus Blei, und schmierte ausserdem alle Risse und die scharfgeschnittenen Linien, in welchen die einzelnen Theile aufeinander treffen, auf das gröbste und liederlichste mit Gips und Oelfarbe aus.

1 Der Jüngling mit den beiden Fackeln. Der Kopf ist vollkommen erhalten und war nie vom Rumpfe getrennt; angesetzt sind nur die beiden Spitzen des Lorbeerkranzes vorn. Der r. Arm ist von dem Bruch unter der Schulter an ganz neu, sammt der Hand und dem Stil der Fackel, welche sie hält. Diess ist eine von den alten Ergänzungen, wie alle die übrigen im folgenden angeführten, bei denen nicht ausdrücklich das Gegentheil angegeben ist. Der l. Arm besteht aus zwei Stücken; das

erste, die ganze Schulter und der Oberarm bis zum Ellenbogen, ist hinten am Rücken mit mehreren zum Theil neu ergänzten Flicken angesetzt. Doch scheint es alt zu sein; wenigstens stimmt die Farbe des Marmors, was freilich bei älteren Ergänzungen nicht allein entscheidet; die Arbeit zeigt nichts auffallend modernes. Das zweite Stück, vom Ellenbogen an, ist neu; der kleine Finger ist zweimal angesetzt, wohl bei der neuesten Restauration. Hand und Unterarm sind auffallend schlecht gearbeitet. Die Fackel ist mit Ausnahme der marmornen Spitze in der Hand von Holz, mit Oelfarbe angestrichen und mit einem dicken Nagel auf der Schulter befestigt. Der ganze Torso ist alt und vorn ebenso ausgeführt und erhalten als hinten. Das r. Bein ist zunächst in der Kniekehle in einer Linie bis 0,15 M. unter der Kniescheibe durchgebrochen, ferner unten 0,12 M. über der Sohle (hinten). Diess Stück ist alt, aber vielleicht beim Einsetzen etwas verschoben. Zwischen Knöchel und Spann ist ein mit Oelfarbe angestrichener Bleieinsatz, an seiner breitesten Stelle 0,06 M. hoch, welcher einen eisernen Zapfen enthält; die alte Ergänzung aus Marmor scheint verloren zu sein. Auch in der Wade und vorn im Oberschenkel sind Löcher mit Blei ausgefüllt. Das l. Bein ist hart unter dem Knie und 0,08 M. über dem Knöchel durchgebrochen. Die ganze r. und vordere Seite dieses Stücks ist von neuer Ergänzung; von älterer sind nur einige Stücke hinten l., an der Korastatue anliegend, deren eines bis fast an den Bruch über dem Knöchel reicht. Zwischen Knöchel und Spann ist wiederum ein mit Oelfarbe angestrichener Bleieinsatz von 0,05 M. Höhe. Der l. Fuss hat einen Bruch über dem Spann, ist aber alt, nur der grosse Zeh etwas beschädigt.

2 Der Jüngling mit der Schale. Der Kopf ist am Hals abgebrochen und angesetzt, aber alt, bis auf ein beträchtliches Stück der r. Seite, wohl der vierte Theil des Schädels mit Haar und Kranz. Neu ist ferner die Nasenspitze. Der ganze r. Arm, mit sammt der Schulter und der Schale in der R., ist

neu, die Ergänzung mit Blei verlöthet. Der l. Arm besteht aus drei Haupttheilen und mehreren Flicken. Das erste Stück von der Schulter bis über den Ellenbogen scheint zwar neu zu sein, doch sind zwei Flicken vorn in der Schulter sicher von altem Marmor; auch das übrige könnte wohl alt sein. Denn man sieht nicht recht ein, warum nicht ein Stück zur Restauration genommen worden ist, sondern zwei. Das zweite oder Ellenbogenstück ist sicher neu; das dritte dagegen, der Unterarm, welcher auf dem Rücken des Fackelträgers ruht, ist alt. Die Nähte sind freilich so dick verschmiert, dass man nicht mehr erkennen kann, ob der Unterarm mit dem Fackelträger aus einem Stück ist. Neu ist die l. Hand; sie besteht aus einem älteren und einem neueren Theil, die Finger sind mehrfach geflickt und zeigen deutlich moderne Arbeit. Der ganze l. Arm wird durch Blei und eiserne Klammern zusammengehalten. Der Torso hat vorn einige starke Risse, die mit Blei und Gips ausgefüllt sind, im übrigen ist er wohl erhalten. Das r. Bein ist alt bis unter das Knie, hinten und vorn sind Flicken eingesetzt, zum Theil mit Blei, in die Kniescheibe ein kleines Marmorstück. Das Stück vom Knie bis Knöchel scheint nach Farbe und Arbeit ebenfalls alt zu sein. Unter dem Knöchel folgt dann ein aus zwei Theilen bestehender Einsatz, mit Blei befestigt. Der r. Fuss ist alt. Das l. Bein ist unter dem Knie und über dem Knöchel gebrochen, doch ist das ganze Stück alt bis auf einen vorn eingesetzten Flicken und einen Bleieinsatz in der Kniekehle. Der l. Fuss besteht aus drei Theilen; das Stück vom Knöchel bis zur Mitte des Spanns mit einem Theil der Stütze darunter ist neu; von da an bis zu den Zehen ist ein kleines Stück geflickt aus Marmor und Blei; endlich die Zehen sind alt, bis auf den kleinen, der neuerdings (aus Gips) ergänzt worden ist.

3 Die Korastatue. Der Kopf ist angesetzt, aber alt. Die Verbindung zwischen dem r. Arm und dem Schenkel des Fackelträgers ist wiederum so mit Gips ausgeschmiert, dass man nicht sieht, wo der eine aufhört und der andre anfängt. Der r. Un-

terarm mit dem Apfel ist jedenfalls alt. Auch der l. Arm ist alt, nur die Hand hat einen Bruch. Neu ist der aufgehobene Zipfel des Gewandes. Die ganze Figur ist in der Linie der Knöchel gebrochen; der Bruch ist mit Gips verschmiert, doch sind die Füsse alt. Neu ist aber die ganze hintere Hälfte der Basis, auf welcher die Figur steht, nebst dem Saum des Gewandes hinten und dem dazugehörigen Stück des Plinthos.

4 Der kleine Altar ist ganz alt. Die Flamme der auf ihm ruhenden Fackel war abgebrochen, ist aber alt bis auf ihre Spitze. Der Stil der Fackel, der zwei Mal durchgebrochen ist, scheint ebenfalls alt zu sein, bis auf den gar nicht in einer Linie mit ihm liegenden Griff in der r. Hand des Fackelträgers.

5 Der Plinthos ist ganz alt, bis auf die Ecke unter der Basis der Korastatue und die überstehende Stütze unter dem l. Fuss des Jünglings mit der Schale. Der Plinthos ist deutlich aus demselben Stück mit beiden Figuren, deren Füsse nicht eingesetzt, sondern herausgearbeitet sind. Zwischen den beiden Hauptfiguren hinten ist ein mässiges Loch, jetzt mit Blei ausgefüllt.

Ajello 26. S. ILD. 3, 17. Bevor das Werk in den Besitz der Königin von Schweden kam, befand es sich in dem Garten Ludovisi in Rom; daraus abgebildet (zuerst wie es scheint) bei Perrier Tafel 87, dann bei Rossi Tafel 121; vgl. Winkelmann monum. ined. S. 14 und Werke 2, 404; 6, 2, 101. Visconti-Mongez icon. rom. Tafel 39, 1. Clarac Tafel 812 C, 2040 nach einem Gipsabguss, an welchem es fast keiner grösseren Sammlung fehlt. Eine genaue Beschreibung des Originals blieb selbst nach den von Welcker mitgetheilten Bemerkungen Wilhelm von Humboldts und denen eines spanischen Bildhauers, welcher die Statue im Jahr 1819 sah, bei Mongez icon. rom. 3 S. 55 ff., wünschenswerth. Ueber die Deutung ist fast mehr geschrieben und gestritten worden, als über irgend ein antikes Werk. Nach den eingehenden Besprechungen von Ruhmor (über die antike Gruppe Castor und Pollux, Hamburg 1812), Welcker (alte Denkmäler 1 S. 375 ff.), Wieseler (Narkissos, Göttingen 1856 S. 60 ff., vgl. die von ihm fortgesetzten Müllerschen Denkmäler 2 S. 44 Tafel 70, 879) und Bogler (über die Gruppe von San Ildefonso, Wiesbaden 1855) soll hier nur kurz referiert werden. Von den alten gleich flachen und unbegründeten Deutungen Perriers auf die Decier, Torres auf Isispriester, Maffeis auf Lucifer und Hesperus sagte sich, wie begreiflich, zuerst Winkelmann los (in der Vorrede zu den Denkmälern) und erkannte in den Jünglingen den Orestes und Pylades, wie sie am Grab des Agamemnon opfern um sich zu der Rachethat vorzubereiten. Auffallend und jetzt allgemein zurückgewiesen ist, dass er die kleine Korastatue für Elektra hielt. Zugleich machte er zuerst auf die Aehnlichkeit der Stellung des l. stehenden Jünglings mit dem Apollo Sauroktonos aufmerksam. Lessing in der Abhandlung 'wie die Alten den Tod gebildet' (Werke 8, 223 Maltzahn), schlug zögernd die Deutung auf Schlaf und Tod vor. Herder trat ihm in seiner ebenso überschriebenen Abhandlung (Werke 19, 5) entgegen und kehrte zu den Dioskuren zurück, nur lässt er sie der Hygiea opfern. Visconti (su due musaici, Parma 1788 S. 81, opp. var. 1 S. 159) sucht Winkelmann zu widerlegen und will, mit dem durch seine ikonographischen Studien geschärften Blick überall Bildnisse aufzuspüren geneigt, in dem Idol eine Nemesis, in dem Jüngling l. den Antinoos und in dem Ganzen seine Hinabführung zur Unterwelt erkennen. Diese Deutung hat den meisten Anklang gefunden; Humboldt (bei Welcker), Zoëga, Friedrich Tieck der Bildhauer, Otfried Müller (Handbuch 2te Ausg. S. 286), Levezow (Antinous S. 32) folgen ihr und weichen nur in der Deutung des Fackelträgers von einander ab, den sie für den Hermes Psychopompos oder für den Todesgenius oder für Hadrians Lebensdämon nehmen. Die mangelhafte Grundlage, dass nämlich die Aehnlichkeit mit Antinoos bekannten Zügen in der That nur sehr entfernt zugegeben werden kann, zu befestigen hat man den Kopf theils für falsch (so Zoëga und Quatremère de Quincy), theils für überarbeitet erklärt; Levezow hält ihn für restauriert nach einem Antinooskopf. Dagegen brachte Welcker Lessings Deutung auf Schlaf und Tod wieder zu Ehren; ihm pflichtet Gerhard bei (Venere Proserpina S. 49, hyperbor. röm. Studien 1 S. 166 ff.). Stackelberg (Gräber der Hellenen zu Tafel 69) hatte die Kora-Persephone erkannt (vgl. Gerhard über Venusidole, Berlin 1845 S. 23 und 27, wo das Idol auf den Koradienst zu Agrä zurückgeführt wird); den Jüngling rechts nimmt er für einen priesterlichen Daduchos, den andern für einen Eingeweihten. Raoul-Rochette (monum. inédits S. 176, 218) und Labus (in der Vorrede zu Visconti mon. sc. Borgh. S. XII ff.) folgen Welcker, welcher in dem Fackelträger 'den Genius des Scheiterhaufens, wie wir sagen würden des Grabes, oder vielmehr den Tod unter dem Bilde des Verbrennens der Todten', in dem andern den Schlaf erkennt; so dass der Gedanke des Bildes zusammengefasst etwa sei: 'wenn die

Flammen die Gebeine verzehrten, dann ruht der Mensch von Mühen und Schmerzen des leiblichen Daseins, er schläft....' In dieser Erklärung wird auch, wer nicht beistimmt, den feinen und sinnigen Geist ihres Urhebers verehren. Herr von Quandt (S. 220 bis 230) erkennt in der Gruppe ein Denkmal der Freundschaft zweier Jünglinge, 'welche zusammen eine Wanderung antreten, die zum Reich der Proserpina führt, wo der Jüngere noch beim Altar der Penaten verweilen möchte, der Aeltere und Entschlossenere aber den Zögernden zur Eile auffordert'. Wieseler sieht in den beiden Jünglingen den Narkissos und den Tod oder Todesgott. Bogler endlich in der angeführten Abhandlung, welcher das Urtheil des Bildhauers bei Mongez übersetzt, kommt trotz einer verständigen Methode und augenscheinlich vorurtheilsfreier Betrachtung aller Einzelnheiten zu einer höchst verfehlten Deutung; er erkennt nämlich darin die seit Herodot (1, 31) berühmten Brüder Kleobis und Biton am Altar der Here. Herrn Vicens (gaceta de Madrid 1860 N. 100) haben alle diese Erörterungen nicht berührt; er bleibt bei Castor und Pollux. Meine Beschreibung, welche in den meisten Punkten mit den Bemerkungen des Bildhauers bei Mongez übereinstimmt, stellt als Anhaltspunkte für die Erklärung fest, erstens dass die beiden Figuren unzweifelhaft zusammengehören, zweitens dass der Kopf des mit der Schale unzweifelhaft alt und dazugehörig, und drittens dass derselbe nicht ein Bildniss des Antinous ist. Die Betrachtung der Attribute führt, weil eine neuere Restauration erwiesener Maassen vorliegt, nicht zu einem sicheren Resultat. Der spanische Bildhauer sah, aus wie vielen alten Stücken das Werk zusammengesetzt ist, und bemerkte, dass die Fackel in der L. des Fackelträgers von Holz ist. Dass sie das schon im Garten Ludovisi war, ist sehr zu bezweifeln; die alten Abbildungen stimmen zwar, lassen aber unentschieden, ob die zweite Fackel alt oder schon damals hinzugefügt war, zumal der ganze r. Arm von der Schulter an ältere Ergänzung ist. Ebenso verhält es sich mit den übrigen Ergänzungen. Erst nach dem Transport nach Madrid ins Schloss und von da ins Museum scheinen die Restaurationen mit Blei gemacht worden zu sein, da der Bildhauer ihrer nicht erwähnt. Das letzte Wort bleibt somit noch zu sprechen. Nach den Bemerkungen von Jahn (besonders Ber. der sächs. Ges. der Wiss. 1861 S. 122) ist man versucht, auf Winkelmanns Erklärung zurückzugehn, auch wenn das Idol eine Beziehung auf den Mysteriendienst nothwendig macht, wie Gerhard neuerdings wieder (in der Schrift über die Anthesterien, Abhandlungen der Berliner Akademie von 1858 S. 188 und 219) ausgesprochen hat. Was endlich Stil und Kunstwerth anlangt, so ist man im allgemeinen jetzt wohl von früherer Ueberschätzung zurückgekommen. Das Werk gehört unzweifelhaft der reproducierenden römischen Kunst an, welche das schöne griechische Motiv zwar bewahrt hat, aber den Stil und vielleicht auch die Attribute verändert. Die Köpfe sind beide ohne eigentliches Leben. Der des Fackelträgers ist schärfer gezeichnet und steht daher vielleicht dem griechischen Vorbild näher; das Haar liegt glatt an. Der andere ist weicher geformt, das Haar ist voller und lockiger. In ähnlicher Weise unterscheiden sich die Körperformen beider Jünglinge. Sie sind correkt gearbeitet, aber ohne Anmuth, zum Theil sogar etwas dürftig, auch wenn man einiges auf schlechte Zusammensetzung schiebt. Die Füsse beider (die Hände sind sämmtlich neu) sind auffallend klein und nicht sehr edel geformt. Spuren einer umfassenden Ueberarbeitung und Glättung sind nicht wahrzunehmen.

68 L 2 [792; Paris] H. 1,94 Italischer Marmor.

Statue eines nackten Jünglings, zum Adonis restauriert; ein l. stehender kleiner Amor reicht ihm mit der R. einen Apfel; beträchtlich über Lebensgrösse. Der Kopf des Jünglings ist zwar sehr klein, und zwei Mal, in der Mitte und am Hals, durchgebrochen, aber alt und zum Körper gehörend; neu ist die Nase. Neu ist ferner der ganze r. Arm (von der Schulter an) mit der Hand, die ein Jagdhorn hält; der l. Arm fehlt von der Schulter an, erhalten ist nur ein kleiner Stumpf. Neu sind endlich beide Beine, das r. von der Hüfte, das l. von der Mitte des Oberschenkels an mit dem Baumstamm, an welchen sich das r. Bein anlehnt. Der Leib ist in der Mitte in der Linie der Hüften durchgebrochen. Der kleine Amor gehörte sicher nicht dazu, sondern zu einer Gewandstatue, da an seinen (alten) Flügeln ein Stück Gewand sichtbar ist (s. oben S. 63). Der Kopf des Amor ist alt, ein Stück des Halses ist an der l. Seite vorn ausgebrochen; neu ist der r. erhobene Arm, der den Apfel hält. Kopf und Torso des Jünglings sind von schöner Arbeit.

Ajello 25, 1 S. ILD. 1, 4.

69 B 30 [535; Adonis] H. 1,34 Griechischer Marmor.

Nackter Jüngling (Adonis? Amor?), stehend. Neu sind

der r. Arm von der Schulter an, die (mit Blättern verzierte) Stütze zwischen der R. und dem Schenkel, einige Finger der L., welche in die Seite gestemmt ist, ohne dass sich sagen liesse ob sie etwas gehalten hat; ferner beide Beine von den Knieen abwärts mit dem unteren Theil des Baumstamms, an welchen das l. Bein sich lehnt, und dem Plinthos. Der Kopf mit oben glattem, rund herum in regelmässigen Locken herabfallendem Haar scheint dem Typus des vaticanischen Eros nachgeahmt; das Gesicht ist zu klein. Der Körper zeigt schon ziemlich entwickelte Formen; der ganze Rücken ist nur roh behauen und hat keine Spur eines Ansatzes von Flügeln. Die Arbeit ist weder schön entworfen noch sorgfältig ausgeführt; eine mittelmässige späte Wiederholung.

Ajello Zeichnung. S. ILD. 6, 61 un Paris de 4½' de altura? Abgebildet bei Clarac Tafel 682 H, 1424 B. Der Kopf ist zu wenig geneigt, als dass man das für Narkissos gebotene sich im Wasser beschauen darin finden könnte. Statt der unbestimmten Bezeichnung Adonis ist vielleicht trotz der mangelnden Flügel die eines Amor vorzuziehn. Doch lässt sich beim Mangel jedes entscheidenden Attributes überhaupt einstweilen keine sichere Benennung geben.

70 F91 [520; Endimion] H. 1, 12 Griechischer Marmor.

Nackter Jüngling stehend (Genius des Todes?). Neu sind der auf die r. Schulter gesenkte Kopf, der ganze r. Arm mit der Schulter, auf einen Baumstamm gestützt, an welchem das Gewand aufgehängt ist; der untere Theil des Baumstamms ist ebenfalls neu. Neu sind ferner die L. mit dem Mohnbüschel, beide Beine vom Knie abwärts nebst dem viereckigen Plinthos. Alt ist also nur der Torso, der auch hinten sorgfältig gearbeitet, im ganzen aber nicht von besonderer Arbeit ist. Das Stützen des r. Arms auf dem Baumstamm, die in die Höhe gezogene r. Schulter und die angedeutete Neigung des Kopfes lassen wohl auf einen Genius schliessen, ähnlich den in Lessings Arbeit zusammengestellten, wie sie als Gräberschmuck nicht selten waren.

Ajello 28. S. ILD. 2, 11 als Endymion. Abgebildet bei Clarac Tafel

761 C, 1860 A; daraus bei Wieseler in Müllers Denkmälern 2 Tafel 70, 877. Vicens, gaceta de Madrid 1860 N. 103 *'estatua del sueño'*. Eine ganz ähnliche Figur ist in Valencia gefunden worden, vgl. Laborde voyage 1 Tafel 99 E. Ueber die zahlreichen ähnlichen Darstellungen sich mit dem Arm aufstützender Jünglinge (z. B. monum. dell' Inst. 1856 S. 97 Tafel 21), welche als Todesgötter auf Grabdenkmälern gewöhnlich gewesen zu sein scheinen, sehe man die Bemerkungen von Friederichs in Gerhards archäol. Anzeiger 1862 S. 309*.

71 I 22, jetzt neben C 763 [..., Narciso] H. 1,15 Italischer Marmor.

Kleiner nackter Jüngling, stehend (Genius des Todes?). Der obere Theil des Schädels ist neu, ebenso die Nase; der Kopf war abgebrochen, ist aber alt; der Hals ist mit verschiedenen Flicken angesetzt. Neu sind ferner der r. Arm von der Schulter, der l. von über dem Ellenbogen an, und beide Beine von den Knieen abwärts. Die Füsse sind geflickt. Er senkt den Kopf nach l. seitwärts und stützt den l. Arm auf den (ganz modernen) Baumstamm. Das Werk hat im ganzen durch das Wetter gelitten.

Auf dem modernen Plinthos steht eingegraben NARCISO. Ajello 22. S. ILD. 2, 10.

72 G 4 [92] H. 1, 09 Bronze.

Nackter Knabe (Genius?), halbe Lebensgrösse. Der Körper schwebt nur auf den Zehen des l. Fusses, der r. ist rückwärts gestreckt, ähnlich der Stellung des Mercur des Johann von Bologna. Das fliegende lockige Haar ist oben zum Büschel zusammengenommen, wie bei den Harpokratesbildern; er trägt keinen Kranz. Der Kopf ist nach r. gewendet. Das Gesicht, mit eingesetzten Augäpfeln und stumpfer Nase, ist im ganzen zierlich. Der r. Arm ist ausgestreckt; in der Hand trägt er eine Art Griff mit einem Loch, um etwas hineinzustecken, das er ausgestreckt hielt. Der l. Arm ist leicht nach hinten gewendet, die Hand hält nichts. Schultern und Brust sind auffallend schmal und fehlerhaft klein gerathen; der Rücken ist besser, die Hüften zu breit. Das gut erhaltene Werk erinnert, zumal auch hier Attribute gänzlich fehlen, an die Xantener Statue des novus annus in Berlin (Gerhards Verzeichniss 140a). Der Plinthos von schwarzem Marmor ist neu.

73 C 87 [366; 241] H. 0, 66 Italischer Marmor.

Kleiner knieender Fackelträger mit phrygischer Mütze (Attis?). Neu sind nur die Nasenspitze und ein Stück des Plinthos. Beide Arme und der Leuchter sind angesetzt, aber alt und dazugehörig. Das r. Knie ruht auf dem Boden, auf das l. stützt er den l. Arm, während die über den Kopf erhobene R. den becherartigen Leuchter für die Fackel hält. Neben der Mütze vervollständigen Hosen und Schuhe die phrygische Tracht. Das Gesicht zeigt, trotz der Kleinheit, den schmerzlichen Ausdruck vieler Attisbilder.

74 K 28 [728] H. 30 Italischer Marmor.

Kleiner Torso eines Knaben; der Kopf, Arme und Beine fehlen. Sehr unbedeutende Arbeit.

ALC. 112?

75 C 71 [457] H. 2, 24 Italischer Marmor, etwas grau.

Kolossale Kaiserstatue. Die Ergänzungen scheinen sämmtlich erst in neuerer Zeit gemacht worden zu sein. Neu sind der Kopf; es ist Augustus beabsichtigt, doch sieht er dem ersten Napoleon auffallend ähnlich. Ferner sind neu beide Arme und Hände, der R. hat man einen Commandostab, der L. eine kleine Kugel zu halten gegeben; endlich Knöchel, Ferse und die Hälfte des l. Fusses, sowie einige Flicken in dem Paludamentum, welches um die Hüften geschlagen und von der l. Hand hoch gehalten ist. Auch die alten Theile scheinen stark überarbeitet zu sein. Auf die Schultern fallen die Enden des Bandes vom Kranze herab. Der Oberkörper ist nackt; das r. Bein lehnt an einen Palmenstamm, an welchem Dattelbüschel hängen. Das l.

Bein ist zwar angesetzt, aber ebenfalls alt. Das nackte ist breit aber gut behandelt, und lässt, wie die ganze Auffassung, an ein Mitglied des julischen Hauses denken.

Ajello 31 Valerio Constancio (wohl nach den alten, nicht mehr vorhandenen Ergänzungen so benannt). S. ILD. 10, 131. Ponz S. 183. Abgebildet bei Clarac Tafel 916 A, 2336 A. Gegenstück zu No. 81.

76 F 23 [223] H. 2, 05 Alabaster und Bronze.

Stehender Kaiser im Harnisch; zu August ergänzt. Der Kopf, die Arme (mit Scepter und Weltkugel), die Beine und die Füsse sind neu und von vergoldeter Bronze. Der Rest des Werkes, auch die Stiefel, sind von gelblichem Alabaster; der Plinthos von africanischem Marmor ist neu. Die alten Theile sind von sehr geringem Werth.

S. ILD. 1, 1 Cesar. Abgebildet bei Clarac Tafel 916 B, 2354 D als August. Als eine der grössten antiken Statuen von Alabaster erwähnt von Winkelmann (Werke 5 S. 109, 110; in der Note zu dieser Stelle S. 407 wird von Augenzeugen die Existenz einer zweiten ähnlichen Statue, N. 77, angegeben, und bemerkt, dass man beide als Cäsar und August restauriert habe).

77 F 18 [43] H. 2, 05 Alabaster und Bronze.

Stehender Kaiser. Gegenstück zu N. 76, genau von derselben Arbeit, mit dem Kopf des Tiberius. Er trägt in der R. ein Scepter, die L. hat er in die Seite gestemmt. Der Ausdruck ist absichtlich grausam, ganz gegen die Art der ächten Bildnisse des Tiberius.

Ajello 29, 8? S. ILD. 1, 2 Augusto. Abgebildet bei Clarac Tafel 916 B, 2336 B als Tiber.

78 C 22 [338] H. 2, 42 Italischer Marmor.

Kolossaler jugendlicher August im Priesterkleid, den Mantel über den Kopf gelegt. Die Hände (die L. hält eine kleine Rolle) und Füsse sowie der Saum des Gewandes sind neu; auch ausserdem sind die Falten vielfältig ausgeflickt. Mittelmässige Arbeit von breiter Behandlung.

Ajello 29, 1 S. ILD. 10, 130. Ponz S. 133. Abgebildet bei Clarac Tafel 916 A, 2337 A.

79 F 62 [275] H. 1, 36 Italischer nnd africanischer Marmor.

Bildniss eines römischen Knaben; die nackten Theile aus weissem, das Gewand aus bräunlichem africanischen Marmor. Neu sind der Hals, beide Arme (in die R. hat man ihm eine Schriftrolle gegeben; die Finger der L. sind zum Theil abgebrochen), die Fussspitzen und der Plinthos aus rosso antico, sowie ein Stück vom Saum des Gewandes hinten. Der Kopf, der abgebrochen war, aber alt und von guter Arbeit ist, zeigt durch das dichte nach vorn bis über die Augen gekämmte Haar und den ernsten Ausdruck Aehnlichkeit mit manchen der Prinzen aus dem julischen Hause. Er trägt die Prätexta mit dem sogenannten latus clavus. In die augustische Zeit weiss auch die trotz des hässlichen Materials geschmackvolle Arbeit.

Abgebildet bei Clarac Tafel 900 F, 2276 G.

80 C 27 [93] H. 1, 19 Italischer Marmor.

Bildniss eines römischen Knaben in der Prätexta mit der Bulla um den Hals. Die Arbeit entspricht dem sorgfältigen Stil der hadrianischen Epoche. Der Kopf war abgebrochen und der Hals ist aus Gips ergänzt. Der Kopf ist zwar alt, aber offenbar nicht zu der Statue gehörig. Schon der Marmor ist ganz verschieden. Es ist ein idealer Kopf, etwa ein jugendlicher Mercur. Die Nase ist angesetzt. Die Hände fehlen.

81 C 66 [450] H 2,06 Italischer Marmor.

Vielfach ergänzte Ueberreste einer schönen Bildnissstatue eines Kaisers der hadrianisch-antoninischen Zeit. Neu sind der Kopf (nach denen des Tiberius gemacht), beide Arme, das Mittelstück des Harnisches, viele Flicken in dem um die Lenden geschlungenen und mit einem Zipfel auf der l. Schulter liegenden Kriegsmantel, endlich alle Zehen des l. und einige des r. Fusses. Die antiken Reste, das Stück des Harnisches mit zwei Victorien, welche Schilde an ein Tropäum hängen, auf dem schon ein Harnisch und ein niedriger, runder Helm steckt, die reichverzierten Stiefel (auch die Beine sind von guter Arbeit) lassen an M. Aurel oder L. Verus denken. In die R. hat man ihm einen Commandostab gegeben; das Stück Schwertscheide, welches die L. hält, ist alt.

Ajello 29, 2 S. ILD. 10. Ponz S. 133. Abgebildet bei Clarac Tafel 916 B, 2504 A. Gegenstück zu N. 75.

82 I 8a [ ] H. 2, 11 Italischer Marmor.

Nackter Torso einer Kaiserstatue, etwa des L. Verus, in bartloser Jugend. Der Kopf ist abgebrochen, aber alt. Neu sind die Nase, beide Arme (in die R. hat man ihm ein Schwert, in die L. die Scheide gegeben) und beide Beine mit dem stützenden Harnisch, an den sich das l. Bein lehnt, sowie der Plinthos. Sehr schlechte Arbeit.

S. ILD. 10, 132?

83 F 67 [284; Arachne 222] H. 2, 4 Italischer Marmor.

Bildniss einer Römerin. Neu sind der r. erhobene Arm (ohne Attribut), die L., der man ein Weberschiffchen zu halten gegeben hat; ein Stück des Mantels auf der l. Schulter, fast der ganze über den l. Arm herabhängende Zipfel des Mantels, endlich beide Füsse. Im Hals und im Gewand sind einige Flicken. Der Kopf ist angesetzt, aber alt, und von ziemlich guter Arbeit. Das Haar ist in kleinen Löckchen gekräuselt; das Gewand zierlich in feine Falten gelegt. Der Rücken ist ziemlich flach gelassen. Die Proportionen des Körpers sind übermässig lang. Ich fand keine ausgeprägte Aehnlichkeit mit einer bekannten Kaiserin; dem Stil nach müsste man an Tranquillina oder Barbia Orbiana denken. Als Stilprobe ist es ein recht interessantes Werk, aber weit entfernt von der Absicht mehr als ein idealisiertes Porträt zu sein.

Ajello 20 S. ILD. 3, 23. Abgebildet bei Clarac Tafel 834 A, 2090 A als Penelope; ganz unkenntlich.

84 C 48 [426] H. 58 Italischer Marmor.

Sitzender Greis mit kurzem Bart. Der Kopf ist neu, der Bronzebüste im neapolitanischen Museum (Seneca) nachgeahmt; der schlaffen, faltigen Brust und dem Stil des Gewandes nach vielleicht mit Recht. Die R., welche auf dem Schoosse ruht, der ganze untere Theil des Sessels und Gewandes, beide Füsse und der Plinthos sind neu, ebenso Lehne und Kissen des Stuhls. Die Ergänzungen sind verständig und geschmackvoll gemacht.

S. ILD. 9, 125? Ponz S. 132. Abgebildet bei Clarac Tafel 848 A, 2148 B.

2. BÜSTEN.

Unter den Büsten stehen wie unter den Statuen Götter und mythologische Figuren voran. Es folgen Heroen und unbestimmte aber zu idealen Darstellungen der verschiedensten Zeiten gehörige Köpfe. Darunter sind viele kleine sehr unbedeutende Stücke später römischer Sculpturen; eine eigene Abtheilung, etwa Fragmente, für sie zu bilden, schien aber nicht geeignet. Schwieriger war die Ordnung der nun folgenden Bildnisse. Viscontis grundlegende Arbeiten genügen bekanntlich nicht mehr weder in der Vollständigkeit des Materials noch in kritischer Behandlung; die stattliche Reihe von 135 Bildnissköpfen der spanischen Sammlung verdient hierfür eingehende Studien. Um das äusserlich zusammengehörige nicht zu trennen, habe ich Azáras Büsten und die ähnlichen der Sammlung, deren Ursprung sich nicht mit Sicherheit feststellen lässt, so geordnet, dass die beiden Doppelbüsten ohne Aufschrift (147 und 148) voranstehen. Dann folgen die von Azára mit Aufschriften versehenen seiner Sammlung sowie die unsicheren Ursprungs mit Aufschriften, und zwar in der alphabetischen Folge der modernen griechischen Aufschriften, gleichviel ob sie das richtige treffen oder nicht (149 bis 184). Im Inhaltsverzeichniss sind die falschen Namen in Klammern [ ] gesetzt. Einige unbenannte aber den benannten sehr ähnliche sind zu bequemerer Vergleichung mit in die Reihe aufgenommen worden. Durch diese Anordnung, welche nur des leichteren Findens wegen gewählt worden ist, kommt das unzweifelhaft älteste Stück der ganzen Sammlung, der sogenannte Pherekydes (N. 176) ziemlich an das Ende der Reihe. Dann folgen die sicher bestimmbaren Köpfe (185 bis 188) und danach einige zwar unbestimmte, aber doch in die Zeit und Kunstrichtung gehörende, welche den Uebergang zu den römischen Köpfen bildet. Unter diesen stehen die wenigen republicanischen (190 und 191) voran. Es folgen die Kaiser in chronologischer Folge, einschliesslich der offenbar in die Kaiserfamilie gehörenden aber nicht sicher zu benennenden Köpfe (192 bis 217). Unter diesen lassen sich wahrscheinlich noch eine Anzahl sicher bestimmen, wenn man an Ort und Stelle alle ähnlichen Werke vergleicht. Auch unter den Kaiserbüsten sind manche Benennungen nicht ganz sicher. Dann folgt die lange Reihe der gänzlich unbestimmten, voran die mir republicanisch scheinenden (218 bis 221), die folgenden wiederum so weit es anging in chronologischer Folge. Auch unter diesen wird der künftige Ikonograph wahrscheinlich noch manche Entdeckungen machen können. Den Schluss der männlichen Bildnisse bilden einige Köpfe von Barbaren (258 bis 263); darunter der merkwürdige Kopf eines Kelten (258); einige davon sind zwar nicht eigentlich Bildnisse, doch fand sich kein schicklicherer Platz für sie. Unter den weiblichen Köpfen waren die sicheren Kaiserinnen nicht zu trennen von den unbekannten Bildnissen: ohne die genaueste Vergleichung aller einschlägigen Werke an Ort und Stelle schien es mir in den meisten Fällen unmöglich zu sicheren Entscheidungen zu gelangen. Es ist zwar ganz gewöhnlich Bildnisse von Römerinnen bloss nach der Haartracht und einer meist ganz oberflächlichen Aehnlichkeit zu Kaiserinnen zu machen; allein zumal da die Dutzendarbeit der wirklichen Bildnisse zuweilen schon die eigentliche Charakteristik eingebüsst hat, schien es sicherer lieber zu wenig als zu viel zu benennen. Sicher schienen mir nur die Julia des Titus Tochter (264), ein vortreffliches Werk, und die ältere Faustina (268).

85 D 4 [346] H. 35 Schwarzer Basalt.

Männlicher ägyptischer Kopf mit zu beiden Seiten herabfallendem Kopftuch, wie es scheint aus römischer Zeit.

S. ILD. 10, 135? *idolo egipcio.*

86 F 24 [53; 28 Jupiter 248] H. 70 Italischer Marmor.

Jupiter, über Lebensgrösse. Die Nase, die Lippen und das ganze Bruststück mit dem Gewand auf der l. Schulter sind neu. Die Züge entsprechen dem Typus des Jupiter von Otricoli, jedoch in sehr geschwächter Wiederholung.

ALC. 76.

87 I 14 [ ] Italischer Marmor.

Kleine Doppelherme eines bärtigen gehörnten Jupiter Ammon und eines mit einem Thierfell bedeckten weiblichen Kopfes (Juno?). Es scheint ein interessantes Werk zu sein, steht aber zu hoch und dunkel, um gehörig gesehn zu werden.

Ajello 2, 4. S. ILD. 13, 201 *un Juno de tamaño natural.*

88 F 50 [255; 173] H. 46 Schwarzer Marmor.

Kleiner Jupiter (oder Pluto?). Die Augen sind von weissem Marmor mit schwarzen Augäpfeln eingesetzt. Der Kopf war mitten durchgebrochen; ein grosses Stück des Hinterkopfes scheint neu zu sein. Er trägt kein Kopfband. Unbedeutende Arbeit.

89 C 51, jetzt neben C 428 [430] H. 68 Italischer Marmor.

Juno mit hohem Diadem, drei Viertel Lebensgrösse. Auf modernem Bruststück von grauem Marmor. Die Augäpfel sind angedeutet. Die Arbeit ist nicht ohne Anmuth, aber flüchtig.

90 F 7 [24; 186, 218] H. 61 Italischer Marmor.

Juno mit glattem Diadem. Nur das Bruststück mit dem Gewand ist neu, alles übrige, auch der Hals, alt und vollkommen erhalten. Das Haar ist in feine Stränge getheilt, die Augäpfel sind angegeben. Der Kopf ist nach l. gewendet, mit lächelndem Ausdruck. Ziemlich späte, aber sorgfältige Arbeit.

91 K 29 [ ] H. 16 Italischer Marmor.

Kleiner weiblicher Kopf mit Diadem (Juno?); der Haarbüschel über dem Diadem, die Nase und das Kinn sind angesetzt; die Arbeit ist zierlich.

92 C 77 [456] H. 77 Italischer Marmor.

Kolossale Minerva im Helm. Die Nasenspitze, die Spitze des Helmschirms, sowie Flicken an beiden Ohren sind neu. Mittelmässige Wiederholung des bekannten Typus; die Augen unverhältnissmässig klein. Der Kopf ist schlecht auf den Büstenfuss gesetzt; er müsste mehr vornüber geneigt sein. Wahrscheinlich gehörte er zu einer Statue.

S. ILD. 7, 98.

93 F 57 [265] H. 71 Italischer Marmor.

Minerva im Helm. Der Kamm des Helms mit einer Eule, die Spitze des Helmschirns, die Nasenspitze und das Bruststück mit der Aegis und dem Gorgoneion sind neu. Späte und unbedeutende Arbeit.

94 F 28 [59; 307, 252] H. 51 Italischer Marmor.

Kleiner Helios mit Diadem, an dem sich sieben Löcher für aus Erz einzusetzende Strahlen befinden. Die Nase, das Gewand um die Brust und einige Flicken im Diadem sind neu. Ein Stück der Lippen fehlt. Die Haare flattern, der Mund steht etwas schief. Die Arbeit ist nicht ungeschickt. Wahrscheinlich der Kopf einer auf einem Wagen zu denkenden Statue.

95 C 5 [482] H. 35 Italischer Marmor.

Weibliche Doppelbüste (Artemis-Hekate?), in Lebensgrösse. Die Köpfe sehn sich ganz ähnlich; das Haar ist mit einem breiten Bande festgehalten, welches halbmondförmig auf der Stirn liegt, so dass es auf den ersten Anblick ein Halbmond zu sein scheint. Zu beiden Seiten kommen unter demselben und hart an den welligen Haaren des Scheitels zwei kleine, ganz deutliche Hörner hervor. Ziemlich flüchtige Arbeit.

96 C 72 [458] **H. 76 Griechischer Marmor.**

Jugendlicher Bacchus mit Epheukranz, auf nicht dazugehörigem antikem Bruststück aus graugeädertem Marmor. Neu sind die Nase, beide Lippen und das Kinn, beide Ohrläppchen und Stücke des Halses; ferner Flicken über dem l. Auge und am Hals. Der Kopf ist leicht nach l. gesenkt; das Haar auf der Stirne kraus emporstehend, die Stirn gewölbt, die Augen nicht gross und der Ausdruck träumerisch. Gute Arbeit.

97 F 31 [63; Baco 300, 258] **H. 53 Italischer Marmor.**

Jugendlicher Bacchus im Epheukranz mit Blüthen und Früchten. Neu sind ausser einigen Blättern des Kranzes die Nase und das ganze Bruststück mit dem Ziegenfell über der r. Schulter. Im Kranz sind einige Löcher sichtbar, wohl zum Einfügen von Bronzezierrath. Der Kopf ist mit schelmischem Ausdruck nach unten r. hin geneigt. Flüchtige, aber anmuthige Arbeit.

98 C 63 [445; Baco] **Italischer Marmor.**

Kolossale Herme eines bärtigen Bacchus mit langem Haar und Kopfbinde; die doppelten Stemmata hängen hinter den Ohren herab. Die Nase, die Unterlippe und ein Stück des Bartes unten sind neu. Der Ausdruck ist alterthümlich ernst. Dutzendarbeit nach gutem Vorbild.

99 H 15 [196] **H. 21 Italischer Marmor.**

Kleiner bärtiger Bacchus mit Blumen und Weinlaub bekränzt. Zu beiden Seiten fallen die Stemmata auf die Schultern.

Auf dem Piedestal steht: *de un larario de Pompeia, escavado en 1859, y presentado á este museo.*

100 H 14 [196] H. 12 Gelber Marmor.

Kleiner blumen- und epheubekränzter Bacchus.

Aus Pompeji; auf dem Piedestal dieselbe Aufschrift wie bei N. 99. Vgl. N. 107.

101 K 3 [ ]

Kleiner Bacchus mit Kranz von Weinlaub. Scheint antik, soweit die Höhe der Aufstellung ein Urtheil erlaubt.

102 C 55 [474; Venus] H. 48 Italischer Marmor.

Weiblicher Kopf (Venus?) in Lebensgrösse. Er scheint mitten durchgebrochen, aber ohne Schaden wieder zusammengesetzt. Neu, aber mit Sorgfalt und Geschmack ergänzt, sind die Nase, die Oberlippe, ein Stück im Kinn und der Hals. Das sehr ausführlich behandelte Haar wird durch ein doppeltes Band gehalten und bedeckt die ebenfalls fein ausgeführten Ohren halb; zwei Haarstränge sind zierlich heraufgenommen und auf dem Scheitel zum Knoten verschlungen. In den Augen sind die Thränendrüsen, aber nicht die Augäpfel angegeben. Vortreffliche Arbeit. Der Ausdruck des etwas gesenkten Kopfes ist zu ernst für eine Venus (vielleicht eine Muse?).

ALC. 60 *medio cuerpo de Benus.*

103 F 71 [292; Venus] H. 67 Italischer Marmor.

Kleine Venus auf modernem Bruststück mit Gewand. Die Nasenspitze und der untere Theil der r. Backe sind neu. Das Haar ist mit einem einfachen Band vorn und an der r. Seite in einen Lockenbüschel aufgebunden. Auf Stirn und Schläfen kleine Löckchen. Der Ausdruck der unregelmässigen Züge ist anmuthig, aber hetärenhaft.

ALC. 78 *una Benus.*

104 D 9 [463] H. 85 Italischer Marmor.

Venus, in der Weise der medicäischen. Die Nase ist neu, ebenso das ganze Bruststück mit dem Gewand. Sehr unbedeutende Arbeit.

105 C 2 [361] H. 46 Italischer Marmor.

Venus, Wiederholung der medicäischen. Nase und Bruststück sind neu, die Arbeit ist nicht schlecht, aber wenig ausgeführt.

106 C 54 [435] H. 49 Italischer Marmor.

Kleiner weiblicher Kopf (Venus?), in halber Lebensgrösse. Die Nase und einige Locken des hoch aufgebundenen Haars, so wie die Brust mit dem Gewand sind neu. Nicht unzierliche, aber flüchtige Arbeit.

107 H 13 [196] H. 21 Italischer Marmor.

Kleiner weiblicher Kopf (Venus?).

Aus Pompeji; auf dem Piedestal dieselbe Aufschrift wie auf N. 99 und 100.

108 C 38 [409; Neptuno] H. 58 Italischer Marmor, fleckig.

Kolossale bärtige Maske (Flussgott?), von ernstem Ausdruck, wahrscheinlich Brunnenöffnung. Neu sind die Nase und der Mund, der geöffnet gewesen sein muss; im Bart die Spuren herabtropfender Feuchtigkeit. Sorgfältige Arbeit.

109 C 59 [438] H. 60 Italischer Marmor.

Kolossaler Hercules mit vollem Haar und Bart, mit der wulstigen Athletenkopfbinde. Nase und Bruststück sind neu. Der Kopf gehörte wohl zu einer Statue. Die Arbeit ist von grossartiger Leichtigkeit, der Ausdruck mild und schön; die hochgewölbte Stirn tritt auffallend weit vor; die Ohren sitzen sehr tief und zu weit nach hinten.

Sehr ähnlich dem Kopf der telephostragenden Statue des Vaticans (Museo Pio-Clementino 2 Tafel 9).

110 F 63 [276] H. 75 Italischer Marmor.

Hercules, in halber Lebensgrösse, über dem Kopf das Löwenfell. Neu sind die Nase, die Schultern und viele Flicken, sowie das ganze aus anderem Marmor gearbeitete Bruststück. Sehr unbedeutende Arbeit.

111 C 79 [466] H. 46 Griechischer Marmor.

Hercules, etwas unter Lebensgrösse, mit wulstiger Kopfbinde. Neu sind Nase, Oberlippe und das ganze Bruststück, nebst einigen Flicken im Kopf. Flüchtige Arbeit.

112 I 8 [ ]

Kleiner jugendlicher Hercules; die Nasenspitze fehlt.

Scheint antik, soweit man sehn kann bei der hohen Aufstellung.

113 I 23, jetzt neben G 235 [735] H. 72 (mit dem Piedestal, der Kopf allein 45). Bronze.

Kolossaler jugendlicher Kopf, etwa eines Dioskuren. Er ist in der Mitte der Länge nach durchgebrochen; der Riss ist auf das roheste mit Thon ausgefüllt. Die Augen sind hohl, zur Ausfüllung mit edlerem Metall; jetzt sind sie ebenfalls mit Thon gefüllt. Auch der Hals besteht hinten ganz aus Thon. Der Ausdruck, die grossen Augen und die Behandlung des Haars erinnern an die Dioskuren des Capitols; doch fehlt die Schiffermütze.

S. ILD. 13, 196. Nach der Notiz bei Winkelmann (Werke 5, 551) ist dieser Kopf von der Königin Isabella Farnese in Parma für 50000 Scudi gekauft worden. Wie sehr man seinen Werth und diesen hohen Preis vergessen hat, zeigt die höchst liederliche Restauration, und dass er erst auf des Verf. Antrieb aus der äusseren offenen Gallerie des Museums in die Säle gebracht worden ist.

114 G 14 [242] H. 32 Italischer Marmor.

Kleiner lächelnder Knabe (Amor oder Harpokrates?). Die Nasenspitze und das Bruststück mit einem Fell sind neu; das Kinn ist angesetzt aber alt. Das Haar liegt oben in einer dicken Flechte auf dem Kopf, im übrigen ist es lockig und sehr zierlich ausgeführt. Das ganze ist ein gutes Werk.

115 D 10 [372] H. 74 Italischer Marmor.

Weiblicher Kopf (Muse?), sicher ideal und nicht Bildniss.

Neu ist der ganze Hinterkopf, die Nase und ausserdem viele Flicken. Doch ist das Bruststück mit dem Gewand alt. Der Kopf war von Anfang an zur Büste bestimmt.

Ajello 8, 3? S. ILD.?

116 B 3 [370] H. 84 Italischer Marmor.

Weiblicher Kopf mit doppeltem Band im Haar (Niobide?). Neu ist vom Kopfe nur die Nasenspitze; im übrigen ist er vorzüglich erhalten und steht an Güte der Arbeit den Köpfen der florentiner Statuen nicht nach. Das Bruststück mit Gewand von alabasterartigem, sogenanntem africanischen Marmor, auf welches der Kopf gesetzt ist, scheint antik zu sein, gehört aber unzweifelhaft nicht zum Kopf.

Aus Azáras Besitz? Fea erwähnt zu Winkelmanns Werken (5, 408) eines weiblichen Brustbildes mit Gewand von orientalischem Alabaster in Azáras Besitz, worin der Besitzer ein Bildniss der älteren Antonia zu haben glaubte. Wahrscheinlich ist damit dieser Kopf gemeint. Verwandt ist der Kopf im Louvre bei Müller Denkm. Tafel 35, 146 *d*, welcher für eine Nachbildung der knidischen Aphrodite gehalten wird.

117 C 70 [456] H. 64 Italischer Marmor.

Weiblicher Kopf (Niobide?), auf ein modernes Bruststück mit Gewand gesetzt. Neu ist die Nasenspitze, die Unterlippe und ein Flicken über dem l. Auge. Das Haar wird von einem doppelten Bande gehalten.

118 G 1 [88] H. 30 Italischer Marmor.

Kleiner weiblicher Kopf mit langem glatt herabhängendem Haar (Quellnymphe?). Das Bruststück ist angesetzt, aber wohl alt. Die Büste steht auf einer modernen kannelierten Säule von gelbem Marmor.

119 F 69 [286; Sileno] H. 36 Italischer Marmor.

Bärtiger Silen mit Weinreben bekränzt. Neu sind die Nase und ein Stück des r. Ohrs. Die Ohren sind menschlich gebildet.

Wohl eine Wiederholung des den kleinen Dionysos tragenden Silen im Louvre (Musée royal 2 Tafel 9).

120 I 7 [898] H. 27 Italischer Marmor.

Bärtiger Satyr mit grinsender Gebärde, den Epheukranz im Haar, mit langen Ziegenohren. Vielleicht eine gute Copie.

121 C 1 [859] H. 66 Schwarzer Marmor.

Jugendlicher Satyr; um die Schultern trägt er ein Fell.

Der Kopf ist stark überarbeitet, so dass er fast modern erscheint; ist aber doch wohl antik.

122 K 17 [918]

Kleiner bartloser Satyr, arg verstümmelt. Wegen der Höhe der Aufstellung kaum zu sehn.

123 C 21 [310] H. 80 Griechischer Marmor.

Jüngling mit Helm und Aegis auf der l. Schulter (Achilleus?), etwas über Lebensgrösse. Das Bruststück reicht bis zum Ansatz der Rippen, so dass also die beiden eng am Körper anliegenden Oberarme mit erhalten sind. Schon dieser Umstand beweist, dass das Werk ursprünglich eine Statue war. Der Kopf war abgebrochen, gehört aber unzweifelhaft zum Bruststück. Vom Helm, welcher die korinthisch genannte Form hat, ist die Kappe und die rechte Seite des Stirnschirms neu; einen Bügel und Busch hat er nie gehabt. Unter dem Helm quillt kurzgelocktes Haar von schönster Arbeit hervor, an der r. Wange länger herabreichend wie an der l., und kaum in den ersten Flaum übergehend. Die Augen sind noch etwas flach geschlitzt und die Lider schmal; das l. steht etwas höher und ist gerundeter als das r. Die Augen und die Stirn haben einige Beschädigungen erlitten; die Nase ist neu, nur der r. Nasenflügel ist alt. Der Mund, von besonderer Schönheit, ist halb geöffnet, das Kinn ist klein und rundlich. Die Bildung des Gesichts ist länglich, ephebenhaft. Die kleinen Ohren stehn, wie bei einer Anzahl Köpfen des älteren Stils, auffallend viel zu hoch. Die Formen des Halses und des Körpers sind jugendlich zart, fast dürftig; kaum zeigt sich in der Rundung der Schultern und in der breiteren Brust ein Ansatz zu heldenhafter Körperbildung. Auf der l. Schulter liegt den ganzen Oberarm bedeckend eine Aegis, in deren Mitte (unten wo das Bruststück aufhört) ein kleines Gorgoneion angebracht ist, von welchem jedoch nur die obere kleinere Hälfte alt ist. Es ist von wallendem Haar umgeben, nicht von Schlangen. In Schlangen endigen die Zipfel der Aegis. Die modernen Formen des Gorgoneion dürfen daher nicht auf ein archaistisches Werk schliessen lassen. Dieses bisher unbeachtet gebliebene Werk gehört wohl der älteren Periode des vollendeten Stils an und ist eine der grössten Zierden der Madrider Sammlung. Nur durch die schlecht ergänzte Nase wird der harmonische Eindruck gestört.

Die Herkunft ist aus den mir vorliegenden Quellen nicht zu ermitteln. Bei Cavaceppi (raccolta d'antiche statue, Rom 1768 Fol.) 2 Tafel 21 ist ein durchaus ähnlicher Kopf als Mars abgebildet, doch fehlt das Stück des Körpers und die Aegis mit dem Gorgoneion. Nur wegen des Gorgoneions war von mir, aber mit grosser Einschränkung und bis auf weiteres, die Benennung Perseus vorgeschlagen worden; in der Sammlung selbst ist gar kein Name dafür im Gebrauch. Die Deutung auf Achilleus in dem Moment wo er Zeus ähnlich (daher mit der Aegis vorgestellt) unter die Troer tritt, rührt von Friederichs her (in Gerhards archäol. Anzeiger 20, 1862 S. 293*). Sie empfiehlt sich durch ihre Einfachheit, befriedigt aber nicht ganz. Die zarte Jugend und der schüchterne Ausdruck entsprechen wenigstens dem homerischen Achill nicht; sie erinnert lebhaft an die jugendlichen Heldengestalten auf Vasen des anmuthigen Stils, welche von Jungfrauen Spenden empfangen (vgl. Jahns Einleitung zu den Münchener Vasen S. CCVII). Die Aegis hindert vielleicht nicht, darin einen Helden der attischen Sage zu vermuthen. Es ist genug vom Oberkörper erhalten um zu erkennen, dass die Stellung eine durchaus ruhige war. Beide Arme liegen bis zu den Ellenbogen am Körper an; die R. hielt vielleicht den Speer, die L. den Schild auf den Boden aufgestützt. Es scheint, dass sich die Last des Körpers auf das l. Bein neigte; das r. wird dann im Knie leicht gekrümmt gewesen sein.

124 C10 [375; Achile] H. 56 Italischer Marmor.

Bartloser Jüngling mit Helm (Achilleus?), auf dessen Seiten Greife vorgestellt sind. Nase und Kinn, Helmbusch und Bruststück sind neu. Unbedeutende Arbeit.

125 F 73 [301] H. 59 **Italischer Marmor.**

Jüngling mit langem Haar (Eros?). Die Nase, der Mund und das Kinn sind eingesetzt, aber von älterer, guter Ergänzung. Das Haar ist in der Mitte des Kopfes gescheitelt, ähnlich den Bildern des Eros in reiferem Alter.

Aehnlich ist der Kopf in Berlin in Gerhards Verzeichniss N. 162, Adonis oder Narkissos genannt.

126 C 40 [414] H. 66 Italischer Marmor.

Unbärtiger Jüngling mit Athletenstirnband, über Lebensgrösse. Neu ist die Nase und ein Stück beider Ohren, der grösste Theil des Halses und die Brust. Doch lassen die durch Feuchtigkeit erzeugten dunkelen Flecken schwer die Ansätze der Ergänzungen erkennen. Unbedeutende Arbeit.

127 G 8 [98] H. 43 Italischer Marmor.

Lachender Knabe mit spitzer (Schiffer-?) Mütze. Die Spitze der Mütze, die Nasenspitze und ein Paar kleine Flicken in dem Gewand um die Schultern sind neu. Der Kopf war abgebrochen, gehört aber zu dem alten Bruststück mit Gewand. Die Mütze lässt nur wenig Haar und die Ohrläppchen frei. Mittelmässige Arbeit.

ALC. 87 *un niño esclavo.* Ponz 5, 27 *un niño con pileo en la cabeza.*

128 I 11 [920]

Bartloser Jüngling.

Zu hoch aufgestellt, um deutlich gesehn und gemessen zu werden. Dasselbe gilt von allen folgenden Nummern bis 146.

129 I 10 [ ]

Bartloser Jüngling.

130 I 3 [ ]

Kleiner männlicher Kopf, sehr verstümmelt.

131 I 18 [ ]

Weiblicher Kopf mit Locken, wie es scheint archaisierend. Die Nase fehlt und das Kinn ist neu.

132 K 12 [941]

Weiblicher Kopf, der schön und zierlich zu sein scheint. Der Hinterkopf ist angesetzt.

133 K 13 [947]

Weiblicher Kopf in Lebensgrösse, wie es scheint von guter Arbeit.

134 K 11 [932]

Weiblicher Kopf, sehr verdorben; scheint gut gewesen zu sein.

135 K 16 [938]

Kleiner weiblicher Kopf; trotz arger Verstümmelung zeigen sich Spuren guter Arbeit.

136 I 21 [ ]

Weiblicher Kopf, die Nasenspitze ist neu.

137 K 22 [ ]

Kleiner weiblicher Kopf, sehr verstümmelt, scheint alt zu sein.

138 K 9 [ ]

Weiblicher Kopf; scheint alt zu sein. Nase und Kinn fehlen.

139 K 21 [ ]

Kleiner weiblicher Kopf, die Nase fehlt. Scheint alt zu sein.

140 K 8 [922]

Kleiner weiblicher Kopf, scheint alt zu sein.

141 K 14 [912]

Kinderkopf, wie es scheint von guter Arbeit.

142 I 13 [ ]

Kleiner Kopf eines Knaben, schlechte Arbeit.

143 I 6 [ ]

Kinder- oder Satyrkopf, kaum sichtbar.

144 I 17 [ ]

Kinderkopf; höchst unbedeutend und verstümmelt.

145 I 2 [754]

Kinderkopf auf modernem Bruststück, von sehr mittelmässiger Arbeit.

146 K 1 [918]

Kleiner Kinderkopf. Unbedeutende Arbeit.

147 C 73 [459; Talete e Biante] H. 52 Italischer Marmor.

Doppelbüste zweier bärtigen Griechen (Epikur und Metrodor?), beider Nasen und Bruststücke sind neu, die l. Seite des nach r. (vom Beschauenden aus) gewendeten hat stark von Feuchtigkeit gelitten. Charakteristische Kennzeichen, Kopfbinde oder dgl., fehlen. Haar und Bart sind bei beiden sehr ähnlich. Die Arbeit ist zwar flach und flüchtig, aber ein gutes griechisches Vorbild unverkennbar.

Mit der Doppelbüste des Thales und Bias bei Visconti icon. grecque Tafel 10, 3. 4 fand ich keine treffende Aehnlichkeit; viel eher erinnerten mich die Köpfe an die des Epikur und Metrodor (Visconti Tafel 25); allenfalls an die des Herodot und Thukydides (Visconti Tafel 27, 1 bis 7).

148 C 69 [455] H. 58 Griechischer Marmor.

Doppelbüste zweier griechischen Frauen (Sappho und Korinna?). Nur die Nasenspitze des Kopfes l. vom Beschauer ist neu. Die r. hat auf dem Scheitel und an den Seiten, wo es die Ohren ganz bedeckt, dicht gekräuseltes Haar, in welchem ein um einen schmalen Reif gewundenes Stirnband liegt; diese Haartracht findet sich auf Bildwerken älteren Stiles nicht selten. Das Stirnband fällt hinter den Ohren breit und gleichmässig auf die Schultern herab. Die Stirn ist niedrig, die Nase lang und unten etwas breit, die Lippen dick; der Ausdruck ernst. Die andere trägt ein von doppelten Bändern gehaltenes Kopftuch, welches unter denselben in einem von hinten vor bis auf die Stirn herab reichenden Zipfel liegt. An den Seiten quillt daraus reich gelocktes Haar hervor, und fällt hinter den Ohren in zwei langen leicht gekrausten Strängen auf die Schultern herab. Der Ausdruck ist klug und freundlich, die Nase kurz und gerade.

Abguss in Berlin. Die Bezeichnung rührt von Gerhard her.

149 F 25 [54] H. 46 Italischer Marmor.

Aristoteles. Die Nase und das Kinn an der r. Seite, so wie das ganze Bruststück mit Gewand um die Schultern und der Inschrift

ΑΡΙΣΤΟΤΕΛΗΣ

sind neu. Das Haar ist flüchtig behandelt, das l. Auge steht sehr viel höher als das r. Der Ausdruck ist fein und lebendig.

Aus Azáras Sammlung, siehe dessen vida de Ciceron 2 Tafel 7. Vgl. Visconti Tafel 20, 2 bis 4. Die Bezeichnung ist sicher; die Aehnlichkeit mit dem Kopf der Statue im Palast Spada ist unverkennbar (vgl. Gerhards Denkm. und Forsch. 19, 1861 S. 210). Abguss in Berlin.

150 C 29 [396] H. 53 Griechischer Marmor.

Bärtiger Grieche mit der breiten wulstigen Kopfbinde und lockigem, schön gearbeitetem Haar. Ein Stück der Stirn und Augenbrauen, sowie die Nase und beide Lippen sind neu, obgleich so vortrefflich und aus so gleichartigem Marmor ergänzt, dass man sie kaum unterscheidet. Ebenso ist das kurze Bruststück mit der Aufschrift

ΑΡΙΣΤΟΦΑΝΗΣ

von ganz demselben Marmor. Doch ist die Aufschrift nach dem mir vorliegenden Abklatsch sicher neu. Der Schädel ist viereckig geformt, schmal und oben flach. Der Stil der Arbeit ist der weiche der alexandrinischen Epoche, die Ausführung nicht besonders sorgfältig, aber in gutem Geschmack.

Wahrscheinlich aus Azáras Sammlung. Mit der kleinen Doppelherme des Aristophanes und Menander in Welckers Besitz (siehe dessen Aufsatz darüber in den Annali von 1853 S. 250—265 und monum. 5

Tafel 55 wollte mir keine Aehnlichkeit einfallen, obgleich ich an Ort und Stelle nicht vergleichen konnte. Das durchaus dichte Haar des Madrider Kopfes macht die Benennung ganz unwahrscheinlich.

151 F 60 [273] H. 36 Italischer Marmor.

Bärtiger Grieche, über Lebensgrösse. Neu sind die Nasenspitze und beide Ohren sowie das aus weisserem Marmor gearbeitete Bruststück mit der Aufschrift

ΒΙΑΣ

Das Haar ist lockig (ohne Binde), die Augen (mit Augäpfeln) von mildem Ausdruck, der Bart, dem mittleren Alter des dargestellten entsprechend, noch nicht sehr lang, der Mund fein und geschlossen. Mit dem Kopf der Doppelbüste N. 147 fand ich nicht die entfernteste Aehnlichkeit.

Wahrscheinlich aus Azáras Sammlung.

152 M 8 [ ] H. 48 Grober grauer Marmor.

Demosthenes. Hinten ist ein Stück in den Schädel gesetzt; ebenso ist die Nasenspitze neu und das Bruststück mit der Aufschrift

ΔΕΜΟΣΘΕΜΗΣ (so)

Sehr mittelmässige Arbeit. Aus Azáras Sammlung, siehe dessen vida de Ciceron 2 Tafel 1. Ueber die zahlreichen Bildnisse des Demosthenes vgl. Visconti Tafel 29, 1. 2 und 30, 2. 3.

153 C 35 [406] H. 59 Grauer Marmor.

Demosthenes. Neu sind Nase, Oberlippe, Ohren und Bruststück. Die Arbeit ist gut und ziemlich ausgeführt, die Aehnlichkeit unverkennbar.

Ein Kopf des Demosthenes ist in Taragona gefunden worden (Winkelmann Werke 6, 1, 119); doch trug er den Namen (C. I. Gr. 3 S. 1046), welchen ich auf diesem Exemplar nicht sah.

154 M 2 [ ] H. 54 Italischer Marmor, sehr fein und weiss.

Bärtiger Grieche. Neu sind die Nase, die Oberlippe, Flicken

in den Ohren und im Bart, und das ganze Bruststück mit der Aufschrift

ΕΠΙΚΟΥΡΟϹ

Die Arbeit ist etwas trocken, aber dennoch gut.

Wahrscheinlich aus Azáras Sammlung. Ohne treffende Aehnlichkeit mit dem Kopf der Doppelherme bei Visconti Tafel 25.

155 C 19 [382; Epimenides] H. 46 Italischer Marmor.

Bärtiger Grieche. Das lockige Haar ist geschmückt mit der Binde; der lang herabhängende Bart ist lockig. Neu sind nur die Nasenspitze und die Oberlippe. Das Bruststück ist alt (selbst die l. Hälfte, welche abgebrochen war, scheint dazu zu gehören), aber ohne Aufschrift. Die Arbeit ist nicht sehr ausgeführt, aber nach einem vortrefflichen Vorbild.

Die Bezeichnung ist ganz willkürlich gewählt; der Kopf ist sicher nicht ideal, sondern ein Bildniss.

156 C 60 [441] H. 54 Italischer Marmor.

Bärtiger Grieche. Nase und Ohren, sowie das ganze Bruststück mit der Aufschrift

ΖΗΝωΝ

sind neu. Die Arbeit ist sorgfältig, aber trocken; in der Behandlung der Augen und anderer Theile ist der Einfluss des griechischen Vorbildes sichtbar.

Aus Tivoli mit Azáras Namen. Mit der Büste bei Visconti Tafel 17, 1 fand ich keine treffende Aehnlichkeit, auch nicht mit der Berliner Herme N. 147 in Gerhards Verzeichniss.

157 C 20 [385; Zenon] H. 53

Bärtiger Grieche. Neu sind die Nase und die Oberlippe; das r. Ohr ist abgebrochen. Das kurze Haar, ohne Binde, liegt glatt an, die Stirn ist runzlich, der Bart ebenfalls glatt. Der Schädel ist breit und der Ausdruck der Züge ernst. Das Bruststück mit der Aufschrift

ΖΗΝωΝ ΚΙΤΓΕΥΣ (so)

ist neu.

Wahrscheinlich aus Azáras Sammlung. Die Bezeichnung, offenbar nur zur Unterscheidung des Kopfes N. 156 gewählt, scheint durchaus keinen sicheren Anhalt zu haben. Auch mit der Büste dieses Zenon bei Visconti Tafel 23, 1. 2 finde ich keine Uebereinstimmung.

158 **M7 [ ] H. 54 Griechischer Marmor.**

Grieche mit dichtem, lockigem Haar und starkem Bart, von ernstem Ausdruck. Neu sind die Nase und die Nasenspitze, die aus zwei Stücken bestehn, sowie das Bruststück mit der Aufschrift

ΗΡΑΚΛΕΙΤΟΣ

Die alten Theile sind von vorzüglicher, sauber vollendeter Arbeit.

Aus Tivoli, mit Azáras Namen. Die beste unter den Büsten in Aranjuez. Die Bezeichnung ist wiederum ganz willkürlich.

159 **M15 [ ] H. 54 Griechischer Marmor.**

Grieche mit ziemlich glatt anliegendem Haar und kurzgelocktem Bart. Neu sind die Nase, die Oberlippe, Flicken im Bart, und der grösste Theil beider Ohren, sowie das Bruststück mit der Aufschrift

ΗΡΑΚΛΗΣ

welche gewiss nicht das richtige trifft. Der Kopf entspricht durchaus nicht den bekannten Typen des Herakles; er ist überhaupt nicht ideal, sondern das Bildniss eines unbekannten Philosophen, Dichters oder Staatsmannes. Die Arbeit ist gut, aber etwas breit.

Aus Tivoli, mit Azáras Namen.

160 **M14 [ ] H. 58 Griechischer Marmor.**

Grieche mit kurzem, glatt anliegendem Haar, langem und glattem, an der Seite in dichte Locken gekräuseltem Bart; von ernstem Ausdruck. Die Flicken an den Ohren sind heruntergefallen, Stirn und Augenbrauen haben durch Feuchtigkeit gelitten. Neu ist das Bruststück mit der Aufschrift

ΗΡΟΔΟΤΟΣ

Der Stil der schön ausgeführten Arbeit streift noch an das alterthümliche und erinnert in manchem Betracht an den von N. 176.

Aus Tivoli, mit Azáras Namen. Mit den Köpfen des Herodot bei Visconti Tafel 27, 1—7 fand ich keine hinreichende Aehnlichkeit. Diess ist einer von den Köpfen alterthümlichen Stils in Azáras Besitz, welche Fea zu Winkelmann (Werke 4, 405) erwähnt.

161 M 6 [ ] H. 54 Griechischer Marmor.

Bärtiger Grieche. Neu sind die Nase, der Schnurrbart und beide Lippen, sowie das Bruststück mit der Aufschrift

ΘΕΟΚΡΙΤΟΣ

Sehr schöne Arbeit, aber etwas matt im Ausdruck.

Aus Tivoli, mit Azáras Namen. Ganz willkürliche Bezeichnung.

162 M 13 [ ] H. 57 Italischer Marmor.

Grieche mit dichtem, wenig krausem Haar, runzlicher Stirn und gekräuseltem Bart, von unbestimmtem Ausdruck. Neu sind die Nase mit dem Schnurrbart und der Oberlippe und das Bruststück mit der Aufschrift

ΘΕΟΦΡΑΣΤΟC (so)

Aus Tivoli, mit Azáras Namen. Ich fand keine hinreichende Aehnlichkeit mit dem Kopf bei Visconti Tafel 21.

163 M 10 [ ] H. 54 Italischer, etwas fleckiger Marmor.

Bärtiger Grieche mit hoher Stirn und spärlichem Haar auf dem Scheitel. Hinten fällt das Haar glatt herunter und ist hinter den Ohren zu einem auf die Schulter herabfallenden Strang abgetheilt. Neu sind die Nase und beide Ohren, ein Flicken im Bart unten r. und das Bruststück mit der Aufschrift

ΘΕΣΠΙΣ

Die Haartracht erinnert an ältere Apollobilder. Gute Arbeit mit höchst lebendigem Ausdruck; aber nicht so vorzüglich wie N. 158.

Wahrscheinlich aus Azáras Sammlung. Ganz willkürliche Bezeichnung, wohl nur auf die Haartracht sich stützend. Es blieb zweifelhaft, ob der Kopf für ein Bildniss oder für eine ideale Darstellung zu halten sei.

164 C 64 [448] H. 56 Italischer Marmor.

Bärtiger Grieche, etwas über Lebensgrösse. Neu sind die

Nase, an welcher eine doppelte Ergänzung zu unterscheiden ist, das l. Ohr und das Bruststück mit der Aufschrift

ΙΠΠΟΚΡΑΤΗΣ

Das kurze gekräuselte Haar reicht bis tief in den Nacken, der Bart ist ziemlich lang. Das l. Auge steht merklich höher als das r. Der Ausdruck ist milde, aber trocken.

Wahrscheinlich aus Azáras Sammlung. Durchaus verschieden von dem Kopf bei Visconti Tafel 32, 2. 3.

165 F 16 [41] H. 42 Italischer Marmor, sehr fein und weiss.

Kahlköpfiger bärtiger Grieche. Neu ist ein Stück oben im Schädel, die Nasenspitze, ein Stück im l. Backenknochen, das r. Ohr und ein Stück des im übrigen alten und dazu gehörigen Bruststückes an der r. Seite. Die Stirn ist faltig. Die kleinen Augen liegen tief unter buschigen Brauen; an der Nasenwurzel bildet die Haut eine grosse Runzel, die Backenknochen sind breit, der kleine Mund steht etwas schief. Auf dem älteren Theil des Bruststücks steht die kleine offenbar moderne Inschrift

ΙΣΟΚΡΑ[της

welche Herr Zobel zuerst bemerkt und mir im Abklatsch mitgetheilt hat. Die l. Seite des Bruststückes muss nach dem Anbringen dieser Inschrift ergänzt worden sein, denn das Ende des Namens fehlt darauf. Die Arbeit zeigt deutlich ein gutes Vorbild.

Aus Azáras Sammlung, siehe dessen vida de Ciceron 2 Tafel 3. Die Bezeichnung ist wiederum willkürlich, der Kopf verschieden von dem bei Visconti Tafel 28, 3 abgebildeten.

166 M 3 [ ] H. 54 Griechischer Marmor.

Bärtiger Grieche. Nur die Nase und das Bruststück mit der Aufschrift

ΚΑΡΝΕΑΔΗΣ

sind neu. Eine treffende Aehnlichkeit bot sich mir nicht. Die Arbeit ist höchst vortrefflich und sauber ausgeführt.

Aus Tivoli, mit Azáras Namen, siehe dessen vida de Ciceron 4 Tafel 1. Die Bezeichnung ist willkürlich, mit dem Kopf bei Visconti Tafel 19, 1. 2 ist nicht die entfernteste Aehnlichkeit vorhanden.

167 F 64 [277] H. 54 Griechischer Marmor.

Bärtiger Grieche. Neu sind die Nase, die l. Seite des Schnurrbarts mit der Oberlippe und das Bruststück mit der Inschrift

ΜΕΤΡΟΔΩΡΟϹ

Das Haar ist schön behandelt, die Stirn hoch, der Schädel schmal, die Augen klein, die Nase fein geschnitten, der Bart dicht und ziemlich lang. Ich fand einige Aehnlichkeit mit dem Bias genannten Kopf der Doppelbüste N. 147. Die Arbeit ist sorgfältig, das ganze Werk sehr interessant.

Aus Tivoli, mit Azáras Namen. Auch eine gewisse Aehnlichkeit mit dem Kopf der Doppelherme bei Visconti Tafel 25 schien mir vorhanden zu sein.

168 M 9 [ ] H. 54 Italischer Marmor.

Bärtiger Grieche. Neu sind die Nase, beide Ohren, Flicken in der r. Backe und Schläfe, sowie das Bruststück mit der Aufschrift

ΠΕΡΙΑΝΔΡΟΣ

Ziemlich flüchtige Arbeit, welcher jedoch ein gutes Vorbild zu Grund liegt.

Wahrscheinlich aus Azáras Sammlung. Der Kopf bei Visconti Tafel 9, 1. 2 hat selbst so wenig bestimmt eigenthümliches, dass ich eine Aehnlichkeit mit dem in Aranjuez (bei dem Vergleich nach der Erinnerung) nicht herausfinden konnte.

169 M 12 [ ] H. 56 Italischer Marmor.

Grieche mit krausem Haar, breitem unregelmässigem Gesicht, kleinen Augen und langem vollem Bart. Neu sind die Nase, die l. Hälfte des Schnurrbarts und beide Ohren, sowie das Bruststück mit der Aufschrift

ΠΙΤΤΑΚΟΣ

Gute Arbeit.

Aus Tivoli, mit Azáras Namen. Die Bezeichnung ist ganz willkürlich; an den Kopf der bei Visconti Tafel 11, 1 abgebildeten Münze erinnert nichts.

170 C 25 [392] H. 60 Italischer Marmor.

Grieche, greisenhaft, mit lang herabhängendem Haar und wulstiger Kopfbinde, und breitem, ebenfalls lockig herabhängendem Bart. Das Bruststück ist alt, allein die Inschrift darauf

ΠΛΑΤΩΝ

schien mir vor dem Original wie nach dem mir vorliegenden Abklatsch modern; besonders wegen der Form des *Ω* und wegen ihrer Ungleichmässigkeit.

Aus Azáras Sammlung, siehe dessen vida de Ciceron 2 Tafel 6. Mit der von Visconti (Tafel 18, 3. 4) publicierten Büste des Platon hat die vorliegende nicht die geringste Aehnlichkeit, wohl aber mit dem Plato genannten Kopf von Bronze aus Herculaneum im neapolitanischen Museum, den man jetzt für den bärtigen Dionysos zu erklären pflegt (vgl. Friederichs in Gerhards Denkm. und Forschungen 20, 1862 S. 229). Vielleicht gab die neapolitanische Büste Veranlassung zur Benennung der vorliegenden. Auch dem ächten Bildniss des Platon in den Monum. dell' Inst. 3 Tafel 7 (vgl. E. Braun in den Annali 11, 1839 S. 207) sehn dieser und der folgende Kopf durchaus nicht ähnlich.

171 C 53 [434; Platon] H. 53 Italischer Marmor.

Bärtiger Grieche, ganz ähnlich dem vorhergehenden Kopf N. 170. Neu ist die dicke, reifartige, hinten in einen Knoten zusammengeknüpfte Kopfbinde, welche das dichte, hinten lange Haar umschliesst. Nur die Nase und ein Stück der l. Schulter sind neu.

Etwa auch aus Azáras Sammlung?

172 C 30 [399] H. 52 Griechischer Marmor.

Bärtiger Bacchus mit wulstigem Reif in alterthümlichem Stil, etwas über Lebensgrösse. Neu sind die l. Hälfte von Stirn und Schädel, der ganze Hinterkopf mit Ohren und Locken, die Nasenspitze, der Hals und das Bruststück mit der Aufschrift

ΣΑΡΔΑΝΑΠΑΛΛΩΣ (so)

Alt ist also nur das Gesicht mit dem Bart. Die Augäpfel zeigen Spuren von Bemalung.

Wahrscheinlich aus Azáras Sammlung. Der Name ist offenbar von der Aufschrift der bekannten Statue des sogenannten indischen Bacchus (Museo Pio-Clem. 2 Tafel 41, daraus Wieseler Tafel 31, 347; vgl. E. Braun in den Annali 14, 1845 S. 30) hergenommen.

173 M5 [ ] H. 54 Italischer Marmor.

Sokrates; der Kopf ist oben nicht ganz kahl. Neu sind die Nase und das Bruststück mit der Aufschrift

ΣΟΚΡΑΤΗΣ (so)

Sehr unbedeutende Arbeit.

Aus Tivoli, mit Azáras Namen, siehe dessen vida de Ciceron 4 Tafel 6, wo die Inschrift richtig geschrieben ist. Vgl. Visconti Tafel 18, 1. 2.

174 F21 [50] H. 44 Griechischer Marmor.

Bärtiger Grieche (Hercules?). Der Kopf war von dem Bruststück mit etwas Gewand getrennt, gehört aber dazu. Ergänzt sind nur einige Flicken in dem Bruststück. Die Züge des Gesichts, das kurze krause Haar, der Bart und der gedrungene Nacken zeigen ganz den Typus des Herakles. Die Aufschrift

ΣΟΛΩΝ
Ο ΝΟΜΟΘΕΤΗΣ

steht zwar auf dem antiken Bruststück, und könnte, obgleich sie in etwas ungewöhnlicher Weise über die Falten des Gewandes hinweggeht, allenfalls ächt, wenn auch etwa aus dem dritten Jahrhundert n. Chr. sein. Doch erregt der bestimmt heraklesartige Charakter des Kopfes und die Formen des *Ω* und *Ε* wie in den Inschriften auf N. 170 und 172 sehr erhebliche Bedenken gegen ihre Aechtheit.

Wahrscheinlich aus Azáras Sammlung. Mit dem Solon genannten Kopf bei Visconti Tafel 9, 1. 2 ist allerdings eine gewisse Aehnlichkeit vorhanden. Wahrscheinlich ist die Inschrift nach der ebenfalls falschen einer Büste in Florenz copiert worden, welche Welcker im neuen rhein. Museum 9, 1854 S. 285) für Sophokles hält. Abguss in Berlin.

175 M. 11 [ ] H. 57 Italischer Marmor, gelblich.

Bärtiger Grieche, dem Kopf der Statue des Sophokles im Lateran nicht ganz unähnlich, aber doch verschieden davon.

Im Haar liegt ein wulstiger Reif. Die Stirn ist hoch, der Ausdruck der Augen mild und schwermüthig; der Mund fein geschnitten. Neu sind die Nase und das Bruststück mit der Aufschrift

ΣΟΦΟΚΛΗΣ

Feine, aber an manchen Stellen etwas flüchtige Arbeit, von hohem Interesse.

Aus Tivoli, mit Azáras Namen. Ueber die Bildnisse des Sophokles vgl. Visconti Tafel 4, 1 bis 3 und Welcker im neuen rhein. Museum 9, 1854 S. 285 f., und dazu Monum. dell' inst. 4 Tafel 27. 28.

176 C 39 [410] H. 53 Griechischer Marmor.

Bärtiger Grieche, mit kurzgeschorenem, wie eine Haube glatt anliegendem Haar und langem zierlich gelockten Bart; in alterthümlichem Stil. Neu ist die Nase, von der jedoch der breite Ansatz ganz erhalten ist, der r. Theil des langen Schnurrbartes, das l. Ohr und die Hälfte des r., ferner hinten ein Stück des Halses und das ganze Bruststück mit der Aufschrift

ΦΕΡΕΚΥΔΗΣ

Wahrscheinlich der Kopf einer Statue, welche dem Stil nach nicht viel jünger als die der Aegineten gewesen sein kann; die scharfgeschlitzten Augen, der geöffnete Mund mit breiter Unterlippe, der lächelnde, puppenhafte Ausdruck zeigen noch alterthümliche Befangenheit in hergebrachten Formen; das Haar des Bartes ist schon mit grösserer Freiheit behandelt. Das älteste und eines der interessantesten Stücke der Madrider Sammlung.

Aus Tivoli mit Azáras Namen. Abgebildet, aber sehr ungenügend von Fea in seiner Uebersetzung von Winkelmanns storia delle arti del disegno 3, 1784 S. 416; vgl. 2 S. 97 und 3 S. 471, 9; erwähnt auch zu Winkelmanns Werken 4 S. 405. Azára gab ihm den Namen nach Gronovs thes. ant Graec. 2 Tafel 37. Die Züge erinnern ein wenig an den Kopf des Cheilon auf einem Mosaik in Verona bei Visconti (Tafel 11, 2), von dem freilich das Bild desselben Philosophen auf dem Cölner Mosaik (siehe Urlichs im rhein. Museum 4, 1846 S. 613) beträchtlich abweicht.

177 C 15 [378] H. 38.

Bärtiger Grieche; etwas kolossal, mit auf eine Herme passendem Bruststück ohne Aufschrift. Der Reif im Haar, die Nase, die Unterlippe und Stücke im Hals und Kinnbart sind neu; ausserdem geringere Flicken. Die Arbeit ist ziemlich roh und flüchtig, doch liegt ein gutes Vorbild zu Grunde.

S. ILD. *un dios termino?* Die Züge erinnerten mich ein wenig an die des Lykurg in den Bildnissen bei Visconti Tafel 8, 1. 2 und 3. 4.

178 C 68 [452] H. 58 **Italischer Marmor.**

Bärtiger Grieche. Neu ist nur die Nasenspitze, doch ist der ganze Kopf durch Feuchtigkeit stark beschädigt. Das Haar ist dicht und der Bart stark und lockig, doch ist der Eindruck im ganzen greisenhaft. Im Haar liegt ein schmaler Reif. Der Ausdruck der von tiefgebogenen Brauen beschatteten Augen ist sehr ernst. Die Züge sind durchaus edel und die Arbeit scheint in guter alexandrinischer Zeit nach bestem Vorbild gemacht zu sein.

Der Kopf erinnert an den Aeschylos genannten des capitolinischen Museums (mon. dell' inst. 5 Tafel 4), doch ist der unsrige nicht so schmal und hager, auch weit behaarter.

179 B 24 [67] H. 92 **Italischer Marmor.**

Bärtiger Grieche. Das Gesicht war ganz heruntergeschlagen, gehört aber zum Hinterkopf und beide Theile scheinen alt, obgleich von ziemlich später Arbeit. Die Nase ist neu. Vielleicht alt, aber sicher nicht zum Kopf gehörig, wie schon die andere Art des Marmors zeigt, ist das Bruststück mit Harnisch und Paludamentum; neu ist jedenfalls der Knopf, welcher das Paludamentum auf der r. Schulter zusammenhält. Die greisenhaften Züge, der lockige Bart, der etwas geöffnete Mund, der kahle Scheitel und das hinten und an den Schläfen kurze und glatte Haar entspricht den häufigen Bildnissen griechischer Philosophen oder Dichter; nach einem solchen Vorbild konnte diess Werk etwa in antoninischer Zeit gemacht worden sein.

Aus Azáras Sammlung?

180 C 83 [460; Pericles] H. 64 Griechischer Marmor.

Bärtiger Grieche mit Helm. Neu sind der Schirm des Helms von den Augenlöchern an, die Nase und das ganze Bruststück. Die Unterlippe ist abgebrochen. Auf dem Schirm des Helms sind zwei Widderköpfe nach den Resten der Hörner richtig ergänzt. Der Helm sitzt höchst ungeschickt auf dem dichten krausen Haar.

Die Benennung beruht wohl nur darauf, dass der Kopf bärtig und behelmt ist, denn ausserdem ist keine Spur von Aehnlichkeit mit der so bezeichneten vaticanischen Büste vorhanden (Visconti Tafel 15); es kann ebensogut ein anderer griechischer Feldherr gemeint sein. Auch den Miltiades- und Themistokleskőpfen (Visconti Tafel 13 und 14) sieht der Kopf nicht ähnlich. Die Arbeit ist roh und unbedeutend.

181 F 65 [282] H. 52 Griechischer Marmor.

Bärtiger Grieche. Ein Stück des Haars auf der l. Seite, die Nase nebst der l. Seite des Schnurrbarts, und das Bruststück sind neu. Das Haar ist dicht und ohne Binde; die Stirn gewölbt, der Ausdruck heiter. Die Arbeit ist ziemlich sorgfältig.

182 M 1 [ ] H. 55 Graugeäderter Marmor.

Bärtiger Grieche. Neu ist ein Flicken im Schädel, die Nasenspitze und das ganze Bruststück, auf dem sich keine Aufschrift findet. Die Arbeit ist nicht besonders schön und könnte fast modern erscheinen; doch geht wohl schon aus den Restaurationen hervor, dass die Büste alt ist.

Wahrscheinlich aus Azáras Sammlung.

183 M 16 [ ] H. 56

Bärtiger Grieche. Der Schädel, die Nasenspitze und das Bruststück sind von anderem Marmor angesetzt. Fast schien auch der Kopf modern zu sein, wenigstens ist er stark überarbeitet, und gehört wohl der geistlos nachahmenden hadrianischen Epoche an. Die Behandlung von Haar und Bart scheint etwa dieser Zeit zu entsprechen. Die Arbeit ist glatt und ohne Leben.

Wahrscheinlich aus Azáras Sammlung.

184 F35 [69] H. 51 **Italischer Marmor.**

Bärtiger Grieche. Neu sind die Nase, der Schnurrbart, der Hals und das Bruststück. Der Schädel ist oben kahl, an der Seite von kurzem, lockigem Haar umgeben. Die Stirn ist hoch und frei, die Augäpfel sind angedeutet, der Kinnbart ist kurz aber voll. Der Ausdruck ist edel. Dieser Kopf scheint nicht die halbideale Darstellung irgend eines Philosophen oder Dichters, sondern er trägt ein durchaus individuelles Gepräge und gehört wohl in die hadrianische Zeit.

Etwa auch aus Azáras Sammlung?

185 C13 [371] H. 52 **Italischer Marmor.**

Nicht besonders gute Wiederholung des bekannten Homer mit der Kopfbinde. Die Nase ist neu.

ALC. 69. Zu den Homerköpfen vgl. Visconti Tafel 1, 1. 2 und 3. 4.

186 C74 [462] H. 52 **Italischer Marmor.**

Euripides. Ein Stück über dem r. Auge, die Nase und die Oberlippe sind neu, ebenso der ganze Hinterkopf und das Bruststück mit Gewand, welches von modernster Ergänzung ist. Das Werk hat sehr durch Feuchtigkeit gelitten, doch erkennt man trotz der geringen Ausführlichkeit der Arbeit den edlen Stil eines guten Vorbildes.

Zu den Euripidesköpfen siehe Visconti Tafel 5, 1 bis 3.

187 C26 [393] H. 71 **Grauer Marmor.**

Euripides. Diese Büste ist aus zwei, wie schon der verschiedene Marmor zeigt, nicht zusammengehörigen Theilen zusammengesetzt. Der Kopf ist der bekannte des Euripides in einem mittelmässigen Exemplar, welches noch dazu bei der geringen Qualität des Marmors durch Feuchtigkeit beschädigt ist. Das Bruststück mit Chiton und Mantel gehört nicht dazu, wie die darauf befindliche Inschrift lehr

Τ·СΤΑΤΕΙΛΙω·
С . . . . . ω
ΙΕΡΕΙ
Π·ΑΙΛΙΟС
ΑΝΑΚΥΝΔΑΡΑ[ξης.

Anakyndaraxes hiess der Vater des Sardanapal (Strabo 14 S. 672 c, Athenäos 12 S. 528 *f* und 530 *b*, Arrian. Anab. 2, 5); also war P. Aelius wohl persischer Abkunft. Der Franzose Metellus schrieb die Inschrift um die Mitte des 16ten Jahrhunderts in Rom ab *in Maximorum domo superiore porticu in xysto sub humo iacente marmoreo capite antiquo et elegantissimo* (cod. Vat. 6039 f. 242; Mittheilung von Mommsen).

188 D 3 [345] H. 76 Griechischer Marmor.

Alexander der Grosse, in der Art der capitolinischen Büste. Neu sind die Nase, ein Stück der Oberlippe, die Spitze des Helmschirms und das ganze Bruststück mit den Schultern. Jedenfalls liegt dieser Büste dasselbe Vorbild zu Grunde, wie der capitolinischen. Doch trägt der Kopf hier einen kleinen Helm mit diademartigem Stirnschirm; das unter demselben hervorkommende Haar ist schwächer und nicht so bewegt, wie das des capitolinischen Kopfes; auch der Ausdruck des Schmerzes ist gemildert dadurch, dass die Augenbrauen nicht so stark in die Höhe gezogen sind. Die Arbeit ist sauber (in dem geöffneten Mund sind sogar die Zähne angedeutet), aber etwas trocken.

Ajello Zeichnung. S. ILD. 4, 45. Erwähnt von Winkelmann (Werke 6, 1, 115 und 6, 2, 221 f. Vgl. dessen monum. ined. 2, 175).

189 C 62 [444] H. 72 Italischer Marmor.

Jüngling in Lebensgrösse, auf einem zwar antiken, aber nicht dazu gehörigen Bruststück. Diess ist von griechischem Marmor, der Kopf von milchweissem, porcellanartigem italischem. Neu ist vom Kopf nur die Nasenspitze und zwei Stücke im Schädel. Die Behandlung ist die sorgfältige des spätgriechischen Stils, etwa der Ptolemäerzeit. Das Haar ist nicht zu kurz und etwas gelockt, die Stirn stark gewölbt, aber niedrig; die Augenlider sind flach, die Augäpfel nicht angedeutet, aber ganz ausführlich die Thränenbeutel; die Wangen umspielt der erste Flaum, während die feinen Lippen noch ganz glatt sind. Der Kopf ist leicht vornüber gebeugt. Es ist sicher ein Bildniss, allein vielleicht, obgleich die Kopfbinde fehlt, einen jener Fürsten darstellend als Gott oder Heros. Das Bruststück zeigt einen Gurt über die r. Schulter gelegt und auf der l. ein Stück Mantel. Es war zur Büste bestimmt, denn vorn begränzt es ein schmales acanthosähnliches Ornament.

ALC. 75 *Mario Marcelo?* Mit dem Marcellus bei Visconti Tafel 19, 6 ist nicht die entfernteste Aehnlichkeit vorhanden. Man hat vielleicht an den alten Marcellus gedacht. Im Profil erinnert der Kopf an das Bildniss des Ptolemäos auf dem berühmten Cameo der russischen Sammlung, des zweiten nach Visconti Tafel 53, 3, des ersten nach Müller Denkm. Tafel 56, 226a S. 29. Zu vergleichen ist auch der Persius genannte Kopf bei Zoëga bassi ril. 2 Tafel 105.

190 B 4 [299; Scipion] H. 78 Italischer Marmor.

Kahlköpfiger Römer (der ältere Scipio Africanus) auf modernem Bruststück mit Harnisch und Paludamentum. Neu sind die Nase, das Kinn und Stücke beider Ohren. Die ganze Oberfläche des Schädels ist nur roh behauen, wahrscheinlich sollte sie ein Kranz von Metall bedecken. Doch sieht man keine Löcher um ihn einzufügen. Gute, aber nicht sehr ausführliche Arbeit, etwa augustischer Zeit.

ALC. 36 *Cipion Africano.* Die Bezeichnung scheint richtig zu sein. Ueber die Scipiobilder vgl. Jahn der Tod der Sophoniba Bonn 1859 S. 7 und Viscontis iconogr. rom. Tafel 3, 1 bis 6.

191 F 81 [309] H. 50 Italischer Marmor.

Cicero, beträchtlich über Lebensgrösse. Der Kopf war vom Bruststück getrennt, gehört aber unzweifelhaft dazu, wie die Gleichheit des Marmors und der Behandlung beweist. Neu ist nur die r. Schulter mit der Ecke des Inschrifttäfelchens unter der Brust, auf welcher die folgende unzweifelhaft alte Inschrift in sehr guten Schriftzügen steht:

M·CICERO·AN·LXIIII

Die erste Hälfte des M ist mit abgebrochen; die letzte Hasta der Zahl steht auf dem Rand des Täfelchens. Ausserdem sind beide Ohrläppchen und einige kleine Stücke im Nacken geflickt. Die Nase aber war nie abgebrochen; nur an der Spitze ist sie etwas abgestossen. Das Haar ist oben auf der Stirn noch ziemlich dicht; auf dem Scheitel aber ist eine mässige Glatze zu erkennen. Die Stirn ist hoch und eckig, über der Nasenwurzel sind ein Paar tiefe, schräg liegende Falten. Die grossen Augen liegen ziemlich tief. Die Backenknochen treten beträchtlich hervor, auf den Backen sind einige tiefe Falten. Die Nase ist kräftig geformt und etwas gebogen. Der kleine Mund ist halb geöffnet, das wenig vortretende Kinn ein wenig gespalten. Von dem breiten Unterkiefer ziehen sich Falten zu dem starken Hals. Der Ausdruck ist voll Leben und innerer Wahrheit; er bildet einen nicht mit wenigen Worten zu erschöpfenden Commentar zu der uns vielleicht am genauesten bekannten Persönlichkeit des Alterthums. Die Behandlung ist sehr breit und kräftig, im einzelnen nicht immer gelungen, aber doch ganz der grossartigen und etwas derben Weise der von Alexandria nach Rom verpflanzten Kunst der letzten Zeit der Republik entsprechend.

Ueber die Herkunft lässt sich nichts ermitteln; in der Königin von Schweden und Odescalchis Sammlung würde die Büste sicher Aufmerksamkeit erregt haben. Auch Azára besass sie nicht, denn er würde sie sonst in seiner Uebersetzung von Ciceros Leben doch sicher publiciert haben. Statt dessen giebt er nur (1, Tafel 1) einen geschnittenen Stein mit Ciceros Bildniss aus seinem Besitz. Nur wenn die Büste von Alters her in Spanien war, in einem der königlichen Schlösser oder in einer Privatsammlung, ist es begreiflich, dass ein Werk von so hohem Interesse so lange hat unbeachtet bleiben können. Es ist die erste authentische Büste Ciceros mit höchst wahrscheinlich gleichzeitiger Inschrift. Nach dem Stil der Arbeit und den Schriftformen kann sie spätestens aus augustischer Zeit sein. Bildnisse des berühmten Mannes waren gewiss schon zu seinen Lebzeiten verbreitet, und mehr noch bald nach seinem Tode; jedenfalls beruht diese Büste auf einem nach dem Leben gemachten Original und ist keine conventionelle Reproduction späterer Zeiten. Eine solche scheint aber die im Besitz des Herzogs von Wellington befindliche Büste zu sein (bei Visconti-Mongez icon. rom. 1 S. 257; Tafel 12, 1), denn die kurze Inschrift CICERO, welche sie trägt, ist zwar ächt, aber nach dem competenten Urtheil Marinis etwa aus dem dritten Jahrhundert. Sie entspricht der Abbildung nach im allgemeinen der Madrider Büste; nur scheinen alle besonderen Eigenthümlichkeiten verflacht, z B. die starken Runzeln über der Nasenwurzel. Ausserdem giebt es, so viel ich weiss, nur geschnittene Steine mit dem Namen des Cicero, wie z. B. der von Azára in seiner Uebersetzung abgebildete (aus seinem eignen Besitz). Die grosse Menge der fast in keiner Sammlung fehlenden sogenannten Cicerobüsten, d. h. Bildnissen von sich unter einander nur sehr entfernt gleichenden, etwas kahlköpfigen Römern aus den verschiedensten Zeiten und von dem verschiedensten Werth, bedarf einer genauen kritischen Sichtung, als deren Maassstab allein die Madrider Büste gelten muss. Von dem Mal in Form einer Kichererbse erhielt der Stammvater eines Hauses im Geschlecht der Tullier in Arpinum vielleicht, vielleicht aber auch, weil er diese Hülsenfrucht zuerst oder ausgedehnt angebaut haben mag, den Namen Cicero. Der Redner führte ihn wahrscheinlich nicht zuerst und sicher nicht allein; also kommt das Vorkommen eines solchen Males bei der Bestimmung seiner Bildnisse durchaus nicht in Betracht. Die Inschrift ist zuerst von Herrn Zobel bemerkt worden. Vorläufige Notiz von dem Funde gab ich in Gerhards archäol. Anzeiger 1861 S. 161* und im Bullettino des Instituts (1861 S. 150—152). Abguss in Berlin.

192 F 54 [258; Julio Cesar] H. 59 Grauer Marmor.

Cäsar, etwas über Lebensgrösse. Neu sind die Nasenspitze, ein Theil des l. Ohres und das Bruststück. Der Kopf ist fast kahl; in den Augen sind die Augäpfel angedeutet. Die Backenknochen treten beträchtlich vor und lassen die Wangen hohl; das l. Auge steht merklich höher als das r. Die Benennung scheint richtig zu sein; doch fällt die Ausführung wohl in beträchtlich spätere Zeit. Immerhin bleibt es ein interessantes Werk.

ALC. 2 oder vielleicht aus Azáras Sammlung, s. dessen vida de Ciceron 3 Tafel 3; vgl. Visconti Tafel 17, 1 bis 3 und 18, 1. 2.

193 F 45 [248; Augusto] H. 68 Italischer Marmor.

Augustus, über Lebensgrösse. Die Nase und ein Stück der r. Schulter sind neu. Im ganzen durch Feuchtigkeit beschädigt. Das Haar ist glatt und ohne Binde. Gute, aber ziemlich gewöhnliche Arbeit.

ALC. 3?

194 F5 [19; Augusto] H. 58 Grau geäderter Marmor.

Augustus. Neu sind die Nasenspitze und ein Flicken im r. Ohr, sowie das kleine Bruststück mit der Toga. Dutzendarbeit von trockener Ausführlichkeit, ohne Leben.

195 I 5 [ ] H. 35 Italischer Marmor.

Augustus, in Lebensgrösse. Gewöhnliche, aber nicht schlechte Arbeit.

ALC. 70?

196 F66 [283; Augusto joven] H. 74 Italischer Marmor.

Augustus in jugendlichem Alter mit dem Priesterschleier. Neu sind beide Schultern mit dem Bruststück. Alles übrige ist wohl erhalten bis auf einige Flicken im Schleier. Nicht sehr ausgeführte, aber wohl erhaltene Arbeit. Die Aehnlichkeit ist unzweifelhaft.

197 C84 [368; Augusto joven] H. 55 Italischer Marmor.

Jugendlicher Tiberius, wenig über Lebensgrösse. Neu sind die ganze l. Backe, die Nasenspitze, der Hals und das Bruststück. Der breite Kopf, die niedrige Stirn und die vollen Backen, die leicht gekrümmte Nase (trotz der Ergänzung deutlich erkennbar) sprechen für Tiberius, nicht für August, dessen bekannte Büste aus gleichem Lebensalter im Museo Chiaramonti eine schmalere Bildung, höhere Stirn, und besonders den dem August in jenen Jahren eigenthümlichen umwölkten Ausdruck zeigt, während die unsrige offen und heiter blickt. Die zarte Behandlung des Haars, der feingeschlossene Mund stellen übrigens diese Büste der genannten vaticanischen des August an Kunstwerth ziemlich nahe, nur ist sie nicht ganz so ausgeführt.

ALC.? S. ILD. 5, 55? Abguss in Berlin.

198 C 16 [379; Germanico] H. 72 Italischer Marmor.

Junger Römer, in Lebensgrösse. Haartracht und Stil der Arbeit weisen deutlich in die augustische Zeit. Nase, Kinn und Ohren sind neu; ebenso das ganze Bruststück mit Harnisch und Paludamentum. Wegen der breiten und flachen Bildung des Schädels und der feinen geschlossenen Lippen möchte man am ehesten an einen jugendlichen Tiberius denken.

ALC. 56 *Drusso?*

199 F 75 [304; Neron niño] H. 53 Italischer Marmor.

Römischer Knabe von acht bis zehn Jahren; mit einem Lorbeerkranz. Neu i t die Nasenspitze, der Hals und das Bruststück mit dem Gewand und Gurt über der r. Schulter. Der Kopf ist von schöner, wenn auch etwas flüchtiger Arbeit. Vielleicht Tiberius als Kind; doch ist die Benennung nicht sicher; jedenfalls aus augustischer Zeit, wahrscheinlich auch aus der augustischen Familie.

S. ILD. 2, 56?

200 F 51 [300; Diadumeniano 149] H. 51 Italischer Marmor.

Junger Römer, etwas über Lebensgrösse, aus augustischer Zeit. Nase, Kinn und beide Ohren, sowie das kleine Bruststück sind neu. Die l. Seite hat oben besonders durch Feuchtigkeit gelitten. Der Kopf ist in lebhafter Bewegung r. hin gewendet. Das Haar ist ziemlich glatt und kurz, die Stirn niedrig, keine Andeutung der Augäpfel noch des Bartes ist vorhanden. Wahrscheinlich ein Prinz der augustischen Familie; für August selbst ist die Stirn zu niedrig, für Tiberius der Kopf zu schmal. Jedenfalls ist die Arbeit viel zu gut für die vorgeschlagene Bezeichnung.

ALC. ?

201 H 19 [226] H. 1,50 (mit dem Postament 2,33; der Kopf allein 50) Italischer Marmor.

Apotheose des Claudius. Der Kopf des Kaisers, unter

Lebensgrösse, mit Strahlendiadem, Mantel und Flügeln an der Brust ist modern. Alt ist der Trophäenhaufen und der Adler, welcher die Büste des Kaisers trug. Aber auch der Kopf des Adlers, beide Flügel fast ganz, der Schwanz und die l. Klaue, welche auf einem Globus ruht, sind modern, die r. hält einen ebenfalls zum Theil ergänzten Donnerkeil. Von den Waffen, die das Tropäum bilden, sind ebenfalls viele ergänzt. Das Postament, auf dem das Werk steht, ist eine Arbeit des 16ten oder 17ten Jahrhunderts, an den Ecken je ein Adler und ein Phönix, dazwischen flache Reliefdarstellungen moderner Städtebelagerungen. Darauf stehen zwei moderne Plinthen, der erste von weissem, der zweite von graüem Marmor; auf diesem das Werk selbst.

Abgebildet bei Montfaucon 5 Tafel 129 und in Sante Bartolis Admiranda Romae Tafel 80; danach erwähnt von Winkelmann (Werke 2, 713 und 6, 1, 237); und von Visconti Museo Pio-Clem. 6, 57; wiederholt in Müllers Denkm. Tafel 67, 359 und im Semanario pintoresco von 1837 S. 143. Erwähnt bei von Quandt S. 218. Das Werk wurde im J. 1668 bei Bovillae gefunden und von dem Cardinal Ascanio oder Girolamo Colonna Philipp dem IV geschenkt. Winkelmann berichtet, dass der englische General Galloway, welcher im spanischen Erbfolgekrieg in Spanien gedient hat, behauptet habe, um einen Begriff von der spanischen Barbarei zu geben, der Kopf diene der Thurmuhr des Escorials als Gewicht. Azára schon verneinte diess (in der Note zu Winkelmanns Werken 6, 2, 305) und bemerkt der Kopf befinde sich einzeln im Retiro. Ponz führt (6, 72) die alten Stücke ohne den Kopf auf als befindlich in den Zimmern des königlichen Palastes in Madrid, welche als Juvelenkammer (Guardajoyas) dienten. Er sagt, man bewahre die abgebrochenen Stücke, Flügel des Adlers u. s. w. auf; dass der Kopf vorhanden sei, sagt er nicht ausdrücklich. Im Jahr 1826 sah ihn Mongez im Retiro. Ob er sich noch daselbst befindet, weiss ich nicht. Der moderne Kopf ward nach Mongez von Salvatierra ergänzt, wahrscheinlich nach dem Original, da er den Abbildungen genau entspricht. Von den interessanten Waffen des Tropäum hat Herr Zobel auf meinen Wunsch genaue Zeichnungen und Beschreibungen gemacht.

202 B 18 [45a; Vespasiano] H. 93 Italischer Marmor.

Vespasian, über Lebensgrösse. Das ganze Gesicht war

abgeschlagen, die Nase ist neu, ferner im Schädel oben ein grosser Flicken; ebenso ist neu das ganze Bruststück mit Harnisch und Paludamentum. Sehr unbedeutende Arbeit, die auf den ersten Blick modern erscheinen könnte, doch aber wohl antik ist.

203 K 20 [ ] Grauer Marmor.

Vespasian (?). Die Nase fehlt. Das Werk ist alt, aber von schlechter Arbeit und aus später Zeit.

204 F 2 [16; 126 Tito 209] H. 58 Italischer Marmor.

Titus, in Lebensgrösse; vortrefflich erhalten. Der Hals war zwar abgebrochen, allein das kurze Bruststück ist alt und dazu gehörig. Die etwas plumpen Züge sind in guter Arbeit sehr lebendig wiedergegeben, so dass die Aehnlichkeit unverkennbar und die Bezeichnung sicher ist.

Vielleicht ALC. 61 *medio cuerpo de Domiciano, figura unica, que no se ha hallado otra* (diess bezieht sich wohl auf die Nachricht des Procop hist. arc. 9 S. 296, dass nur ein Bild des Domitian der Zerstörung entgangen sei); 100 *ducados*. Vgl. besonders die Köpfe bei Visconti Tafel 33, 2. 3 und 34, 1. 2. Mit Domitian ist keine Aehnlichkeit vorhanden.

205 A 3 [342] H. 86 Italischer Marmor, ziemlich grob.

Trajan, über Lebensgrösse. Die Nase ist neu, das ganze Werk vielfach geflickt. Sehr schlechtes Exemplar.

ALC. 68?

206 B 41 [31] H. 82 Italischer Marmor.

Kolossaler Hadrian. Neu sind die Nase, das r. Ohrläppchen, die ganze r. Schulter mit einem Stück der Brust und der grösste Theil des Paludamentum auf der l. Schulter. Allein der Knopf, welcher das Paludamentum festhält, und das Mittelstück der Brust sind alt. Der Kopf war abgebrochen, aber Hals und Bruststück sind alt und dazu gehörig. Der Kopf ist stark nach l. gewendet. Es ist eine alte Büste, nicht der Kopf einer Statue. Gute Arbeit.

207 C 43 [436] H. 54 Italischer Marmor.

Bildniss eines Römers, unter Lebensgrösse mit kurzem Bart und krausem Haar. Neu ist die (viel zu gross gerathene) Nase, und das Bruststück mit dem Paludamentum. Ein Loch über dem r. Ohr ist mit Gips ausgefüllt. Vielleicht ein ganz schlechtes Bildniss des Hadrian, jedenfalls eine ganz werthlose Arbeit.

ALC. 30 *Setimio Severo?*

208 B 15 [340] H. 1, 06 Italischer Marmor.

Kolossaler Antoninus Pius, auf einem modernen Bruststück von gelbem Alabaster mit Harnisch und Paludamentum. Geflickt sind die Nase, die r. Seite der Stirn, das r. Ohr und ein Stück des Haares dabei, ferner beide Backen und mehrere Locken des Haars. Wiederholung der vaticanischen Büste, saubere, aber trockene Arbeit.

209 B 47 [501] H. 94 Italischer Marmor.

Kolossaler Antoninus Pius. Neu sind die Nase, die Oberlippe, ein Stück über dem l. Auge und in der r. Backe, sowie ein Stück des Schädels auf der r. Seite. Der Kopf war abgebrochen und der Hals ist mit einem neuen Stücke angesetzt. Das Bruststück mit Harnisch und Paludamentum ist alt und wohl zum Kopf gehörig, obgleich vielfältig geflickt. Gute, aber nicht besonders ausgeführte Arbeit.

ALC. 31?

210 C 49 [428] H. 60 Italischer Marmor.

Marcus Aurelius, etwas über Lebensgrösse, ziemlich jugendlich. Nase und Bruststück neu. Ohne besonderes Verdienst.

ALC. 73?

211 I 9 [ ] H. 38 Italischer Marmor.

Marcus Aurelius, etwa Lebensgrösse. Die Nase und die Spitze des Bartes sind neu. Schlechte Arbeit.

212 F 14 [35; 132 Lucio Vero joven 280] H. 68 Italischer Marmor.

Junger Römer, etwas über Lebensgrösse (Marcus Aurelius als Knabe?). Neu sind die Nasenspitze, Flicken in der r. Backe, ein Stück des Hinterkopfes an der l. Seite, das Knie und ein Stück des Halses. Allein das Bruststück mit dem auf der l. Schulter durch einen Knopf gehaltenen Mantel scheint alt zu sein. Im Ganzen hat der Marmor durch Feuchtigkeit gelitten. Das reiche Haar ist vortrefflich behandelt; der Ausdruck friedlich und heiter.

Der Kopf erinnert an den bei Visconti Tafel 41, 1. 2 abgebildeten jungen Marcus Aurelius. Gegenstück zu N. 213.

213 F 22 [51; 198 Lucio Vero joven 245] H. 69 Italischer Marmor.

Junger Römer, etwas über Lebensgrösse (vielleicht L. Verus als Knabe). Die Nasenspitze und eine Locke des Haars auf der l. Seite sind neu. Der Kopf ist nach r. gewendet, das lockige Haar ist flüchtig behandelt (mit Löchern). Die Bezeichnung ist nicht unmöglich; jedenfalls trifft sie die Zeit richtig. Die Arbeit ist weit lebendiger als bei anderen Bildnissen der Zeit.

Gegenstück zu N. 212.

214 B 13 [447; Aelio Cesar] H. 92 Italischer Marmor.

Bärtiger Römer, über Lebensgrösse. Der Kopf ist unzweifelhaft modern, d. h. aus dem sechzehnten Jahrhundert, obgleich Nase und Ohrläppchen angesetzt sind. Allein das Bruststück mit dem Fuss ist alt, bis auf kleine Flicken. Es zeigt einen Harnisch und darüber ein Paludamentum mit Frangen; im Stil der Zeit des Marcus Aurelius. Vorn über dem Fuss der Büste ist ein kleiner Adler auf einem Donnerkeil sitzend in flachem Relief; also war die Büste wohl das Bildniss eines *divus*.

ALC. 66?

215 B 31 [6] H. 88 Italischer Marmor.

Bärtiger Römer (vielleicht Commodus). Die Nase, der Mund und Stücke der Ohren sind neu; das Bruststück, mit Harnisch und Paludamentum, ist alt und dazugehörig. Das kurze krause Haar und der Bart, sowie die Ausführung der Augäpfel weisen auf die antoninische Zeit; die Aehnlichkeit mit Commodus ist nicht ganz zweifellos (das Gesicht scheint etwas zu kurz für ihn); für Pertinax, an den man denken könnte, ist es nicht breit genug. Die Arbeit ist plump, zeigt aber ein gutes Vorbild.

ALC. 13 *Domiciano?*

216 B 19 [391; Caracalla] H. 86 Italischer Marmor.

Junger Römer (vielleicht Commodus als Hercules). Die Nase, Flicken an beiden Ohren und im Hals, ferner das ganze Bruststück von gelbem Alabaster mit Harnisch und Paludamentum sind neu. Das Haar ist fein gekräuselt, die Augäpfel sind angegeben, auf den Backen sprosst der erste Flaum. Die Arbeit ist sauber; das ganze interessant wegen der Verschmelzung des Bildnisses mit dem Herculestypus. Mit Caracalla zeigt es nicht die geringste Aehnlichkeit.

217 B 10 [306; Caracalla] H. 78 Italischer Marmor.

Caracalla, in Lebensgrösse. Nur der obere Theil des Kopfes ist alt, bis auf die Nase und beide Ohren; das Kinn aber und der ganze Hals sind neu. Von dem Bruststück scheint der mittlere Theil (Harnisch mit Medusenmaske in der Mitte und Löwenkopf unter der r. Schulterspange) alt zu sein; beide Schultern (auf der l. das Paludamentum) sind neu. Der Kopf ist etwas nach l. gewendet.

Die berühmte Büste der Villa Albani (Visconti Tafel 49, 1. 2) ist stärker nach l. gewendet; doch liegt dem Werk vielleicht ein Original desselben vortrefflichen Künstlers zu Grunde.

218 I 4 [95] H. 35 Italischer Marmor.

Römer mit geschorenem Bart, den sogenannten Köpfen des Marius nicht unähnlich. Die Nase fehlt, Lippen und Kinn sind ergänzt. Nicht schlechte Arbeit, welche einen besseren Platz verdient.

ALC. 77 *Mario?*

219 B 14 [320] H. 86 Griechischer Marmor.

Römer, etwas über Lebensgrösse, mit geschorenem Bart, etwa aus augustischer Zeit. Die Nase, Ohren und ein Flicken im Schädel oben, sowie das Bruststück mit Harnisch und Paludamentum aus dunkelgrauem africanischem Marmor sind neu. Unzweifelhaft ist es das Bildniss einer bedeutenden Persönlichkeit der republicanischen oder spätestens augustischen Zeit, von vortrefflicher Arbeit.

ALC. 35 *Pompeyo magno?* Mit dem Kopf der Statue des Palastes Spada wollte mir keine Aehnlichkeit einfallen. Gegenstück zu N. 220.

220 B 11 [343; Marco Antonio] H. 86 Griechischer Marmor.

Römer mit geschorenem Bart. Die Nasenspitze und Flicken in den Ohren, ferner das ganze Bruststück mit Harnisch und Paludamentum aus dunkelgrauem afrikanischen Marmor sind neu. Die Haartracht und der geschorene Bart, sowie die breite aber schöne Behandlung weisen auf republicanische oder spätestens augustische Zeit.

ALC. 29 *Julio Cesar?* Mit der Antonius genannten Büste des Braccio nuovo (vgl. Visconti Tafel 7, 5 in Florenz) hat die vorliegende keine Achnlichkeit. Gegenstück zu N. 219.

221 C 8 [479; Domicio Corbulone] H. 64 Italischer Marmor.

Römer mit geschorenem Bart, über Lebensgrösse, aus augustischer Zeit. Nase und Kinn sind neu; ebenso der Hals und das Bruststück mit der Toga und das r. Ohr. Die Arbeit ist sorgfältig und zugleich lebendig.

ALC. 72 *Junio Bruto.* Eine entfernte Aehnlichkeit mit der capitolinischen Büste des Brutus ist vorhanden. Vgl. Visconti Tafel 6, 2. 3.

222 C 33 [402; Germanico] H. 54 Italischer Marmor.

Römer mit geschorenem Bart, kaum Lebensgrösse, aus der ersten Kaiserzeit. Neu sind Nase, ein Stück der Haare auf der Stirn, beide Ohren, Hals und Brust. Die Arbeit ist trocken und etwas dürftig, ohne die Fülle und Glätte der späteren Zeit, aber voll Leben, der feine Ausdruck des Mundes und die Formen der Schläfen sogar schön. Die Augäpfel sind angedeutet.

ALC. 57 *Claudio?*

223 B 9 [40; Nero Claudio Druso] Italischer Marmor, sehr fein.

Junger Römer. Die Nase und das ganze Bruststück mit dem Harnisch und Paludamentum sind neu. Das Gesicht war in zwei Stücken ganz heruntergeschlagen, ist aber antik und von vortrefflicher Arbeit.

ALC. 5 *Galicula Cesar?* Die Aehnlichkeit mit dem älteren Drusus schien sehr zweifelhaft.

224 D 1 [364; Augusto] H. 94 Bronze.

Römer mit geschorenem Bart, in Lebensgrösse; aus der ersten Kaiserzeit, auf einem modernen bronzenen Harnischbruststück. Die Augen liegen tief, der Blick ist nach oben gerichtet; dabei steht das l. Auge auffallend tiefer als das r., die Haare sind nicht ganz kurz und eigenthümlich nach vorn gestrichen. Das Kinn steht in charakteristischer Weise vor, der Hals ist ziemlich stark. Die Arbeit ist gut.

ALC. 94? Allenfalls könnte man an den älteren Drusus denken, doch fiel mir keine ausgeprägte Aehnlichkeit mit einem bekannten Mann auf.

225 F 41 [78] H. 68 Italischer Marmor, ziemlich grob.

Bartloser Römer, in Lebensgrösse. Die Nase und das Bruststück mit Gewand sind neu. Unbedeutende Arbeit, nicht lange nach der Zeit Augusts.

ALC. 37 *estatua de Sila, dictador perpetuo?*

226 K 2 [935] Italischer Marmor.

Römer mit geschorenem Bart, ungefähr Lebensgrösse; etwa aus augustischer Zeit. Die Nase fehlt. Unbedeutende Arbeit.

227 B 23 [377; 134] H. 75 Italischer Marmor, sehr fein.

Junger Römer, etwas über Lebensgrösse. Nur die Nasenspitze und kleine Flicken an den Ohren sind neu, ebenso das Bruststück mit Tunica und Mantel. Vortrefflich erhalten.

ALC. 4 *Tiberio?* Die leicht gekrümmte Nase, der feine Ausdruck verrathen einen Prinzen des julischen Hauses; welchen, vermag ich nicht mit Sicherheit zu bestimmen.

228 F 68 [285] H. 77 Hellgrauer Marmor.

Römischer Knabe, in Lebensgrösse, auf modernem Bruststück mit Gewand; neu ist die Nase. Saubere und wohlerhaltene Arbeit augustischer Zeit.

ALC. 3 *Augusto?* Vielleicht einer der beiden Cäsaren Caius und Lucius.

229 F 6 [23; 121 Julio Cesar 276] H. 48 Italischer Marmor, poliert.

Römer mit geschorenem Bart, über Lebensgrösse. Die Nase, beide Lippen, ein Stück in der r. Backe und ein Knie, das r. Ohr und Flicken in Kopf und Hals sind neu; das Bruststück gehört aber zum Kopfe. Der Obertheil des Schädels ist nur roh mit dem Meissel bearbeitet, entweder weil die Statue zu hoch stand, um von oben gesehn zu werden, oder um einen Kranz zu tragen, für den jedoch Löcher oder Ansätze fehlen. Mitten auf dem Kopf ist ein Haarbüschel. Die Formen sind hart und die Arbeit ziemlich roh, etwa traianischer Zeit entsprechend.

ALC. 34 *Julio Cesar.* Diese Bezeichnung ist sicher falsch.

230 A 4 [332] H. 85 Griechischer Marmor.

Bartloser Römer, über Lebensgrösse, auf einem Bruststück von röthlichgelbem Marmor, welches antik zu sein scheint. Der Hals, die Nase und beide Ohren sind neu (aus weissem Marmor). Die Haartracht sieht fast weibisch aus, obgleich sie kurz ist; nur vorn über der Stirn sind die Haare länger und kraus. Der Ausdruck des Mundes ist fein und lebendig. Gute Arbeit.

ALC. 59 *estatua de marmol, cabeza dela* (de ella) *conpeana* (con peana) *de jaspe, de un consul Romano.*

231 B 22 [461] H. 86 Feiner alabasterähnl. Travertin, kein Marmor.

Römer mit geschorenem Bart, fast kahlköpfig. Die wenig

gute, aber glatte Arbeit könnte an das sechzehnte Jahrhundert denken lassen, der Kopf war zwar abgebrochen, stimmt aber in der Steinart genau zu dem Bruststück mit Harnisch und Paludamentum, welches neu zu sein scheint. Doch scheint die Büste antik zu sein, obgleich bei ihrer dunkeln Aufstellung eine bestimmte Ansicht nicht zu gewinnen war. An den Seiten des Kopfes ist schwaches Haar angedeutet; das Gesicht ist auffallend hager, die Brauen buschig und die Mundecken hängen mit grämlichem Ausdruck herab. Sehr gut erhalten.

ALC. 83 *estatua da Cassio, rara, 30 ducados?* Vielleicht eine späte Büste des Cäsar.

232 K 19 [ ] H. 49 Grauer Marmor.

Junger Römer mit lockigem Haar, in Lebensgrösse. Nase und Kinn fehlen. Das Bruststück mit Gewand, von weissem Marmor, ist neu.

233 F 32 [62; 6] H. 59 Italischer Marmor.

Bärtiger Römer. Neu sind die Nase, die Oberlippe mit dem Schnurrbart, ein Stück der Stirn über dem r. Auge und das Bruststück. Das Haar ist kurz und kraus und lässt oben eine kleine Glatze frei, unten herum ist es dicht.

Vielleicht ein Mitglied der älischen Familie, wenigstens wahrscheinlich aus dieser Zeit.

234 B 8 [468; ADRIANO auf dem Postament eingegraben] H. 84 Italischer Marmor.

Bärtiger Römer, über Lebensgrösse, aus hadrianischer Zeit. Die Nase und das ganze viel zu gross gerathene Bruststück mit Harnisch und Paludamentum sind neu.

Sicher kein Bildniss des Hadrian.

235 B 37 [330] H. 94 Italischer Marmor.

Kolossales Brustbild des Antinous. Neu sind die Nase, beide Lippen, die r. Schulter und ein kleines Stück der Brust. Alles übrige, auch das Bruststück sind wohl erhalten. Der Kopf, ohne Kranz oder Diadem, ist nach l. vornüber gebeugt. Die l. Schulter ist stark gehoben, die Brust wie bei allen Antinousbildern besonders breit und schwammig. Die Arbeit ist sorgfältig.

ALC. 63? Ajello 32, 1 S. ILD. 4, 44. Erwähnt von Winkelmann Werke 2, 404 und 6, 1, 304. Vicens, gaceta de Madrid 1860 N. 102.

236 C 65 [419] H. 84 Graugeäderter Marmor.

Brustbild eines Jünglings aus antoninischer Zeit. Neu sind nur die Nase und die Oberlippe. Der Kopf war aufgesetzt, ist aber alt und gehört unzweifelhaft, wie schon der Marmor beweist, zu dem antiken Bruststück mit Armansätzen, auf dessen Sockel die Inschrift

·*NEΩNI*·

in unzweifelhaft ächten, der antoninischen Zeit entsprechenden Zügen steht. In dieselbe Zeit weist auch der Stil der Arbeit. Der Kopf ist spitz geformt und mit dichtem, an den Seiten zu Locken sich kräuselndem Haar bedeckt, auf den Wangen sprosst der erste Flaum. Die Augäpfel sind deutlich angegeben und unter den unteren Augenlidern eine Falte, welche den individuellen Ausdruck des Kopfes erhöht. Die l. Schulter ist stark gehoben; die Arme waren aber nie ausgeführt, wie der Bruch zeigt; das Werk war von jeher zur Büste bestimmt. Auch die Brustwarzen sind sorgfältig angegeben. Die breite Brust erinnert an den Antinous, mit welchem Neon auch im übrigen einige Aehnlichkeit hat, wie er wohl auch der griechische Lieblingssklave irgend eines vornehmen Römers gewesen sein mag.

237 D 15, jetzt neben C 456 [496] H. 86 Italischer Marmor.

Römer, über Lebensgrösse. Nach Haar- und Barttracht aus der antoninischen Zeit. Das Bruststück mit Gewand ist neu.

Kein Bildniss des Marcus Aurelius, obgleich die Züge an ihn erinnern.

238 C 81 [471] H. 57 Italischer Marmor.

Bärtiger Römer, über Lebensgrösse; aus antoninischer Zeit. Neu sind die Nase, ein Flicken am r. Auge und das ganze Bruststück. Das Haar ist dicht und kraus, die Stirn niedrig. Die Augen, mit vollständig angegebenen Augäpfeln, blicken scharf nach r.; der Ausdruck ist lebendig, die Arbeit gut.

239 B 7 [281; Lucio Vero] H. 74 Italischer Marmor.

Bärtiger Römer, aus antoninischer Zeit. Neu sind die Nase, beide Ohren und der ganze Hals. Allein das Bruststück ist alt, bis auf ein grosses Stück der l. Schulter und manche Flicken. Die Augen zeigen die Augäpfel, der Bart ist voll; der Ausdruck des Kopfes stupid. Die Büste ist mit einem Rock bekleidet, der auf den Schultern Nähte zeigt; darauf liegt der Mantel.

Den bekannten Zügen des L. Verus ist der Kopf nicht ähnlich genug, um die vorgeschlagene Benennung zu rechtfertigen.

240 F 34 [68] H. 47 Italischer Marmor.

Römischer, etwa achtjähriger Knabe. Neu sind die Nase, beide Ohren und das Bruststück mit Gewand. Das Haar ist glatt und kurz, Augäpfel und Thränendrüsen sind deutlich ausgeführt, der Ausdruck ist lebendig.

Etwa ALC. 39 *Romulo*, und 241 *Remo?* Die Züge und die Behandlung weisen auf die älische Kaiserfamilie; es könnte M. Aurelius oder L. Verus sein. Doch ist die Aehnlichkeit nicht zweifellos.

241 B 23 [384; Lucio Vero] H. 82 Italischer Marmor.

Junger Römer, über Lebensgrösse, von vorzüglicher Erhaltung. Nur die Nasenspitze ist neu, und das Bruststück mit Tunica und Mantel. Der Kopf blickt nach l.; das Haar ist dicht und lockig, auf den Wangen sprossender Flaum.

Die Art der Arbeit entspricht der antoninischen Zeit; aber für L. Verus scheint der Ausdruck zu edel und milde: es fehlt der jenem Prinzen eigentümliche tückische Zug.

242 C 18 [381] H. 79 Italischer Marmor.

Kahlköpfiger Römer, über Lebensgrösse, mit in zwei Zipfel ausgehendem gekräuseltem starkem Bart. Die Nase und einige Stücke des r. Ohres sind neu, ebenso der grösste Theil der Toga.

Der Kopf war abgebrochen, ist aber alt, ebenso das Bruststück mit der Toga.

Offenbar ein Bildniss aus der antoninischen Zeit, dem Pertinax nicht unähnlich, aber zu kahl für ihn.

243 F 55 [80; 85, 275] H. 69 Italischer Marmor.

Bärtiger Römer, drei Viertel Lebensgrösse. Neu sind die Augenbrauen, die Nase, Stücke beider Ohren und das ganze Bruststück mit dem Paludamentum und Wehrgehenk. Der Kopf ist oben kahl und nur unten kranzförmig von Haar umgeben. Die Zeit scheint die des Septimius Severus; die Arbeit ist unbedeutend.

244 C 34 [403] H. 52 Italischer Marmor.

Bärtiger Römer mit kurzgeschorenem Haar. Neu sind die Nase und das Bruststück mit der Toga, ein Stück der Oberlippe mit dem Schnurrbart fehlt. Der Hals ist schmächtig, die Ausführung leicht.

Der breite Kopf und der Ausdruck der Augen erinnern an Caracalla, doch ist für ihn der Bart (mit Löchern gearbeitet) zu lang und der Ausdruck zu edel. Er erinnert auch an den älteren Gordian, doch ist für diese Zeit die Arbeit zu gut.

245 F 80 [; Elagabalo; Pupieno] H. 74 Italischer Marmor.

Bärtiger Römer in halber Lebensgrösse, auf einem zum Theil alten, vielfach geflickten Bruststück mit Toga, welches jedoch nicht zu dem Kopfe zu gehören scheint. Der Hals ist neu, ausserdem sind über beiden Ohren neue Stücke eingesetzt. Der Kopf ist nach l. gewendet, das Haar ist bis dicht über die Augen nach vorn gestrichen.

Eine gewisse Aehnlichkeit mit N. 246 ist vorhanden, doch ist der Ausdruck hier kräftiger. Die versuchten Benennungen treffen also wohl nur die Zeit im allgemeinen.

246 F 82 [310; Elagabalo] H. 55 Italischer Marmor.

Bärtiger Römer in Lebensgrösse. Die Nase und das Bruststück, sowie Flicken im Hals sind neu. Das Haar ist dicht und glatt nach vorn gestrichen, der Bart zwar kurz, aber dicht, die Augäpfel sind angegeben, die Augenbrauen langhaarig, der Ausdruck stupid und weinerlich.

Aus der Zeit der Caracalla, als Stilprobe dieser Zeit nicht ohne Werth; aber als Bildniss Elagabals nicht erweislich. Eine gewisse Aehnlichkeit mit dem bei Visconti Tafel 51, 1. 2 abgebildeten Kopf schien mir jedoch vorhanden zu sein.

247 C 57 [470] H. 46 Italischer Marmor.

Kahlköpfiger Römer mit struppig angedeutetem, schlecht rasiertem Bart; von lächelndem, klugen Ausdruck. Die Nase, Stücke der Ohren, besonders des l., und im Hinterkopf sind neu, ebenso das Bruststück.

An Scipio zu denken verbietet der Bart, der Ausdruck, auch wohl die Andeutung der Augäpfel. Wenigstens könnte in diesem Falle nur eine conventionelle Wiederholung aus dem dritten Jahrhundert angenommen werden, wie sie etwa passen mochte zu der Inschrift von Sagunt Monatsber. der A. 1860 S. 423 und C. I. L. S. 277.

248 C 41 [415; 159] H. 55 Italischer Marmor.

Römer, etwa aus antoninischer Zeit, vielleicht von einem Grabdenkmal, mit kurzem, glatten Haar, geschorenem Bart und grossen, abstehenden Ohren, von plebejischen Formen. Trockene Arbeit.

249 D 15a; jetzt in C [49..] H. 86 Italischer Marmor.

Bartloser Römer; Nase, Oberlippe, Kinn, Ohren, Hals, ebenso das ganze Bruststück mit dem Harnisch sind neu. Der Kopf ist hässlich und die Arbeit sehr mittelmässig.

250 C 28 [395; 34] H. 76 Grauer Marmor.

Junger Römer mit kurzem, krausen Haar, kolossal. Nase, Hals und Brust sind neu. Die Arbeit ist sehr unbedeutend, die Augen auffallend klein.

251 C 58 [437; Valerio Poplicola] H. 52 Grauer Marmor.

Römer mit geschorenem Bart, etwa aus dem dritten Jahrhundert. Neu ist die Nasenspitze und das Bruststück, sowie ein Flicken in der Stirn. Der Kopf scheint nicht zur Büste gearbeitet zu sein, sondern gehörte wohl zu der Statue eines Togatus. Sehr mittelmässige Arbeit.

Wie man auf die abenteuerliche Benennung verfallen ist, weiss ich nicht.

252 C76 [475] H. 65 Italischer Marmor.

Bartloser Römer auf einem antiken, aber nicht dazu gehörigen Bruststück mit Gewand. Nase, Backen, Ohren und Hals sind vielfach zusammengestückt; der Rest ist von sehr geringem Werth.

253 I 1 [ ] H. 73 Italischer Marmor.

Bärtiger Römer aus severischer Zeit; die Nase ist, und zwar auf das roheste, angesetzt.

254 F20 [45] H. 47 Grauer Marmor.

Kahlköpfiger Römer mit kurzem Bart. Die Nase, beide Ohren und das Bruststück sind neu. Auch das Gesicht hat gelitten. Den Kopf umgiebt nur an der Seite spärliches Haar. Die hässlichen Züge sind lebendig wiedergegeben.

255 F38 [72; 157, 267] H. 54 Italischer Marmor.

Römer mit geschorenem Bart. Neu sind beide Ohren, das r. ist aus vielen Stücken zusammengesetzt. Im übrigen ist der Kopf vollkommen erhalten. Diess und das glatte Ansehn machten mich zweifelhaft, ob nicht das ganze für eine Copie nach der Antike, etwa aus dem Anfang des achtzehnten Jahrhunderts anzusehn sei. Allein bei wiederholter Betrachtung erschien das Werk doch als antik. Die Züge sehn aus wie die eines Aethiopiers und drücken eine frappante Aehnlichkeit auf etwas plumpe Weise aus.

256 G11 [231] H. 35 Italischer Marmor.

Kleiner Kopf eines Römers mit kurzem, glatten Haar, so

zierlich und gut erhalten, dass man ihn für modern halten könnte.

Er steht auf einer Säule aus florentinischer Mosaikarbeit, zu hoch, um ein sicheres Urtheil zu gestatten.

257 B 20 [841; C. Julius Verus Maximus] H. 96 Ital. Marmor.

Römer mit geschorenem Bart. Die ganze l. Seite der Stirn mit den Augenbrauen, die Nase und das Kinn, Flicken in den Ohren und das Bruststück (Harnisch und Paludamentum) sind neu.

Die Haartracht und der geschorene Bart entsprechen zwar der augustischen Zeit, allein die äusserst rohe Arbeit weist eher in die constantinische. Das hat zu der vorgeschlagenen Bezeichnung veranlasst, zu welcher sonst kein Grund vorzuliegen scheint. Sollte die Büste wirklich in das erste Jahrhundert gehören, so wäre sie eine der allerrohesten und fabrikmässigsten Wiederholungen etwa in der Art der schlechtesten geschnittenen Steine. Mit mehr Wahrscheinlichkeit wird man jedoch darin eine Arbeit der constantinischen Restaurationsepoche erkennen.

258 B 16 [489; Diocleciano] H. 86 Griechischer Marmor.

Kopf eines Kelten, etwas über Lebensgrösse. Neu sind die Nase, Flicken über dem r. Auge und an beiden Ohren, und das ganze Bruststück von schwarzem Marmor (Harnisch, ohne Paludamentum), der Kopf ist leicht erhoben und nach r. gewendet. Das struppige Haar ist vorn grad und glatt geschnitten, so dass darunter die gerunzelte Stirn nur sehr niedrig sichtbar bleibt. In den kleinen Augen, den in die Höhe gezogenen starken Brauen und dem festgeschlossenen feinen Mund spricht sich Stolz und Todesverachtung aus. Schnurrbart und Backenbart sprossen kurz und ohne Pflege. Um den Hals trägt er das sichere Zeichen keltischen Stammes, die rundlich erhabene Torques mit vorn daran hängendem kleinem Halbmond, einem auf keltischen Denkmälern häufigen Symbol. Der lebendige Ausdruck hindert nicht den Kopf als zu einer Statue aus der Reihe der in der pergamenischen Schule beliebten Darstellungen kleinasiatischer Kelten gehörig zu betrachten.

ALC. 74 *un hijo del rey Mitridates esclavo en Roma.* Ist der

Kopf ein Bildniss, so möchte man an einen der von Cäsar besiegten gallischen Fürsten denken. Die gänzliche Verkehrtheit der vorgeschlagenen Bezeichnungen leuchtet ein.

259 A 5 [833; rey barbaro de Dacia] H. 1,16 Italischer Marmor.

Kolossaler Kopf eines bärtigen Barbaren, auf ein modernes Bruststück mit Harnisch, auf dem ein Elephantenkopf angebracht ist, von gelbem Marmor gesetzt. Das Haar ist oben in der Mitte des Kopfes gescheitelt und auf dem Wirbel in einen Büschel zusammengefasst; so dass die Haartracht fast weiblich aussieht. Die Nase, ein Stück der Stirn, beide Ohren, Mund und Kinn mit Bart sind neu; alt also nur der Oberschädel, Augen und Backen mit dem Ansatz des Bartes. Der Ausdruck der Augen ist mild und die Gesichtszüge fein.

ALC. 26 *Anibal, cabeza antigua, pecho y pedestal de jaspe amarillo.* Mit dem Hannibal genannten Kopf bei Visconti icon. grecque Tafel 55, 6. 7 ist so wenig Aehnlichkeit vorhanden, wie mit den Bildnissen mauretanischer Fürsten (vgl. Brunn Ann. 1857 S. 194 ff. und 1861 S. 413 ff.); auch zeigt der Kopf weder den skythisch-dakischen, noch den keltischen Typus.

260 F 9 [26; 179, 221] H. 58 Italischer Marmor, grob.

Bildniss eines Sklaven (?), in Lebensgrösse. Die Nasenspitze, der Hals und das Bruststück sind neu. Das krause unordentliche Haar, die rohen und plumpen Züge, die glotzenden Augen, der wie schlecht rasierte, dünne Bart, der halboffne breite Mund ergeben einen Typus verwandt denen des capitolinischen Badesklaven, des florentinischen Schleifers und ähnlicher Darstellungen von Sklaven oder Leuten aus der gemeinen Klasse. Vielleicht gehörte der Kopf zu der Statue eines barbarischen (dakischen oder thrakischen) Sklaven.

ALC. 53 *un gladiator?*

261 B 21 [497; Maximo] H. 89 Griechischer Marmor.

Bildniss eines Barbaren (?) mit glatt geschorenem Bart. Die Nasenspitze und einige Flicken in den Ohren sind neu; sonst ist es vollkommen erhalten bis auf das Bruststück mit Harnisch und Paludamentum aus schwarzem Marmor. Der Kopf ist leicht nach r. gewendet. Das Haar ist vorn glatt abgeschnitten und die Arbeit erinnert etwas an die von N. 218 und 219; doch ist die Arbeit nicht so gut.

Für einen Römer republicanischer oder augustischer Zeit ist die Haartracht zu auffallend. Die spanische Bezeichnung ist ganz grundlos.

262 C 89 [486] H. 75 Dunkelgrauer und hellgrauer Marmor.

Dakischer Gefangener, über Lebensgrösse. Der Kopf aus dunklerem, das mit Frangen besetzte Gewand aus hellerem Marmor. Er war in der Mitte durchgebrochen.

Die Mütze, das lange und schlichte Haar, das Gewand, alles entspricht genau dem bekannten Typus dakischer Gefangenen.

263 I 16 [ ] Italischer Marmor.

Kleiner bärtiger Kopf, mit einer Mütze bedeckt, etwa eines dakischen Gefangenen. Neu ist die Nasenspitze. Scheint ein interessantes Werk.

264 F 11 [32; 146 Julia hija de Tito 227] H. 63 Griech. Marmor.

Die Tochter des Titus Julia. Neu sind die Nasenspitze, beide Ohren mit den darunter liegenden Stücken des Halses, einige Flicken im Gewand und r. ein kleines Stück des im übrigen alten Plinthos. Die Oberfläche des Gesichts scheint durch Feuchtigkeit und dann durch Ueberarbeitug gelitten zu haben. Alles übrige, die charakteristische hohe Haartracht von zahlreichen Löckchen und das von zierlichen Flechten zusammengelegte Haarnest, ist vollkommen erhalten. Sehr schöne Arbeit.

ALC. 55 *Julia hija de Tito.* Vgl. Visconti Tafel 35, 1. 2. Die Bezeichnung ist unzweifelhaft; die Züge und die Haartracht entsprechen genau den bekannten Bildnissen.

265 F 10 [27; 171, 222] H. 51 Griechischer Marmor.

Römerin in Lebensgrösse. Neu sind die Nasenspitze, beide Ohren, das Bruststück mit dem Gewand und einzelne Flicken im

Haar. Den Kopf umgiebt ein breiter, aus übereinander gelegten Flechten gebildeter Kranz, vorn ist das Haar gescheitelt; im Stil der traianischen Zeit. Die Formen sind etwas eckig und die Züge trocken, der Ausdruck klug und gutmüthig; die Ausführung zierlich.

ALC. 86 *Faustina, con un rosco de cabellos sobre la cabeza.* Am chesten könnte man an Plotina denken.

266 B 26 [398] H. 80 Italischer Marmor.

Römerin mit der enorm hohen Haartracht traianischer Zeit. Der Kopf war abgebrochen, doch ist das Bruststück mit Gewand alt und dazu gehörig. Neu sind die Nase, das r. Ohr ganz und ein Theil des l., sowie einige Flicken im Gewand. Das Gesicht ist schmal, der Ausdruck lebendig, der Hals sehr lang und dünn. Das Werk scheint ganz überarbeitet worden zu sein.

S. ILD. Ajello Zeichnung.

267 B 6 [405; Sabina] H. 84 Italischer Marmor.

Römerin, in der Haartracht der antoninischen Zeit. Neu sind die Nasenspitze, Flicken in den Ohren und das breite Band im Haar. Der Kopf war abgebrochen und ist mit einigen Flicken im Hals wieder angesetzt worden. Allein das Bruststück ist unzweifelhaft alt, bis auf die ganze r. Seite, und dazu gehörig. Es zeigt ein fein gefaltetes Untergewand, durch Knöpfe auf der Schulter befestigt, darüber den Mantel. In beiden ist mancherlei geflickt. Sogar der Fuss der Büste und ein vorn eingesetztes Täfelchen von *rosso antico* ist alt. Schöne, aber überzierliche Arbeit.

Vielleicht die ältere Faustina.

268 F 4 [18; Faustina mujer de Antonino 54] H. 63 Ital. Marmor.

Die ältere Faustina, über Lebensgrösse. Neu sind die Nase, das ganze Kinn und ein Stück des l. Ohrs. Der Kopf war abgebrochen und ist mit einigen Flicken wieder auf das Bruststück mit Gewand und Mantel gesetzt worden, welches man mit der ganz flachen Bildung der Brust für männlich und nicht zum Kopf gehörig ansehn würde, bewiesen nicht die vollkommene Gleichheit des Marmors und die weiblicher Tracht eigenen Knöpfe an den Aermeln des Untergewandes die Zusammengehörigkeit. Die Haartracht, die dicke Flechte oben auf dem Kopf und die Aehnlichkeit der Züge machen die Benennung ziemlich sicher. Das Haar ist zierlich und doch frei behandelt, besonders hinten schön.

ALC. 32 *Faustina mujer de Antonino.*

269 C 31 [400] **H. 56 Italischer Marmor.**

Römerin in der diademähnlichen Haartracht der antoninischen Zeit, in Lebensgrösse. Ein Stück des Haares vorn, Nase, Ohren, Hals und Bruststück sind neu. Wahrscheinlich Bildniss einer Frau aus der kaiserlichen Familie, jedoch keiner der bekannten entschieden ähnlich.

ALC. 85 *Faustina.*

270 **F 43 [247; Valeria Mesalina 147] H. 56 Durchsichtiger, bläulicher Marmor, alabasterähnlich.**

Römerin, in der Haartracht der antoninischen Zeit, etwas über Lebensgrösse. Neu sind die Nasenspitze, das l. Ohr und einige Flicken vorn am Haar. Wahrscheinlich ist es der Kopf einer Statue, denn das Bruststück scheint für eine Büste zu kurz zu sein. Im Nacken sieht man ein Stück des Mantels. Die zierlich behandelten Haare sind vorn in hohe Wellen gelegt; den Hinterkopf bedecken schmale nebeneinander gelegte Flechten, aus denen auch das Nest besteht. Vorzügliche, höchst lebendige Arbeit.

ALC. 71 *Agripina?*

271 **F 15 [36] H. 53 Italischer Marmor.**

Römerin, in der Haartracht der antoninischen Zeit; über Lebensgrösse. Der Hals und das Bruststück mit dem Gewand sind neu. Uebrigens ist der Kopf schön erhalten; nur hat der Marmor durch Feuchtigkeit einige Flecken erhalten. Das gerade gescheitelte Haar umgiebt den Kopf in zierlich behandelten Wellen, oben auf dem Schädel liegt eine breite Flechte, wie sie die ältere Faustina zu tragen pflegt. Die Güte der Arbeit entspricht auch dieser Zeit.

Ist Faustina gemeint, so stellt sie das Bildniss in jüngerem Alter dar.

272 F 67 [264; Faustina mujer de M. Aurelio] H. 57 Ital. Marmor.

Römerin, in der Haartracht der severischen Zeit, etwas über Lebensgrösse. Nase und Kinn sind neu, alles übrige wohl erhalten. Das Haar ist vorn wellenförmig gescheitelt, oben glatt, das Nest liegt tief im Nacken. Die Augen sind gross und weit geöffnet, die Augenbrauen und Augäpfel ausgeführt. Gute Arbeit.

Aehnlich ist die Haartracht der Julia Pia.

273 C. 85 [481] H. 62 Italischer Marmor.

Römerin, in der Haartracht der severischen Zeit. Neu ist die Nase. Eine Flechte ist auf dem Scheitel von hinten nach vorn gelegt; hinter den Ohren fallen Locken herab. Die Augäpfel sind sorgfältig ausgeführt; die Schultern bedeckt das Gewand.

Aehnlich, aber nicht ganz gleich, ist die Haartracht der Mammaea und Soaemias.

274 F 30 [286; Julia Mamea 81] H. 54 Grauer Marmor.

Römerin, in der Haartracht der severischen Zeit, etwas über Lebensgrösse. Neu sind die Nase und ein Stück des Halses. Das Haar ist in muschelförmige Wellen gelegt; das Nest liegt tief im Nacken. Augenbrauen und Augäpfel sind angegeben. Sehr ausführliche, aber leblose Arbeit.

Die Haartracht passt zu der vorgeschlagenen Bezeichnung; doch schien die Aehnlichkeit nicht zweifellos.

275 C 52 [412] H. 71 Italischer Marmor.

Römerin, in der Haartracht der severischen Zeit, in Lebensgrösse. Neu ist die Nase, der Hals und das ganze Bruststück nebst dem Gewand. Die Augäpfel sind angedeutet; der Ausdruck schön und lebendig.

276 C 14 [374] H. 68 Italischer Marmor, fein.

Römerin, in der Haartracht der severischen Zeit; etwas

über Lebensgrösse. Die Nase ist neu, ausserdem einige Flicken. Die Augen sind gross und die Augäpfel angegeben, die Haartracht hinten glatt, ohne Kunst. Die Arbeit ist unbedeutend.

277 **F 47 [250; Salonina] H. 60 Italischer Marmor.**

Römerin, in der Haartracht der severischen Zeit; etwas über Lebensgrösse. Neu sind die Nase, das Haarnest und das Stück der Haare über beiden Ohren. Der Kopf nach r. gewendet ist angesetzt, aber alt und zu dem ebenfalls alten Bruststück mit bis auf die Schultern reichendem Gewand gehörig. Der Ausdruck ist fein.

278 **I 20 [ ] H. 61 Italischer Marmor.**

Römerin, in der Haartracht der severischen Zeit; etwas über Lebensgrösse. Die r. Brust mit der Haarlocke ist von ganz anderem Marmor und sicher nicht zu dem Kopf gehörig.

Der Kopf selbst und die l. Schulter könnten fast modern erscheinen.

279 **I 24 [ ] Italischer Marmor.**

Römerin, in der Haartracht der severischen Zeit; in Lebensgrösse. Sehr unbedeutende Arbeit.

280 **I 19 [ ] Italischer Marmor.**

Römerin, in der Haartracht der severischen Zeit, wie es scheint von guter Arbeit. Die Nasenspitze fehlt.

281 **K 6 [937] Italischer Marmor.**

Römerin, in der Haartracht der severischen Zeit. Die Nase fehlt, das Kinn ist angesetzt.

282 **F 33 [356; 315, 79] H. 82 Griech. und africanischer Marmor.**

Römerin, über Lebensgrösse; auf einem Bruststück von africanischem Marmor. Die Oeffnungen des Gewandes auf der Schulter sind (wohl in neuerer Zeit) mit gelbem Marmor ausgefüllt worden. Der Kopf war abgebrochen und ist mit Flicken am Hals angesetzt. Doch gehörte er zum Hals; ebenso ist die Nase angesetzt. Die Haartracht ist eigenthümlich; breite Flechten liegen kranzartig oben auf dem Kopf, doch sind sie behandelt wie ein Stoff, nicht wie Haare; vorn unter dem Scheitel kommen einige runde Locken hervor. Der Kopf ist schön, von ernstem Ausdruck und guten Proportionen.

ALC. 75 *estatua de medio cuerpo de mujer, que dicen Hispania, cuerpo y peana de jaspe, con una torre sobre la cabeza.* Die Locken vorn sind von unsicherer Hand, das l. Auge auffallend schülerhaft gemacht. Danach scheint das Werk der Versuch einer idealen Darstellung aus frühestens constantinischer Zeit. Denn einem Werke des sechzehnten Jahrhunderts, woran man zunächst denkt, entspricht nicht die grosse Mangelhaftigkeit der technischen Behandlung.

283 C 12 [473] H. 59, ohne die Hörner 38 Italischer Marmor.

Kopf einer Ziege in Lebensgrösse, Hörner und Ohren sind neu; das übrige von vortrefflichster, höchst lebendiger Arbeit.

S. ILD. 13, 199 *un trozo de idolo, macho cabrio.*

3. RELIEFS.

Ausser den nicht sehr zahlreichen grösseren Reliefs mit mythologischen Darstellungen (N. 284—294) und einigen Sarkophagen (N. 295—300 und N. 333) befinden sich in der Madrider Sammlung eine Reihe einzelner Köpfe in flachem Relief (N. 301—307, 318. 319, 329—332), zum Theil in Discusform, auch Kaiserköpfe (N. 320—328); meist decorative Arbeiten der späteren Zeit, wie sie wahrscheinlich zum Schmuck römischer Villen und der zahlreichen Augusteen häufig in Anwendung kamen. Verschieden davon, und vielleicht ursprünglich nicht für die Reliefform bestimmt, sind eine Reihe sehr hoch gearbeiteter und meist von vorn genommener Satyr- und Mainadenköpfe (N. 308—317). Die ovale oder an den Ecken gerundete Form der Tafeln, auf welchen sie sich befinden, erweist diese als Werk der italienischen Ergänzer; doch sind unter den Köpfen einige von guter Arbeit. Dazu kommen einige Thierbilder (N. 335—339). Unzweifelhaft modern schien mir das kleine Basrelief mit der bekannten Gruppe des Laokoon, dessen Winkelmann (Werke 6, 1, 107) erwähnt; ähnliche kommen öfter vor (vgl. Gerhards archäol. Anzeiger 1862 S. 292*).

---

284 D5 [ ] H. 50, Br. 30

Dreiseitiger Altar. *Erste Seite.* Nackter Hercules, jugendlich, den Kopf mit der Binde geschmückt, hält die Keule in der R., die Aepfel in der L. — *Zweite Seite.* Apollon die Leier spielend, die auf einer Säule ruht. Mantel und Haartracht wie die der belvederischen Statue. — *Dritte Seite.* Nackter

Jüngling mit zwei Flöten, von denen er die, welche er in der R. hält, an den Mund zu setzen im Begriff ist, während die L. mit der anderen Flöte an die Hüfte gelehnt ist. Unten l. steht ein kleiner Altar mit lodernder Flamme. — Ziemlich späte, aber zierliche Arbeit, nach wohl altem Vorbild.

Ajello 13. S. ILD. 12, 177. Darauf steht der ägyptische Kopf N. 85. Vgl. den vierseitigen Altar in Berlin (Gerhards Verzeichniss N. 541).

285 F 104—107 [15, 208, 334; 14, 207; 18, 370; 17, 369] H. 1,30 Br. 80

Bacchantinnen, genau in dem Stil derer im Treppenhaus der Villa Albani. Die Flächen sind rund und scheinen daher zu einer cylindrischen Basis gehört zu haben. Die erste, mit dem Tympanon, schreitet r. hin, den Gewandzipfel mit der R. über der Schulter haltend; die zweite steht l. hin gewendet, auf den Thyrsos gestützt, das Haupt gesenkt; die dritte schreitet r. hin, den Kopf in Begeisterung hintenüber werfend, den Thyrsos in der R. haltend; die vierte schreitet l. hin, in der R. den Thyrsos hinter sich haltend, in der L. ein halbes Böckchen (oder Kalb) tragend. Alle vier sind vortrefflich erhalten.

Nach Ponz (6, 73) befanden sich diese vier Reliefs im königlichen Palast in Madrid *en el tercer suelo debaxo del principal por la parte del norte.* Die albanischen Reliefs sind abgebildet bei Zoëga bassi ril. I Tafel 19.

286 C 105 [458] H. und Br. 60, ungefähr.

Bacchantin und Satyr, oft wiederholte Gruppe. Die Bacchantin schreitet r. hin, den Kopf mit aufgelöstem Haar hintenüber werfend, die ganze r. Seite des Körpers ist entblösst; vor ihr steht frei ein Thyrsos, im Begriff umzufallen. Hinter ihr steht l. ein nackter jugendlicher Satyr die Doppelflöte blasend, nur ein Pantherfell hängt ihm auf der l. Schulter. Die Ecke der Platte unten r. ist ergänzt, die l. Ecke ist angesetzt, aber alt.

S. ILD. 13, 193. Vortreffliches Exemplar, etwa augustischer Zeit.

287 C 106 [460] H. 50, Br. 55

Stück eines Bacchantenfrieses. Eine Bacchantin schreitet l. hin, mit hintenübergebeugtem Kopf, in der L. den Thyrsos schwingend; r. ein tanzender nackter Satyr mit drei runden Hörnern am Kopf, wie Strahlen; am Zeigefinger der R. hängt ihm der flache Trinkbecher, in der L. hält er ein Pedum und hebt das l. Bein hoch auf. Zwischen beiden Figuren ein kleiner Panther. Arbeit aus spät-antoninischer Zeit.

Ajello 3, 6. S. ILD. Gehört zu einer ähnlichen Composition wie N. 286, aber nicht zu demselben Exemplar.

288 C 96 [383; 69] B. 40 ungefähr.

Stück einer Marmorvase. Bacchus mit langem Haar auf einen kleinen Satyr (Ampelos?) gestützt. Der Mantel ist halb herabgesunken; in der vorgestreckten R. scheint er ein Stück des Thyrsos zu halten (oder eine Fackel?). Hinter ihm l. ein tanzender nackter Satyr mit kurzem fliegendem Mantel, die Doppelflöte blasend. Das untere Stück mit den Beinen der drei Figuren ist ergänzt.

Vgl. die Gruppen des Berliner Museums N. 25* und 477 in Gerhards Verzeichniss.

289 F 87 [508] H. 1, 18

Marmornes Puteal mit Bacchanal, in flachem Relief; im Piedestal und oberen Rand sind allerlei Flicken, sonst ist es wohl erhalten. Drei in dem dionysischen Kult bedeutungsvolle Bäume, nämlich ein baumartiger Weinstock, wie nach den Früchten anzunehmen ist, eine Fichte (wie es scheint) und ein Feigenbaum sowie drei Säulen, eine viereckige Stele, eine cannelierte und eine korinthische Säule theilen die Darstellung in sechs nicht genau unter die sechs Abtheilungen vertheilte Gruppen, welche sich kurz bezeichnen lassen als der trunkene Silen, Bacchus und Ampelos, Satyrn ein Ferkel bratend, Satyrn dem Priapos opfernd, Satyrn Wein mischend und Satyrn die Flöte blasend. Eine Mitte hat die Darstellung eigentlich nicht; es mag als solche der Weinstock angenommen werden, unter welchem ein viereckiger Altar steht. Die Beschreibung beginnt von diesem Punkte und geht von r. nach l. um das Denkmal herum. Unter dem Baum, an dessen Zweigen ein Diskos (oder Becken?) hängt, tanzt ein Satyr mit Ziegenfell r. hin. Es folgt eine viereckige hohe Stele, auf welcher eine Amphora steht. Von dieser Stele bis zu dem nächsten Baum, der Fichte, ist ein Pantherfell als Zelt ausgespannt. Darunter der trunkene Silen, nur ein Ziegenfell um die Hüften und eine Epheuranke wie ein Wehrgehenk über der r. Schulter tragend, von zwei jugendlichen Satyrn, da er umsinkt, gehalten. Davor steht, neben der Stele mit der Amphora, ein älterer ziegenfüssiger Satyr, der im l. Arm ein Böckchen trägt, und mit dem r. auch noch den umsinkenden Silen festhält. Neben der Fichte steht der jugendliche Bacchus, nackt, nur einen kurzen Mantel auf den Schultern tragend, mit dem r. Arm auf einen Stab gestützt. Der Kopf ist neu, aber wohl richtig so ergänzt, dass er nach dem umsinkenden Silen hin gewendet ist. Er stützt den l. Arm (mit ergänzter Hand) auf den neben ihm auf einer Erhöhung des Bodens stehenden Ampelos, dessen Gesicht (nicht der Kopf) sowie der l. Arm ergänzt sind. Es folgt die cannelierte Säule, auf welcher auch eine Amphora steht; ihr grösster Theil ist mit dem dazugehörigen oberen Rande des Puteal ergänzt. Von der Säule zur Fichte ist wiederum ein Tuch als Zeltdach ausgespannt. Davor sind drei jugendliche Satyrn beschäftigt, ein Ferkel in einem Kessel, der auf ein Felsstück gesetzt ist, zu braten. L. kniet der eine von ihnen nackt, am Feuer unter dem Kessel beschäftigt; der zweite, in der Mitte, mit einem Schurz bekleidet, giesst eine Flüssigkeit (Oel?) in den Kessel; sein Arm und das Gefäss sind zum Theil ergänzt. Der dritte, r., drückt das Ferkel in den Kessel, aus welchem es mit Kopf und Vorderbeinen heraushängt. Es folgt ein vierter Satyr, ebenfalls mit einem Schurz bekleidet, der ein an dem Zweig eines Feigenbaumes hängendes Ziegenböckchen ausweidet. Der Feigenbaum hat breite Zweige; hinter ihm steht eine Priaposherme. Der Kopf derselben ist bärtig, zeigt aber weibliche Haartracht (vgl. Jahn in den Ber. der sächs. Ges. der Wiss. 1855 S. 234 ff. und rheinl. Jahrb. 27 S. 45 ff.). Vor ihm steht ein nackter junger Satyr l. hin und befestigt ein Blumengewinde an dem überhängenden Zweig des Feigenbaums. Die l. Hand fehlt ihm, ergänzt ist sein Hintertheil mit dem Schenkel (das Schwänzchen aber ist alt). Unten an dem Feigenbaum steht ein kleiner runder Altar mit lodernder Flamme. Von dem Feigenbaum zu der weiterhin folgenden korinthischen Säule (mit Fussgestell, aber ohne Kannelüren) ist wieder ein Tuch, mit friesartigen Frangen, als Zeltdach ausgespannt; es ist oben mit dem Rand des Puteal zum grossen Theil ergänzt. Auf der Säule steht eine ergänzte Vase, darunter giesst ein junger Satyr, nackt, in tanzender Stellung, r. hin, aus einem Schlauch, den er auf der l. Schulter trägt, Wein in einen dazu bereit stehenden grossen Mischkrug, welcher zum Theil ergänzt ist. Ihm gegenüber bläst ein anderer junger Satyr, ebenfalls nackt, l. hin, die Doppelflöte. Neben ihm steht, an die korinthische Säule gelehnt, ein etwas älterer Satyr, auch l. hin, und bläst eine kürzere Doppelflöte. Von der korinthischen Säule zu dem als Anfangspunkt genommenen Weinstock ist wiederum ein Tuch als Zeltdach ausgespannt. Darunter trägt ein alter, bärtiger Satyr, nackt, bis auf den kurzen Mantel über den Schultern, l. hin, mit dem l. Arm eine auf seiner l. Schulter ruhende Amphora, während er mit der R. über den Kopf weg ihren Henkel fasst; wie es scheint die von dem betrunkenen Silen geleerte, um sie aus dem grossen Mischkrug neu zu füllen. Die Arbeit ist flach und nicht sehr ausgeführt, die Verhältnisse der Figuren sehr lang. Doch erinnert das ganze an die besten erhaltenen Werke dieser Art.

Ajello 1, 8 S. ILD. 1, 3. Galt für die Aschenurne des Caligula Ponz S. 127. Abgebildet in den Admiranda Romae Tafel 44. 45; Montfaucon 2 Tafel 85, als im Besitz der Königin von Schweden.

290 C 97 [390; 77] H. 50, Br. 1,02

Prometheus Menschen bildend, ähnlich dem capitolinischen Sarkophag. In der Mitte sitzt Prometheus bärtig r. hin, nur um die Beine den Mantel geschlagen, auf dem Schooss den neugeformten Menschen haltend; er scheint mit der R. noch mit dem Formen beschäftigt; was die L. thut, sieht man nicht. Unten neben ihm steht ein Gefäss mit dem Thon, wie es scheint. Vor ihm r. Athene, ganz im Profil l. hin mit niedrigem Helm und Aegis, die R. dem Menschenbild auf das Haupt legend, die L. auf die l. Hüfte gestützt. Neben ihr r., Psyche, r. hin entschwebend, kindlich mit lockigem Haar und Schmetterlingsflügeln, in langem ärmellosen Chiton, den r. Arm zur Schulter erhebend; der l. ist abgebrochen. L. neben Prometheus stehn zwei weibliche Gestalten. Die erste, nach r. oben blickend, fast ganz nackt, trägt nur ein Stück Mantel auf der l. Schulter und um den r. Schenkel; in der L. hält sie eine nach unten gekehrte Urne, welcher ein Wasserstrahl entfliesst, die R. stützt sie auf einen Felsblock. Zu ihren Füssen liegt l. ein kleines Thier, dem der Kopf fehlt, wohl ein Hund. Die zweite, ganz l. stehend, mit langen Gewändern, hält mit der R. den Zipfel ihres Mantels auf der l. Hüfte fest, während die erhobene L. hinten ins Haar fasst. Der Kopf ist nach l. gewendet, das Gesicht ist abgestossen. Ausser den wenigen fehlenden Stücken, welche erwähnt worden sind, ist r. unten ein Stück der Tafel angesetzt. Die Ausführung ist sehr ungleich, vortrefflich die Figur der Athene, weniger gerathen die der Psyche und besonders die der Quellnymphe.

S. ILD. 7, ... Ponz S. 131 (*nacimiento de Minerva*). Vgl. Jahn in den Annali 19, 1847 S. 306 ff. und in den Ber. der sächs. Ges. der W. 1, 1849 S. 158 ff. und 13, 1861 S. 294 Anm. 11.

291 C 46 [422; Lapitas] H. 70

Marmorgefäss von oben abgestumpfter Eiform mit modernem Fuss und Deckel, gut ergänzt. Auf dem Deckel hat der Ergänzer drei Arbeiten des Hercules, die Kämpfe mit dem nemäischen Löwen, dem erymanthischen Eber und dem Stier von Knosos angebracht. Der im ganzen wohlerhaltene antike Theil der Vase zeigt drei, in flachem Relief nach gewiss guten Vorbildern gearbeitete Gruppen kämpfender Kentauren. Die Hauptgruppe (so scheint es) ist auf der hinteren, dem Beschauer kaum sichtbaren Seite.

1 (hinten). Ein Jüngling (Theseus?), l. hin, nackt bis auf den kurzen Mantel, der um die l. Schulter und den l. Arm flattert, den runden Hut im Nacken, greift mit dem kurzen Schwert in der R. den gegen ihn ansprengenden Kentauren an, welcher mit beiden Händen ein Felsstück hinter sich erhoben hat, um es auf ihn zu schleudern. Nur am r. Bein des Jünglings ist ein Stück eingesetzt.

2 (vorn). Ein bärtiger Krieger, l. hin, im kurzen Chiton, den Helm mit Haarbusch auf dem Kopf, deckt sich mit dem grossen runden Schild am l. Arm gegen den auf ihn eindringenden Kentauren, welcher in der R. die Keule schwingt, während er mit der L. den Schild des Kriegers zu erfassen strebt. Auch hier ist nur im r. Bein des Kriegers ein Stück eingesetzt.

3 (r. vom Beschauer). Ein nackter bärtiger Krieger stösst zusammenkauernd einem Kentauren mit der R. das kurze Schwert in die Brust, während er ihn mit der (schlecht ergänzten) L. bei den Haaren zu fassen strebt. Die Schwertscheide hängt ihm an der l. Seite. Der Kentaur mit fliegender Mähne, welcher mit den Hinterfüssen in den Knieen auf dem Boden ruht, fasst ihn mit der R. am Bart und greift ihm mit dem l. Arm hinten um den Leib, so dass sein Kopf unter den Kentauren kommt. Der Kopf des Kentauren ist stark verzeichnet, auch ein Stück daran ergänzt. — Von Schrift ist keine Spur zu sehen.

Die Herkunft kann ich nicht nachweisen.

292 *a*, *b*, *c*, *d* C 90. 91. 92. 93 [362. 363. 487. 488] H. 75 (annähernde Bestimmung), L. von *a*: 77, von *b*: 74; von *c*: 1,26, von *d*: 80.

Hochzeit und Tod des Achilleus, in vier Stücken ungleicher Länge, die sich nicht wohl zu den Maassen eines Sarkophags vertheilen. Zwei von ihnen sind zur R. (*a*, *b*), zwei zur L. (*c*, *d*) des Haupteingangs in den Saal C ziemlich hoch in die Wand gelassen. Den Hintergrund der Figurendarstellungen bilden flache Akanthosblätter; der Rand ist oben und unten mit Blattwerk verziert.

a Mittelstück einer an beiden Seiten unvollständigen Langseite, mit 6 Figuren. Die mittlere Gruppe bilden Achilleus und Polyxena. L. steht Polyxena (1) im langen Brautschleier, welchen sie mit der L. vorn zusammenhält, ihr Kopf ist frei gegen den r. stehenden Achill (2) gewendet. Er ist ganz bartlos und ohne Helm, im Chiton und kurzer auf der r. Schulter befestigter Chlamys, die R. ruht herabhängend auf dem r. Schenkel, in der L. hält er einen undeutlichen Gegenstand, ähnlich einem kleinen Beutel. Er wendet den Kopf gegen Polyxena. Zwischen beiden steht fast verdeckt eine bartlose Figur (3) mit runder mützenähnlicher Kopfbedeckung, ob Mann oder Weib erkannte ich nicht; von den Armen ist nichts zu sehn. L. neben Polyxena steht eine junge Frau (4), die in der L. eine Salbenbüchse hält, woraus sie mit der jetzt abgebrochenen R. etwas herausnimmt. Dahinter ist zwischen ihr und Polyxena noch ein weiblicher Kopf (5) sichtbar. R. neben Achill steht ein Jüngling (6) in ganz gleicher Tracht, ebenfalls bartlos; mit der R. hält er den Zipfel seines Mantels, die l. Seite ist abgebrochen. Den Kopf wendet er zu Achill. — Ergänzt ist nichts.

b Zweite Langseite, mit 7 Figuren. Tod des Achill. L. steht Paris (1), durch die phrygische Mütze kenntlich, den Kopf rückwärts gewendet, in vorgebeugter Stellung, mit dem Bogen nach unten auf Achills Fuss zielend. Hinter ihm in der Ecke l. ist der Kopf eines anderen Troers (2) sichtbar. R. von Paris ist Achill (3) in derselben Tracht wie in dem Stück *a*; schon umsinkend hält er sich mit der R. den Kopf, während zwei griechische Jünglinge ihn halten; der r. (4), ganz im Profil, hält ihn unter dem l. Arm, der l. (5) umfasst ihn herbeieilend mitten um die Brust, indem er sich umsieht nach dem Kopf eines dritten Jünglings (6), welcher zwischen ihm und Paris sichtbar ist. Endlich kniet vor ihm zwischen Paris und Achill ein vierter Jüngling (7), das Kinn auf den l. Arm gestützt, mit der R. Achills getroffenen und schmerzvoll erhobenen l. Fuss umfassend. Ergänzt sind Achills r. Fuss und beide Füsse des r. stehenden Jünglings (4), der den Schluss der Figurenreihe bildet. Denn das Relief schneidet hier unverkürzt ab; auf der l. Seite ist es gebrochen. Hinter Paris standen wohl noch andere Troer.

c Das längste Stück, mit 8 Figuren; Gruppe opfernder Griechen. Ganz r. ist die Friesplatte gebrochen; es ist daselbst nur noch der Kopf mit phrygischer Mütze und ein Stück Oberkörper eines jungen Troers (1) erhalten, welcher ein Salbengefäss gehalten zu haben scheint. Hier schloss sich vielleicht *a*, das Geleit der Polyxena, an. Es folgt nach l. weiter gehend, ein bärtiger Grieche (2, Agamemnon?) in Harnisch und Chlamys, aber ohne Helm, das Gesicht wie zum Gebet erhebend; in der L. trägt er ein (zerbrochenes) Gefäss, mit der erhobenen R. schwingt er das kurze Opfermesser über dem Haupt. Es folgt l. Odysseus (3), am Schifferhut kenntlich, ganz im Profil r. hin zu dem zweiten gewendet, mit kurzem Chiton und Stiefeln; in der L. hält er, sie oben an die Schulter lehnend, eine Fackel, in der R. eine Opferschale; r. neben ihm sieht man, ganz klein, den zum Opfer bestimmten Stier. L. von ihm steht ein bartloser Jüngling (4) mit Helm, Harnisch, Chlamys und grossem runden Schild am l. Arm; in der R. hält er vorn am Leib die Fackel; den Kopf wendet er stark nach r. Weiter l. steht ein zweiter ebenso bekleideter Grieche (5), in der erhobenen R. die Fackel haltend, in der L. den Schild auf den Boden stützend, den Kopf nach r. gewendet. Es folgt ein dritter Grieche (6) in derselben Tracht (mit dem Helm), in der R. hält er die Fackel, sie an die Schulter lehnend wie Odysseus, mit der L. stützt er den Schild auf den Boden. Zwischen Odysseus und dem neben ihm stehenden Griechen (4), sowie zwischen diesem und dem folgenden (5), sieht man noch zweier Griechen behelmte Köpfe (7 und 8). Zwischen den beiden letzten Gestalten l. (5 und 6) scheint ein Pferdekopf angedeutet zu sein. Auch l. ist die Friesplatte gebrochen.

d Gruppe von Griechen und Troern, 6 Figuren und ein Pferd. L. steht ein Griechenjüngling (1) ohne Helm und Waffen, den Kopf nach r. gewendet, im kurzen Chiton wie Achill auf dem Bilde *a*; der r. Arm fehlt, die L. ruht ohne etwas zu halten und nach unten zeigend am Gürtel. Hinter ihm sieht man ganz flach im Profil nach r. hin den Kopf eines bärtigen Mannes (2) mit runder Mütze, in der erhobenen L. die Lanze haltend. Weiter r. schreitet ein Jüngling (3) mit Helm l. hin, mit der L. den Schild auf den Boden stützend, die R. hinter dem ersten (1) erhoben, man sieht nicht wozu. R. von ihm hält ein junger Troer (4) mit phrygischer Mütze ein l. hin schreitendes Ross am nicht ausgeführten Zügel; seine R. ist ergänzt, die L. hält den Bogen. Dahinter in flachem Relief der Kopf eines anderen Troerjünglings (5) mit phrygischer Mütze r. hin; seine Arme sind unsichtbar. Den Beschluss macht r. ein unbewaffneter bärtiger Grieche (6), von vorn gesehn, den Kopf etwas nach r. gewendet. Die R. und der ganze l. Arm fehlen, da die Friesplatte hier abgebrochen ist. Der Mantel ist nicht angedeutet, doch trägt er Stiefel.

a S. ILD. 8, 121 *un bajorelieve, la prision de un personaje, 1 vara de alto, 3¼ pies de ancho*; *b* S. ILD. 13, 186 *un bajorelieve etrusco con siete figuras restauradas*; *c* S. ILD. 8, 122 *un bajorelieve de siete figuras simples*; *d* S. ILD.? findet sich nicht verzeichnet.

293 C 94 [369; 51. 54] H. 40, Br. 50 (nach annähernder Bestimmung).

Gruppe von vier Frauen. In der Stellung der Ariadne des Vaticans liegt die erste r. auf einem hohen Felsstück schlafend, wie die übrigen in faltigen Gewändern, die Füsse l. hin, den Kopf auf die R. gelehnt, während die L. schlaff herabhängt. Unterhalb des Felsstückes schläft die zweite, den Kopf in beide Hände gelegt, die Ellenbogen in die Höhe ziehend, in sehr natürlicher Lage. Weiter l. hin liegt die dritte, die Füsse r. hin, halb von hinten, so dass man den entblössten Nacken sieht; das

Gesicht ist abgewendet. Sie umfasst mit der L. oben ihren Kopf, während der r. Arm ausgestreckt im Schoosse ruht. Ganz l. hat sich die vierte halb erhoben, so dass sie kauert. Sie streckt den r. Arm, der abgebrochen war, aber alt ist, mit dem Ausdruck des Staunens vor (der l. ist abgebrochen) und sieht sich scharf nach r. hinten um. Ihr Kopf ist angesetzt, aber ebenfalls alt. Den Hintergrund bildet ein Haus aus Quadersteinen mit Giebeldach auf der schmalen und viereckigem Fenster auf der breiten Seite. Der untere Theil des Hauses ist neu. Vorn aus dem Giebel guckt eine fünfte verschleierte weibliche Gestalt in kleineren Proportionen; sie zeigt mit der geöffneten R., die auch angesetzt aber alt ist, nach aussen, während sie die L. aufstützt. Nach ihr blickt die vierte der Frauen draussen. Die Composition verräth ein grossartiges Vorbild; der Stil der Bewegungen und Gewänder ist edel und der besten Zeit würdig, obgleich die Ausführung wohl der antoninischen angehört.

Ueber die Herkunft und den Gegenstand habe ich keine Vermuthung.

294 C 109 [483; 177] H. 35, Br. 50 (nach annähernder Bestimmung).

Gruppe von Frauen. In der Mitte steht ein auf acht korinthischen, aber nicht kannelierten Säulen mit hohen Gestellen ruhender Rundtempel mit rundem flachem Dach. Davor (nicht darin) steht eine runde mit Blumengewinden behängte Basis. Sie trägt die Gestalt einer Frau in bauschigen Gewändern nach Art der Tänzerinnen, hoch unter der Brust gegürtet. Der Kopf ist nach l. gewendet, eine Binde im Haar ist kaum kenntlich. In der erhobenen L. hält sie einen Zipfel ihres Mantels; der r. Arm, nach dem Dach des Tempels zu erhoben, ist ergänzt. R. kommt eine Frau im Schleier, der nur das Gesicht frei lässt, und in matronenhaften Gewändern auf die Basis zugegangen, die R. wie grüssend erhoben; mit der L. hebt sie vorn ihren Mantel etwas hoch. Hinter ihr folgt r. eine unverschleierte Frau, ebenfalls mit der L. vorn ihren Mantel haltend, und die R. auf die Schulter der Matrone legend. L. von der Basis kommt eine

Frau in eiliger Bewegung heran, einen Korb mit Früchten mit beiden Armen hoch empor haltend; ihr Mantel fliegt im Winde. Hinter ihr folgt l. eine andere Frau, mit der L. vorn den Mantel haltend; die Bewegung der R. ist nicht sichtbar. — Neu ist l. die untere Ecke der Tafel mit den beiden Füssen der zweiten und einem der ersten Frau; ebenso die obere Ecke mit dem Hals der zweiten. R. unten sind die Füsse der Frau hinter der Matrone ergänzt. — Die Arbeit ist flüchtig, die Composition nicht schlecht.

S. ILD. 18, 192. Den modernen Eindruck des ganzen bestätigte die Betrachtung auf der Leiter nicht. Zwar tragen Köpfe und Hände einen modernen Charakter, doch ist das ganze Werk doch wohl antik, etwa aus spät antoninischer Zeit.

295 **G 2 [96] H. 96, Br. 21**

Kleiner Cippus mit der Inschrift

D · M
T · FLAVIIO
EXPEDITO
DOCTORI
SAGITTAR
F L A V I A
EVPHROSYN E
ET
A T T I C A
F I L I A E
P A T R I
B · M

Oben steht der Verstorbene *doctor sagittar(iorum)* in einer Nische in flachem Relief, bärtig, in kurzer Tunica, in der R. den Rebstock, in der L. ein kleines Tuch haltend. Die Proportionen sind zu kurz gerathen.

S. ILD. 18, 176. Die Inschrift nach dem Abklatsch. Novelle Fiorentine 1751, 511 nach Ajellos Mittheilung. Daraus Donati 286, 1. Aus Donati Masdeu 6, 951, 252. Z. 7 EVFROSINE Nov. Fior. Don. Masd. fälschlich.

296 D 6 [353] H. 29 (ohne den Deckel).

Runde Marmorurne mit der Inschrift

D · M
P ♂ A E L I O ♂
T R O F I M A E
VLPIA · PRIMITIVA
PATRI · PIENTISSIMO
FECIT

Auf dem Deckel ein Lorbeerkranz, ein Adler dient als Knopf. Auf der Seite l. von der Inschrifttafel sitzt eine verschleierte Frau auf einem Lehnsessel, die Arme trauernd um die Kniee geschlungen. Unten ruht ein kleiner geflügelter Genius. R. sitzt auf einem leichten Stuhl ein bärtiger Mann von griechischem Typus, den Kopf auf den r. Arm gestützt, dessen Ellenbogen in der auf dem Knie liegenden L. ruht.

S. ILD. 13, 197a. Nach Martí früher beim Marques del Carpio in Madrid. Die Inschrift nach dem Abklatsch; Maffei oss. lett. 4, 340 nach der Abschrift des Dean Martí. Daraus Mur. 1238, 4. Novelle Fiorentine 1751, 511 von Ajello. Die Figuren sind wohl eine Wiederholung griechischer Grabreliefs; eine Beziehung zu Vater und Tochter, die in der Inschrift genannt sind, ist schwerlich vorhanden.

297 D 8 [355] H. 21

Kleine Marmorurne von halbrundem Durchschnitt mit der Inschrift

D · M · S ·
LAELIAE · COETONIDI
V · A · XXII · FECIT
Q · LAELIVS · FELIX · LIB
B · M

Darunter zwei Thüren und Fruchtgewinde, an den Ecken Genien auf Adlern stehend. — Darauf liegt ein nicht dazu gehöriger runder Deckel mit Lorbeerkranz und fehlendem Knopf; es war wohl ein Adler, wie auf dem Deckel der Urne N. 296.

S. ILD. 13, 197b. Früher beim Marques del Carpio in Madrid. Die Inschrift nach dem Abklatsch. Maffei oss. lett. 4, 341 von Martí. Daraus Mur. 1544, 9. Nov. Fior. 1751, 511 von Ajello.

298 D 2 [; 91] H. 21

Kleine Marmorurne mit der Inschrift

D · M
T · A V R E L I O
C H R Y S E R O T I
V · A · VIII · M · III · D · VIII
COCCEIA · HELENE · ET
HERMES · FIL · S · FEC

Mit Widderköpfen und Guirlanden verziert, l. an der Seite ein kleiner Hund, r. eine Ziege.

S. ILD. 13, 197 b. Früher beim Marques del Carpio in Madrid. Die Inschrift nach dem Abklatsch. Maffei oss. lett. 4, 341 von Martí. Daraus Mur. 1310, 5. Nov. Fior. 1751, 511 von Ajello.

299 K 26 [773] H. 22, L. 90

Zwei liegende bekleidete Frauen und zwei geflügelte bekleidete Genien vor ihnen, Körbe mit Früchten haltend, welche auf den Knieen der Frauen stehen, und aus denen die Frauen etwas zu nehmen scheinen. Die l. trägt einen Schleier und in der R. einen Büschel Rohr, wie es scheint, die r. einen Aehrenkranz und in der R. einen in ein dreitheiliges Blatt ausgehenden Stab.

Gehört zusammen mit N. 300.

300 K 27 [773] H. 22, L. 90

Ganz ähnliche Darstellung von Frauen und Genien; nur sind die Genien hier nackt. Die liegende Frau l. ist fast nackt, nur von einem Schleier leicht verhüllt, in dem Korb (oder Gefäss?) auf ihren Knieen scheinen Aehren zu liegen, in der L. hält sie eine grosse Sichel. Die gegenüber liegende Gestalt sieht männlich aus, doch könnte sie auch eine hochgeschürzte Jungfrau sein. In der L. trägt sie einen Hirtenstab, die R. hält den Korb auf den Knieen.

S. ILD. 13, 174. 175 *dos bajorelieves de 3½ pie de largo.* Die beiden Reliefs gehören zusammen (wohl als Stücke eines Sarkophagdeckels) und sind von ganz flacher und später Arbeit und rohester Ausführung. Etwa Jahreszeiten?

301 F 109 [21; 336]

Kopf einer Frau mit Diadem r. hin (Juno?), in flachem Relief; flüchtige Arbeit, etwa des dritten Jahrhunderts, aber sicher antik. Der Rand ist ergänzt.

302 C 107 [467; 163]

Kopf einer Frau mit Diadem und Schleier l. hin.

Die Arbeit ist von derselben Art wie N. 301. Die Scheibe des Reliefs ist rund.

303 F 144 [289; 335] Grauer Marmor.

Kopf einer Frau mit Stirnband r. hin, ideal.

304 F 150 [307; 357]

Kopf einer Frau mit Binde im Haar r. hin (Muse?).

305 F 138 [269]

Kopf einer Frau mit Diadem und Stirnband l. hin.

306 H 10 [208]

Bärtiger Kopf r. hin (Hercules?); sehr schlechte Arbeit, aber antik.

307 F 128 [81]

Kleiner Kopf in hohem Relief eines Jünglings mit kurzem Haar und kaum sprossendem Flaum auf den Wangen, mit stark hervortretender Stirn (Hercules jugendlich?).

Die vier Reliefs N. 304—307 sind in Diskosform.

308 F 122 [64; 258]

Schöner Kopf des Bacchus als Kind mit dichtem schwerem Kranz von Weinlaub und Trauben mit weitgeöffneten Augen, in hohem Relief ganz von vorn gesehn.

309 F 124 [66; 259]

Drei jugendliche Satyrköpfe in hohem Relief, der mittelste von vorn mit Weinlaubkranz, der r. nach r. hin blickend im Profil, der l. beinahe von vorn.

Schlechte Arbeit, an der mancherlei abgestossen ist, so dass einige Zweifel an der Aechtheit blieben.

310 F 121 [57; 250]

Lachender Satyr in hohem Relief, von vorn gesehn, das Kinn hoch vorgestreckt, von einem ovalen Kranz eingefasst, welcher antik zu sein scheint.

S. ILD. 7, 82?

311 F 119 [55; 241]

Kopf eines jugendlichen lachenden Satyrs, mit zierlichem Kranz von Weinblättern und Trauben, nach r. rückwärts den Kopf umwendend, während der Hals im Profil l. hin gesehn wird.

S ILD. 7, 83? Die drei Reliefs N. 309—311 sind in Discusform.

312 F 118 [48; 241]

Kopf eines jugendlichen Satyrs (oder auch einer Bacchantin?) mit fliegendem lockigem Haar, Nase und Oberlippe sind angesetzt, das Kinn abgestossen.

313 F 113 [37; 226]

Kleiner Kopf einer Frau (etwa einer Bacchantin?) auf einer viereckigen Scheibe mit abgerundeten Ecken und Fruchtrand, die wohl modern ist, während der Kopf antik zu sein scheint.

314 F 110 [28; 217]

Kopf einer jungen Frau l. hin in hohem Relief, antik, aber wohl auf einer modernen ovalen Scheibe mit Blumenrand.

Ajello 3, 4 S. ILD.

315 F 112 [30; 227]

Gegenstück zu N. 314; ebenso, nur r. hin.

316 F 114 [39; 232]

Kopf einer jungen Frau, gradeaus sehend, in hohem Relief; wohl antik, aber auf moderner Scheibe.

Ajello 3, 5 S. ILD.

317 F 116 [46; 285]

Kopf eines jungen lachenden Satyrs, in hohem Relief, die Scheibe fehlt; ähnlich wie N. 310 und 311.

318 C 102 [432; 128, 338]

Bildniss eines bärtigen Griechen l. hin, in Lebensgrösse. Der Kopf ist von weissem, der Mantel auf der Schulter von africanischem, die Platte des Hintergrundes von dunkelgrünem Marmor. Die Hälfte des Kopfes und der Mantel scheinen alt, alles übrige ist ergänzt. Der Rand ist von gelbem Marmor.

ALC. 48 *una estatua de Platon de marmol de medio relieve*, 30 *ducados*.

319 F 148 [305; 350]

Kopf eines bärtigen Griechen, r. hin. Der Schädel ist kahl, nur an den Seiten ist schwaches Haar. Späte und schlechte Arbeit.

ALC. 49 *una idem de Aristoteles.*

320 F 145 [269; 339]

Lorbeerbekränzter Kopf eines Kaisers (Augustus?), l. hin. Späte Arbeit.

ALC. 50 *Julio Cesar?*

321 F 135 [262]

Lorbeerbekränzter Kopf eines Kaisers (Tiberius?), r. hin.

322 F 142 [287]

Kopf eines jugendlichen Kaisers mit Lorbeerkranz (Augustus, Caligula?), l. hin.

323 F 139 [278; 317]

Kopf eines Jünglings mit fliegendem Haar (etwa einer der jüngeren Prinzen des julischen Hauses?), l. hin.

324 F 147 [298; 346]

Lorbeerbekränzter Kopf eines Kaisers, r. hin; das Gesicht

ist klein, der Kopf unverhältnissmässig dick (Claudius?). Späte Arbeit.

325 H 9 [189]

Lorbeerbekränzter Kopf eines Kaisers (Claudius?); l. hin. Späte Arbeit.

326 F 133 [260]

Kopf des Nero (?) mit Lorbeerkranz, l. hin. Sehr späte Arbeit.

327 F 127 [75]

Kopf des Vespasian ohne Kranz, in ganz flachem Relief, mit einigen Flicken im Schädel, umgeben von einem schmalen Lorbeerkranz. Späte Arbeit.

Könnte Copie einer Münze sein, schien aber doch alt.

328 F 151 [313; 362]

Lorbeerbekränzter Kopf eines Jünglings, l. hin, mit glattem kurzem Haar. Es blieb zweifelhaft, ob ein Kaiser gemeint sei, oder etwa ein Dichter.

Die 10 Reliefs N. 319—328 sind in Diskosform.

329 H 3 [141]

Grosser Kopf eines bärtigen Mannes, l. hin, von später, flacher Arbeit.

330 H 4 [165]

Kopf eines bärtigen Mannes, l. hin, von gleicher Arbeit wie N. 329.

Die Köpfe sind nicht Porträts, sondern ideal.

331 F 141 [280; 324]

Kopf eines Jünglings mit glattem Haar, r. hin.

332 F 125 [73]

Kleiner Kopf einer Frau im Schleier in hohem Relief, auf eine moderne ovale Scheibe gesetzt.

333 I 15 [ ]

Oberes Stück eines römischen Grabsteins mit der kleinen Büste einer Frau in Relief in einer muschelförmigen Nische. Nicht üble Arbeit etwa antoninischer Zeit.

334 F 188 [271; 313]

Kopf einer starken Frau mit zurückgestrichenem Haar; sieht fast modern aus.

335 B 2 [ ] H. 76, Br. 96

Stier, r. hin schreitend, in fast freistehendem, ganz hohem Relief auf einer oblongen Marmorplatte. Neu sind die Hörner und Ohren, das r. Vorderbein bis auf den Huf, Stücke der drei anderen Beine (aber die Hufen sind alt), ein Stück des Leibes und ein Stück des Schwanzes. Mittelmässige, ganz stillose Arbeit.

S. ILD. 6, 62. Gegenstück zu N. 336.

336 B 28 [ ] H. 79, Br. 1,00

Kuh l. hin schreitend. Der (viel zu klein gerathene) Kopf und der halbe Hals, alle vier Beine und der Schwanz sind neu, die Füsse alt. Das ganze war in der Mitte durchgebrochen; auch die Marmortafel ist vielfach geflickt. Sehr unbedeutende Arbeit.

S. ILD. 6, 63. Gegenstück zu N 335.

337 F 130 [86; 278] H. 81, Br. 1,34

L. hin schreitender Eber in flachem Relief von weissem Marmor auf einer viereckigen wohl modernen Platte von grauem. Das Ohr, die Schnauze, alle vier Beine und Flicken im Bauch sind neu, allein die Arbeit ist gut (vielleicht von einem römischen Triumphbogen oder Circus). Die Ergänzungen sind geschickt gemacht.

S. ILD. 2, 6a. Gegenstück zu N. 338.

338 F 131 [. . .; 246] H. 81, B. 1,34.

R. hin schreitender ganz gleicher Eber; auch hier sind dieselben Theile ergänzt.

S. ILD. 2, 6b. Gegenstück zu N. 337.

339 H 17. 18 [200. 207] H. 20

Zwei marmorne Pantherköpfe, der eine mit Bart, der andere bartlos, also wohl Männchen und Weibchen; Ornamente eines Stuhles oder irgend eines anderen Geräthes.

4. COPIEEN.

Die 51 Copieen nach antiken Werken sind in diesem Abschnitt kurz zusammengestellt, damit sie nicht täuschen (vgl. die Einleitung S. 25). Ich unterscheide wiederum Statuen, Büsten und Reliefs. Unter den über zwanzig modernen Statuen und je ebensoviel Büsten und Reliefs der Sammlung sind zwar auch noch eine Reihe den antiken ähnliche Darstellungen (wie z. B. in Reliefmedaillons), welche ganz ungeübte Beschauer täuschen können. Doch schien es nicht nöthig sie mit den Copieen zu verzeichnen, zumal es mir an allen nöthigen Angaben über ihre Herkunft und ihre Verfertiger gebricht. In der fortlaufenden Zählung der einzelnen Werke jedes Saales sind sie jedoch mitgezählt worden; diess ist beim Aufsuchen zu berücksichtigen.

1* **D 12 [498; fragmento de un Apolo Musagetes] H. 80 Marmor.**

Untertheil einer Gewandfigur, oben glatt abgeschnitten, vielleicht um einen antiken Torso zu tragen.

2* **K 5 [ ] Weisser Marmor mit grauen Adern (pavonazetto).**

Kleine kurzgeschürzte Diana. Die Arme und Beine aus schwarzem Marmor sind sicher modern. Der Kopf fehlt. Auch der Rest schien modern zu sein.

3* **G 13 [237] Br. 80 Marmor.**

Schlafende Ariadne, kleine Copie der vaticanischen Statue.

4* D 13 [495] H. 95 Marmor.

Die sitzende Urania, ohne Attribute; kleine Copie.

5* F 93 [512] Bronze.

Der capitolinische Dornauszieher. Abguss.

ALC. 43 *estatua de Rodriguillo Español, que se esta sacando una espina, asentado sobre un tronco de bronze.* Nach Ponz (6, 74). Ein Exemplar von Marmor (ALC. 38) stand früher im Garten von Aranjuez (vgl. Ponz 1, 225).

6* F 26 [60] Marmor.

Kopf des belvederischen Apoll; gute Copie.

S. ILD. 7, 97.

7* F 40 [168] Marmor.

Kopf des belvederischen Antinous-Mercur. Abguss.

Früher im Schloss in Madrid, Ponz 6, 74.

8* F 48 [251] H. 54 Marmor.

Medusenmaske.

9* M 4 [ ] H. 54 Marmor.

Büste des Homer mit der Tänia. Uebermässig zierliche Copie.

Aus Azáras Sammlung?

10* C 9 [431; Safo, y segun Visconti Venus] H. 50

Kopf einer Frau mit dem Kopftuch.

ALC. 51 *estatua de Andromaca mujer de Hector, figura pequeña de el pecho arriba?*

11* F 74 [294] H. 68 Marmor.

Kopf einer Frau mit Stirnband auf einem antiken Bruststück mit Gewand.

ALC. 89 *un pecho de mujer de marmol antiguo.*

12* F 70 [291] Marmor.

Kopf einer Frau im Schleier, die sogenannte Vestalin.

13* C 24 [389] H. 55 Marmor.

Bärtiger Grieche mit Tänia; geflickt und beschädigt, aber unzweifelhaft modern.

ALC.?

14* F 87 [71] H. 61 Marmor.

Copie der Lepidus genannten Büste der *braccio nuovo*, N. 106 im Verzeichniss von 1850.

15* A 10 [331] H. 95 Bronze.

Kopf eines Römers. Die Augen sind eingesetzt, der Harnisch von africanischem Marmor.

16* A 2 [500] H. 94 Marmor.

Kopf des Brutus, Copie der capitolinischen Büste, auf einem Bruststück mit Harnisch und Paludamentum.

ALC. 33 *Marco Bruto medio cuerpo pequeño.*

17* E 1 [129; Decimo Bruto] H. 76 Marmor.

Bildniss eines Römers mit geschorenem Bart. Der Kopf ist von weissem, das Bruststück mit Gewand von africanischem Marmor.

18* B 27 [440; *Julia Aug.* auf dem Postament eingegraben] H. 73 Marmor.

Kopf der Livia auf einem Bruststück von röthlichem Alabaster.

19* A 11 [...; *Neron*, auf dem Postament eingegraben] H. 98 Marmor.

Kopf des Nero, auf einem Bruststück mit Gewand aus africanischem Marmor; den bekannten Bildnissen des Nero sehr unähnlich.

ALC.?

20* C 61 [442; Neron] H. 70 Marmor.

Kopf des Nero, in halber Lebensgrösse, auf einem Bruststück von africanischem Marmor mit Harnisch und Kriegsmantel, welches alt zu sein scheint.

ALC. 7?

21* B 29 [1; Vitelio] H. 1,16 Marmor.

Kolossaler Kopf des Vitellius, auf einem Bruststück von africanischem Marmor.

ALC. 10

22* C 67 [451] H. 68 Grau geäderter Marmor.

Kolossaler Kopf des Vitellius auf einem Bruststück aus weissem Marmor.

S. ILD. 10, 145.

23* F 17 [42; Vitelio 236] H. 71 Marmor.

Kopf des Vitellius, Copie der capitolinischen Büste.

ALC. 82 *Vitelio figura moderna.*

24* F 84 [312] H. 55 Marmor.

Kopf des Vitellius, Copie der capitolinischen Büste.

25* B 1 [505] H. 1,00 Marmor.

Kolossaler Kopf des Vespasian auf einem Bruststück von africanischem Marmor mit Harnisch und Paludamentum.

ALC. 11? 79?

26* A 9 [340] H. 93 Bronze.

Kopf des Hadrian. Die Augen sind eingesetzt, der Harnisch von schwarzem Marmor, der Mantel von Alabaster.

ALC. 80

27* D 7 [354] Marmor.

Kopf des Antinous.

ALC. 62

28* B 12 [503; M. Aurelio] Marmor.

Kolossaler Kopf des Marcus Aurelius, gute Copie.

ALC. 81?

29* B. 17 [302] H. 96 Marmor.

Kopf des L. Verus, auf einem Bruststück mit Harnisch und Paludamentum aus africanischem Marmor. Er war in der Mitte durchgebrochen, die Nase ist angesetzt. Die Arbeit ist unvollendet, für den Schnurrbart ist Marmor stehn gelassen.

30* F 19 [44; 127 Lucio Vero 23] H. 69 Marmor.

Kopf des jugendlichen, kaum bärtigen L. Verus, den gewöhnlichen Bildnissen desselben nicht ähnlich.

31* E 2 [5] H. 82 Marmor.

Kopf eines Kaisers (Traian?), der Kopf von weissem, das Bruststück von africanischem Marmor.

32* G 7 [944] Marmor.

Kopf eines bärtigen Mannes, sehr verstümmelt.

33* F 44 [77; 155, 270] Marmor.

Kopf eines Römers mit geschornem Bart.

34* F 61 [274] H. 70 Marmor.

Kopf eines Römers mit geschorenem Bart, in der Toga und dem *cinctus Gabinus.*

35* D 11 [490] Marmor.

Kopf eines Mannes mit eigenthümlicher Mütze und Harnisch, der Kopf ist in das Bruststück eingesetzt, aber auch modern.

36* K 15 [891] Marmor.

Verstümmelter Kopf eines Mannes.

37* B 4 [254; Plotina] H. 84 Marmor.

Römerin, über Lebensgrösse, in der Haartracht traianischer Zeit (Plotina?). Angesetzt ist die Nasenspitze; alles übrige ist vortrefflich erhalten. Eine vorzügliche moderne Arbeit.

38* K 28 [ ] Marmor.

Kleiner Kopf einer Frau.

39* C 88 [485] **Marmor.**

Kopf eines Kindes mit einer Haarflechte oben auf dem Scheitel.

40*—51*

12 lorbeerbekränzte Köpfe römischer Kaiser in flachen Reliefs (der eine, N. 48, trägt nur eine schmale Kopfbinde); 8 davon r. hin, 4 l. hin gewendet, die 3 letzten (49—51) in Discusform. Nur bei einzelnen lässt sich erkennen, welche Bildnisse beabsichtigt waren.

Ich stelle die Nummern kurz zusammen, wobei im allgemeinen eine chronologische Folge beobachtet worden ist:

40	F 132	[252]	46	H 1	[189]
41	F 146	[342; 297]	47	F 129	[82; 274]
42	F 123	[65; 256]	48	F 126	[74]
43	F 120	[56; 247]	49	F 137	[270; 309]
44	F 108	[20; 211]	50	C 100	[411]
45	F 111	[29; 223]	51	C 103	[439]

5. VASEN.

Bei den Vasen im Saal H ist die locale Anordnung auch in der Beschreibung befolgt worden [1]). Die Beschreibung selbst schliesst sich, so viel es anging, dem von Jahn [2]) gegebenen Muster an. Hinter der laufenden Nummer ist in runden Klammern durch Zahlen auf Jahns Tafeln I und II mit den hauptsächlichsten Vasenformen verwiesen. Die folgende Zahl in eckigen Klammern ist die der alten Inventarisierung. Dann folgt die Angabe der Höhe und die kurze Bestimmung der Art, ob die Figuren schwarz oder roth und ob noch andere Farben angewendet sind; endlich, wo es nöthig schien, eine kurze Bezeichnung der Stilart; hierbei brauchten nur der alterthümliche, der schöne und der apulische Stil unterschieden zu werden. *A* bedeutet die Vorder-, *B* die Rückseite der Vase. Obgleich unter diesen 52 Vasen keine einzige mit Inschriften ist und die gewöhnlichen nichts neues lehrenden Darstellungen überwiegen, so verbot doch der statistische Zweck dieser Aufzeichnungen sie desshalb ganz oder zum Theil aus der Beschreibung der antiken Bildwerke in Madrid fortzulassen [3]).

---

[1]) Die 52 Vasen sind auf 6 Tischen (I—VI) und in 2 Fensterschränken (VII, VIII) in folgender Weise vertheilt: Tisch I unten 1—4; oben 5—10. II unten 11—12. III unten 13—16; oben 17—21. IV unten 22—25; oben 26—29. V unten 30—31. VI unten 32—39. Fensterschrank VII 40—48. VIII 49—52.

[2]) Beschreibung der Vasensammlung König Ludwigs in der Pinakothek zu München, 1854, 8°.

[3]) Zwei Vasen (N. 6a und 7a) sind Copieen bekannter neapolitanischer Originale und daher übergegangen.

340 1 (54) [108] H. 37 r. F. m. W. Apulisch.

A Ein nackter jugendlicher Satyr, in der R. eine Fackel, in der L. einen Korb (oder Eimer) haltend, läuft r. hin einer Frau in langem Chiton mit weisser Kopfbinde und Halskette nach, die sich nach ihm umsieht und in der R. ein rundes Kästchen mit Deckel und davon herabhängender Weintraube, in der L. ein Rohr mit daran hängendem Kranz und Band trägt.

B Zwei sich gegenüberstehende Jünglinge in langen Mänteln, beide halten Stäbe in der R. Zwischen ihnen eine Stele, über der ein Kranz (oder eine Wurfscheibe) schwebt.

Oben in der Mitte und r. ein Fenster; das in der Mitte vergittert.

341 2 (48) [110] H. 56 r. F. m. W. u. R. Apulisch.

A In der Mitte sitzt unter einem von zwei ionischen Säulen getragenen Heroon, an dessen Wand eine Binde aufgehängt ist, auf einem Stuhl mit daraufgelegter Decke ein nackter bekränzter Jüngling, dessen Körper in natürlicher Farbe gemalt ist. In der L. hält er eine Schale und eine Perlenschnur, während er die R. auf den Sitz stützt. R. ausserhalb des Heroons steht eine Frau im Chiton und Schleier, welche in der R. eine Schale und eine Weintraube trägt und mit der L. einen Zipfel ihres Schleiers fasst, den Jüngling im Heroon anblickend. L. ausserhalb desselben steht ein bis auf eine kleine Chlamys über dem r. Arm nackter Jüngling, der in der L. eine Schale mit Blumen, in der R., welche durch den Mantel verhüllt ist, einen Stab hält.

Oben unter reicher Blumenverzierung ein Frauenkopf, in natürlichen Farben gemalt, l. hin.

B Grabmal auf Stufen mit Binden umwunden; r. ein nackter Knabe mit Kopfbinde, in der R. ein Tympanon, in der L. Mantel und Stab tragend; l. eine bekleidete sich bückende Frau, den l. Fuss auf die Stufen des Grabmals stellend; sie hält in der R. einen kleinen Korb, in der L. einen Fächer.

Oben reiche Palmettenverzierung. Die Medusenmasken in den Henkeln sind vorn in natürlichen Farben, hinten roth gemalt.

342 3 (48) [112] H. 56 r. F. m. W. u. R. Apulisch.

A Unter einem von zwei ionischen Säulen getragenen Heroon steht Poseidon nackt l. hin, das l. Bein auf ein Felsstück gestützt, in der L. einen Kranz, in der R. den Dreizack haltend. Ueber dem r. Arm hängt ein kurzer rother Mantel; l. unten steht ein runder Schild an die Wand gelehnt; oben sind ein Becher und eine Binde aufgehängt. Aussen r. steht eine Frau im Chiton l. hin, in der R. einen Spiegel und eine Binde haltend, die L. unter dem Chiton (Amymone?). Aussen l. ein nackter, bekränzter Jüngling r. hin, mit beiden Händen ein Blumengewinde haltend; die Chlamys hängt ihm auf der l. Schulter.

Oben ein grosser weiblicher Kopf l. hin.

B Hohe Grabstele mit Binden umwunden; r. davor eine Frau im Chiton, in der R. einen Spiegel (?), in der L. eine Schale haltend, den r. Fuss auf die Stufen des Grabmals stellend; l. ein nackter Jüngling, in der R. einen Kranz, in der L. eine kleine Schale haltend, die Chlamys auf der l. Schulter.

An den Seiten reicher Schmuck von Palmetten. Die Masken an den Henkeln vorn in natürlichen Farben, hinten roth gemalt.

343 4 (53) [114] H. 37 r. F. Schöner Stil.

A Nackter Jüngling mit Kopfbinde l. hin sitzend, in der hoch erhobenen L. einen Stab haltend, die R. ausstreckend (Dionysos?). Vor ihm steht r. hin eine Frau im Chiton (Mainade), in der R. einen Korb mit Früchten, in der L. einen Thyrsos tragend. L. vor ihr steht ein junger bekränzter Satyr, fast vom Rücken zu sehn, in der L. einen Thyrsos, in der R. eine Frucht von weisser Farbe (Birne oder Ei?) haltend.

B Drei Jünglinge in langen Mänteln stehend; der eine hält in der R. einen Stab, die andern tragen nichts. Oben sind eine Binde und eine Schale (oder Wurfscheibe) aufgehängt.

Einfache Verzierungen.

344 5 (54) [146] **H 33 r. F. Schöner Stil.**

A In der Mitte sitzt der nackte, bartlose Herakles l. hin, die L. mit umgekehrtem Köcher aufgestützt, die R. ausstreckend; die Keule liegt unten. Vor ihm l. steht Hermes mit dem Flügelhut, in der L. das Kerykeion, in der R. einen weissen Korb (wie drei Schalen übereinander) haltend. R. hinter Herakles schreitet Pallas l. hin, mit Helm und langer Aegis, den Speer in der R., den Schild in der L. haltend. Oben hängt ein Stierschädel neben einem Fenster.

B Drei Jünglinge in Mänteln, welche den Oberkörper entblöst lassen, und mit Stäben. Der r. stehende hält in der R. ein Schabeisen; der in der Mitte ist kleiner als die beiden anderen.

345 6 (56) [116] **H. 39 r. F. m. W. Schöner Stil.**

A In der Mitte steht ein niedriger viereckiger Altar. L. davon zieht ein kleiner Satyr, welcher in der L. eine Schale hält, mit der R. einen Ziegenbock bei den Hörnern heran. R. hinter dem Altar steht ein Jüngling im Mantel mit aufgebundenem Haar, in der R. einen Pinienstamm, die L. unter dem Mantel haltend (Dionysos). L. von dem Ziegenbock steht etwas höher eine Frau im Chiton (Mainade), in der R. ein Tympanon, in der L. einen mit Binden geschmückten Stab haltend.

B Drei Jünglinge; der in der Mitte ist nackt und steht vor einem kleinen Altar, in der R. einen Stab, in der L. ein Schabeisen haltend. Der r. im Mantel streckt den r. Arm aus dem Mantel hervor, wie mit dem ersten redend; der l. steht in den Mantel gehüllt im Profil r. hin.

Einfache Verzierungen.

346 7 (41) [118] **H. 65 r. F. m. W. Apulisch.**

A Kämpfergruppen in zwei Reihen übereinander (Griechen und Italiker?).

a *Unten* dringt ein Krieger mit Helm, Speer, Schild und Beinschienen (Grieche) r. hin ein auf einen anderen, ebenfalls mit Helm und Schild bewaffneten (Italiker), der in die Kniee gesunken ist, während ihm ein (weisser) Strom Blutes mitten aus der Brust fliesst. L. hinter dem Angreifenden eine weisse Stele.

b *Oben* dringt ein Krieger mit einem mit drei Federn geschmückten Helm, den Speer in der R., und um die L. ein Fell (oder einen kurzen Mantel) gewickelt (Italiker) ein auf einen l. vor ihm zusammensinkenden (Griechen) mit Speer, Helm und Schild.

Auf dem Hals grosser weiblicher Kopf l. hin.

B Frauenscene im Hause, ebenfalls in zwei Reihen.

a *Unten* steht eine Frau in einen langen Mantel gehüllt, ein Tuch um den Kopf, in Pantoffeln, l. hin vor einem kleinen bekränzten Altar.

b *Oben* sitzt r. eine Frau im Mantel auf einem Stuhl, in der R. einen Spiegel, in der L. eine Schale haltend. L. sitzt eine andere Frau, reicher gekleidet, mit Kopftuch und Diadem, in der R. einen Korb haltend.

Reiche Verzierungen, aber flüchtig ausgeführt, wie auch die Bilder beider Seiten.

Vgl. Jahns Einleitung S. CCXXIX.

347 8 (56) [120] H. 42 r. F. Schöner Stil.

A Bacchische Scene. L. tanzt ein bärtiger nackter Satyr; in der Mitte steht eine Frau im Chiton (Mainade), in der L. ein Tympanon haltend, die R. wie verwundert ausstreckend. Vor ihr sitzt r. eine andere Frau, ebenfalls im Chiton, zu der ersten aufschauend. Noch weiter r. steht etwas höher eine dritte Frau, im Profil l. hin, das l. Knie, auf welches sie den Ellenbogen stützt, auf eine Erhöhung stellend. Den r. Arm streckt sie aus, wie nach dem Tympanon der ersten zeigend.

B Zwei Knaben in Mänteln stehn sich gegenüber; zwischen ihnen eine vierseitige Stele ohne Schmuck.

Feinste Zeichnung und sauberste Ausführung. Das Schwarz nicht sehr dunkel. Einfache Verzierungen.

348 9 (54) [121] **H. 37 r. F. Apulisch.**

A Ein nackter Jüngling (Dionysos) sitzt r. hin auf seinem untergebreiteten Mantel; in der R. hält er eine Weintraube, in der L. eine Schale (oder einen flachen Korb) mit drei Früchten. Vor ihm r. steht eine Frau im Chiton, in der R. einen Kranz, in der L. ein Rohr haltend. Oben l. sind eine Weintraube und eine Schale aufgehängt, davor wächst ein Lorbeerreis.

B Zwei Jünglinge in Mänteln, zwischen ihnen eine vierseitige Stele; der r. hält eine Schale, der l. nichts. Hinter dem r. stehenden eine zweite Stele (oder Bank?). Oben ein Fenster, daneben hängt eine Schale.

Verzierungen wie bei N. 346.

349 10 (54) [132] **H. 30 Apulisch.**

A Ein nackter Jüngling schreitet l. hin, einen Korb (oder Eimer?) in der L. tragend. Ihm folgt ein zweiter Jüngling, ebenfalls nackt, nur den l. Arm mit einem kurzen Mantel umwickelt; in der R. eine Fackel tragend.

B Zwei Jünglinge in Mänteln mit Stäben stehn einander gegenüber, zwischen ihnen oben ein geschlossenes Fenster.

Einfache Verzierungen. — Unbedeutende Zeichnung und flüchtige Ausführung.

350 11 (53) [138] **r. F. Zierlich archaisierender Stil.**

A Vier Figuren des bacchischen Thiasos. L. steht eine Frau r. hin gewendet im feingefalteten Chiton, welcher die Arme verhüllt; darüber ein Pantherfell (Mainade). Neben ihr r. schreitet ein bärtiger Mann (Dionysospriester?) mit lockigem Haar und Epheukranz r. hin, in der R. einen schwarzen zweihenkligen Becher, in der L. eine Weinrebe haltend. R. tanzt r. hin ein kahlköpfiger bärtiger Satyr mit langem Schwanz. L. schreitet eine Frau mit Chiton und Pantherfell (Mainade), ähnlich der ersten, r. hin.

B Drei Jünglinge in Mänteln; zwei schreiten r. hin, der

zweite davon trägt einen Stab; der dritte ist l. hin gewendet. Zwischen dem zweiten und dritten hängen an der Wand Schwamm und Schabeisen (nicht ganz deutlich).

Oben Thierverzierung, schwarze Figuren; Löwe und Eber wechseln ab.

351 12 (54) [151] H. 34 r. F. Apulisch.

A Ein nackter Jüngling mit Kopfbinde, die Chlamys über dem l. Arm hängend, in der L. eine Schale, in der R. ein Rohr mit einem Bande tragend, läuft sich umsehend l. hin. Ihm folgt eine Frau im Chiton, in der R. zwei Trauben, in der L. ein Rohr mit einem Bande tragend. Oben hängen eine Weintraube und ein Kranz.

B Zwei Jünglinge in Mänteln mit Stäben stehen einander gegenüber. Oben in der Mitte ist ein geschlossenes, r. ein offenes Fenster; l. hängt eine Schale.

Einfache Verzierungen.

352 13 (54) [145] H. 36 r. F. m. W. Apulisch.

A Geflügelte Nike auf einem Zweigespann r. hin fahrend.

B Drei Jünglinge in Mänteln und drei Frauen im Chiton mit Kopfbinden schreiten l. hin.

Flüchtige Ausführung.

353 15 (54) [150] H. 36 r. F. Schöner Stil.

A Bacchische Scene. L. schreitet eine Frau im Chiton mit zwei Fackeln l. hin, sich umsehend. R. von ihr tanzt der nackte Silen, mit Schuhen an den Füssen, einen gefüllten Schlauch mit beiden Händen auf der r. Schulter haltend. Neben ihm r. tanzt ein nackter Knabe, ebenfalls mit Schuhen, in der L. eine Leier, in der R. das Plektron haltend; um den l. Arm hat er einen kurzen Mantel geschlagen, und sieht sich nach r. um. Zuletzt schreitet ein kleiner nackter Satyr mit Ziegenohren und Schwanz, aber auch mit Schuhen, l. hin.

B Ein nackter jugendlicher Satyr mit Ziegenohren und

Schwanz tanzt l. hin, und scheint eine nach r. hin entlaufende Frau im Chiton und mit Kopftuch zum Tanz aufzufordern.

Die Figuren sind sehr zierlich ausgeführt; die einfachen Verzierungen flüchtig.

354 16 (54) [115] r. F. Schöner Stil.

A Dionysos mit zwei Frauen und zwei Satyrn. L. steht ein nackter bärtiger Satyr, beide Hände erhebend. R. von ihm steht eine Frau im Chiton mit Weinblätter- (oder Epheu?-)kranz nach r. zu dem sitzenden Dionysos gewendet, auf dessen Knie sie den l. Arm stützt, während sie den r. Arm zeigend erhebt. Dionysos sitzt nackt auf dem untergebreiteten Mantel l. hin, den Kopf r. hin wendend, in der R. einen Thyrsos haltend, die L. im Gespräch erhebend. Hinter ihm r. steht eine zweite Frau im Chiton und mit einem Epheukranz, l. hin gewendet, den r. Arm auf des Dionysos l. Schulter lehnend, die l. am Gürtel haltend. Oben hängt zwischen ihr und Dionysos eine Weintraube. Zuletzt tanzt ein junger nackter Satyr r. hin. Darüber schwebt ein Füllhorn.

B Drei Jünglinge, der in der Mitte nackt, r. hin schreitend, in der L. ein Schabeisen haltend; die beiden anderen in Mänteln; der r. stehende trägt einen Stab, der l. eine Wurfscheibe.

355 17 (70) [154] H. 24 s. F.

In zwei Reihen übereinander Krieger mit Helmen und runden Schilden r. hin hintereinander her schreitend. Ganz rohe und flüchtige Arbeit.

356 18 (46) [153] H. 27

Rothe Verzierungen auf weissem Grund; ohne Figuren.

357 19 (65) [158] H. 29 r. F.

Weiblicher Kopf r. hin, und ziemlich flüchtige Verzierungen.

358 20 (75, mit Deckel) [160] H. 24 s. F.

Der Bauch der Vase unten schwarz ohne Darstellung; auf

dem rothen Rand oben drei schwarze Hähne. Ganz roh und flüchtig.

359 21 (79) [164] H. 23 s. F. m. R. Alterthümlich.

Zwei Reihen alterthümlicher Figuren auf weisslichem Grund mit eingeritzten Umrissen. *Oben* eine Harpye mit ausgebreiteten Flügeln zwischen zwei sitzenden, den Kopf umwendenden Löwen. *Unten* eine kleine Eule r. hin sitzend, zwischen zwei stehenden Löwen (im assyrischen Stil). Zwischen den beiden Löwen zwei einander gegenüber weidende Hirsche.

360 22 (54) [178] H. 32 r. F. m. W. Apulisch.

A Vier r. hin stürmende Komasten. Voran schreitet ein nackter Jüngling, in der L. eine Fackel tragend, mit der R. die übrigen herbeiwinkend. Ihm folgt eine Flötenspielerin im durchsichtigen Chiton, die Doppelflöte blasend. Hinter ihr ein anderer Jüngling, nackt, nur hängt ihm die kurze Chlamys über dem l. Arm, die R. erhebt er zum Kopf, während er mit der L. die Flötenspielerin umfasst. Zuletzt ein dritter Jüngling mit weissen Blättern bekränzt, ebenfalls nackt bis auf die Chlamys über dem l. Arm, in welchem er eine Fackel hält, während er die R. hoch erhebt. Dem Zug der vier gegenüber steht ein nackter bekränzter Knabe l. hin gewendet, mit kurzem Mantel auf den Schultern; in der L. hält er einen oben gekrümmten Stab, mit der R. winkt er den Komasten (wohl in ein Haus).

B Drei Jünglinge in Mänteln, zwei r. hin, einer l. hin; der letzte steckt den Arm aus dem Mantel heraus.

Die Rückseite höchst flüchtig; die nackten Theile der Frauen weiss.

361 23 (40) [149] H. 41 s. F. Alterthümlich.

Panathenäische Preisamphora ohne Inschrift.

A Athene Promachos l. hin, auf dem runden Schild ein weisser Hirsch, zwischen zwei dorischen Säulen, auf welchen Hähne stehen.

B Zwei nackte bärtige Athleten mit einander ringend; l. steht ein dritter nackter Mann, in der L. eine Binde haltend, mit der R. auf die Ringenden zeigend; r. ein bärtiger Mann im Mantel mit langem Stabe.

362 24 (56) [147] H. 38 r. F. **Schöner Stil.**

A Ein Jüngling mit Helm, Chiton und Beinschienen, die Chlamys, deren Zipfel über die Beine herabhängt, um den l. Arm gewickelt, mit der R. das Schwert unter dem l. Arm zum Stoss hervorziehend, dringt r. hin auf eine Amazone zu Pferd ein. Sie ist l. hin gewendet und trägt die übliche Tracht der Amazonen: phrygische Mütze mit Stickerei, gemusterten kurzen Chiton und Beinkleider, um die Schultern ein Fell. Am l. Arm hat sie den kleinen Schild von der bekannten Form, mit der R. erhebt sie den Speer.

B Zwei Jünglinge in Mänteln stehn einander gegenüber, zwischen ihnen eine vierseitige hohe Stele. An der Wand hängen Binden.

Einfache Verzierungen. Das Ganze hat etwas gelitten.

363 25 (54) [174] H. 33 r. F. m. W. **Apulisch.**

A Bacchische Scene. L. steht eine Frau im Chiton, in der R. einen Thyrsos, in der L. nichts haltend (Mainade); sie wendet den Kopf r. hin. Neben ihr tanzt r. hin ein nackter Satyr mit weissem Haar, Bart und Schweif; ein Pantherfell fliegt ihm um die Schultern, die R. stemmt er in die Seite. Danach schreitet eilig r. hin ein Jüngling mit einem weissen Kranz in den langen Locken, nackt bis auf einen weissen Mantel um die Schultern (Dionysos); in der L. trägt er einen Thyrsos, in der R. hält er einen weissen Becher hoch. R. von ihm steht eine Frau im Chiton, in der R. einen Thyrsos nach unten kehrend, die L. ist nicht mit gemalt, weil der Henkel den Raum abschneidet (Mainade).

B Drei Jünglinge in Mänteln, zwei r. hin; der dritte, l. hin, streckt die R. aus dem Mantel heraus.

Die Rückseite und die Verzierungen sehr flüchtig.

364 26 (40) [180] H. 34 r. F. Schöner Stil.

A Zwei Jünglinge ohne Kränze oder Binden stehn einander gegenüber; dem l. stehenden lässt der Mantel den Oberkörper und den r. Arm frei; in der L. hält er einen Stab. Der Jüngling r. ist in den weiten Mantel gehüllt und hält mit dem allein entblössten r. Arm eine mit sieben Saiten bespannte Leier nach unten. Oben hängen zwei unkenntliche Gegenstände.

B Ein Greis im Mantel schreitet l. hin, auf den Stab, den er in der R. hält, sich stützend.

Ganz ohne Verzierungen; wohl das schönste Stück der ganzen Sammlung.

365 27 (40) [181] H. 34 r. F. Schöner Stil.

A Ein Jüngling, bekränzt, im Mantel, steht l. hin; in dem ausgestreckten r. Arm, welcher restauriert ist, scheint er etwas gehalten zu haben.

B Ein Jüngling, mit Kopfbinde, im Mantel, schreitet r. hin auf eine dorische Säule zu.

Ganz ohne Verzierungen.

366 28 (34) [185] H. 32

Ohne Figurendarstellungen; um den Hals ist eine halsbandähnliche Verzierung mit Roth aufgemalt, oben um die Oeffnung ein Wasserstreif stehn gelassen.

367 29 (40) [186] H. 28

Ohne alles Bildwerk.

368 30 (54) [199] H. 30 r. F. Apulisch.

A Bacchische Scene. Dionysos, das Haupt mit einem Diadem geschmückt, nur mit dem Mantel bekleidet, sitzt auf einem Sessel l. hin; in der R. hält er den Thyrsos, in der L. eine Schale. Die beschuhten Füsse stehn auf einer Fussbank. L. läuft ein junger nackter Satyr mit einem Lorbeerkranz auf dem Kopf auf ihn zu; er trägt den Thyrsos in der L., in der R. eine Schale, wie um sie dem Gott zu reichen. R. hinter dem Gott steht eine Frau im langen dorischen Chiton, den Schleier im Haar, im Begriff ihm mit beiden Händen einen Lorbeerkranz aufzusetzen.

B Drei Jünglinge in Mänteln mit Hauptbinden, zwei l. hin, der eine r. hin, alle drei die Arme unter den Mänteln haltend. Zwischen dem ersten und zweiten ist eine Binde aufgehängt.

Einfache Verzierungen. Die Ausführung flüchtig.

369 31 (54) [206] H. 29 r. F. Apulisch.

A Athene auf einem l. hin sprengenden Stier sitzend; in der ausgestreckten R. trägt sie einen einfachen Helm, ohne Kamm und Busch, wie es scheint nur desshalb, weil der Raum nicht ausreichte, ihn ihr auf den Kopf zu setzen; in der L. hält sie eine Lanze und einen runden Schild, auf welchem eine Eule gemalt ist. Der Stier scheint nach einem vortrefflichen Vorbild gezeichnet zu sein; allein die Göttin ist misslungen.

B Zwei nackte Krieger mit Helmen und runden Schilden, im Kampf; der l. mit dem Schwert, der r. mit einem kurzen Speer bewaffnet. Der l. führt auf dem Schild einen laufenden Wolf, der r. einen Drachen.

Flüchtige Ausführung.

Sollte es eine Fälschung sein? etwa eine Europa zur Athene verändert?

370 32 (54) [217] r. F. Freier Stil.

A (Theseus Kampf mit dem marathonischen Stier?). L. steht ein bärtiger Mann mit einem Lorbeerkranz, auf den Stab, den er in der L. hält, gelehnt, vornüber gebeugt, die R. in die Seite gestemmt (Aegeus). Neben ihm ein nackter Jüngling, nur über der l. Schulter hängt ihm die kurze Chlamys, auf dem Rükken an einer Schnur der runde Hut (Theseus). Er läuft r. hin und hält in der R., die er wie zum Wurf gegen den von r. auf ihn einrennenden Stier hoch erhebt, einen Stein, in der L. einen Jagdspeer. In der Mitte ist nur die obere Hälfte einer Frau im

Chiton, mit Diadem und Schleier, im Profil l. hin zu sehn; sie erhebt die r. Hand wie erstaunt. Es folgt eine Frau mit einer phrygischen Mütze (mit langem Zipfel und mit Punkten gemustert), im langen Chiton und engen gestreiften Unterärmeln r. hin (Medea?)[1]. Sie scheint mit der R. dem auf den Jüngling los rennenden Stier zu wehren, während sie in der erhobenen L. eine Schale hält. Den Kopf wendet sie um, so dass dieser im Profil nach l. gesehen wird. Ein Theil des Stieres r. ist ergänzt.

B Drei Jünglinge in Mänteln, der in der Mitte von vorn, sich nach r. umblickend; der l. stehende ist r. hin gewendet und streckt den Arm aus dem Mantel; ebenso der r., der nach l. hin steht.

Wenig und flüchtige Verzierungen; *A* hat stark gelitten; *B* ist höchst flüchtig ausgeführt.

[1]) Vgl. Jahns archäol. Aufsätze S. 185.

371 33 (52 aber ohne Henkel) [216] H. 52 r. F. mit Weiss und Gelb. Apulisch.

A Unter einem kleinen von zwei ionischen Säulen getragenen Heroon sitzt auf einem Sessel ohne Lehne auf Kissen eine Frau im weissen Chiton l. hin; in der R. hält sie einen gelben Fächer vor sich, in der L. hinter sich eine Weintraube nach unten. R. neben ihr steht eine Frau im Chiton mit hochaufgebundenem Haar, in beiden Händen Lorbeerkränze tragend. L. steht ebenfalls eine Frau im Chiton, welche in der L. ein kleines weisses Gefäss[1]) hoch erhebt, während sie in der R. einen Kranz hält.

Oben ein weisser Kopf mit blondem Haar von vorn.

B Reicher Palmettenschmuck.

[1]) Von der Form 76 bei Jahn.

372 34 (52 ohne Henkel) [213] H. 52 r. F. Apulisch.

A Eine Frau im Chiton unter einem Heroon r. hin sitzend, in der R. einen Fächer haltend, in der L., wie es scheint, nichts.

Die weisse Farbe ist fast ganz herunter gefallen. Zu beiden Seiten ziemlich plumpe Verzierungen.

Oben weiblicher Kopf r. hin zwischen zwei Flügeln.

B Verzierungen.

Flüchtig ausgeführt und sehr schlecht erhalten.

373 35 (54) [213] H. 38 r. F. mit W. Apulisch.

A Gastmahl. Auf einem Ruhebett l. liegen zwei lorbeerbekränzte Männer l. hin, ein Jüngling, l. hin sehend, welcher in der R. eine mit sechs Saiten bespannte Leier hält, während er den l. Ellenbogen auf das Polster stützt, und ein bärtiger Mann, in der R. eine Trinkschale hoch erhebend, die L. aufgestützt. Die Mittelgruppe bilden ein Jüngling und eine Flötenbläserin im Chiton, welche die Flöten blasend r. hin geht; ihre nackten Theile und der Chiton sind weiss. Der Jüngling, lorbeerbekränzt, nackt, nur mit der kurzen Chlamys auf der l. Schulter, r. hin schreitend, trägt in der L. einen Krummstab; die R. legt er auf der Flötenbläserin l. Schulter, indem er sich nach ihr umsieht und sie zum Mitgehn zu nöthigen scheint. Auf dem zweiten Ruhebett r. liegen r. hin wiederum zwei lorbeerbekränzte Theilnehmer am Mahl, ein bärtiger Mann, welcher mit der R. eine ihm am Finger hängende Trinkschale hoch hält, während er sich nach l. umsieht, und ein Knabe, welcher sich ebenfalls umsieht und die r. Hand erhebt. Vor jeden der beiden Ruhebetten stehen dreifüssige Tische mit den Speisen.

B Drei nackte Jünglinge; der in der Mitte hält in der L. einen Stab und in der R. ein Schabeisen, während der l. stehende ihn zu salben scheint; der r. stehende hält nichts, er erhebt die R., wie nach oben deutend.

Einfache Verzierungen. Die Rückseite höchst flüchtig.

374 36 (34) [218] H. 31 r. F. Schöner Stil.

A Frauenscene. In der Mitte sitzt eine Frau im Chiton auf einem Sessel l. hin; die l. Hand erhebt sie, die r. ist unsichtbar; ein Stück ist ausgebrochen, so dass die Bewegung undeutlich bleibt. Sie scheint zu lesen oder sich im Spiegel anzusehn. L. neben ihr steht r. hin ein Frau im langen Mantel, aus dem sie nur die R. heraushält, um mit dem Finger auf den Gegenstand zu zeigen, welchen die sitzende in der Hand hält. R. steht eine dritte Frau, ebenfalls im langen Mantel; sie hält in der herabhängenden R. eine Binde. Oben über der sitzenden hängt ein Tuch an der Wand.

B Einfache Verzierungen.

Schöne Zeichnung und zierliche Ausführung.

375 37 (54) [219] H. 39 r. F. **Schöner Stil.**

A Palästrische Scene. L. steht ein nackter Jüngling mit Kopfbinde im Profil r. hin, den Rücken auf einen Stab lehnend, welchen er in der R. hält; in der L. hält er eine Binde. In der Mitte steht eine Frau im Chiton l. hin; mit der R. reicht sie dem Jüngling einen Kranz, in der L. hält sie einen kurzen Stab. Hinter ihr steht r. ein nackter Knabe, im Profil r. hin; er hält mit beiden Händen eine flache Schale, auf welcher vier Kränze liegen (nicht fünf Schalen übereinander).

B Drei Jünglinge in Mänteln. Der l., im Profil r. hin schreitend, hält die Arme unter dem Mantel; der in der Mitte wendet sich l. hin, mit lebhafter Beugung des Oberleibes, mit der R., die er aus dem Mantel heraushält, auf den ersten zeigend. Der dritte, r., steht ganz ruhig, beide Arme unter dem Mantel, im Profil l. hin.

Einfache Verzierungen. Sehr schöne Zeichnung; auch die Rückseite ganz sorgfältig ausgeführt.

376 38 (53) [221] H. 57 r. F. m. W. **Apulisch.**

A (Hektor, Paris und Helena? Helena und die Dioskuren? oder eine epichorische Vorstellung?) L. steht den Kopf nach r. gewendet ein jugendlicher Krieger (Hektor?) mit langem Haar und Kopfbinde, bekleidet mit einem über den Hüften und an den Schultern eng anliegenden Rock mit breiten dunkelen Streifen und einem breiten weissen Gürtel; er ist baarfuss; auf dem l. Arm hängt ihm die kurze Chlamys; in der ausgestreckten R. hält er zwei Speere, mit der L. stützt er einen weissen runden Schild auf die Erde. Neben ihm steht r. ein anderer Jüngling (Paris?), mit hoher, spitzer Mütze und Federbusch darauf [1]), mit langem, fast weibisch hinten aufgebundenem Haar. Er hebt das l. Knie hoch und beugt sich vornüber im Profil r. hin. Er ist bekleidet mit einem kurzen Rock, wie der erste Jüngling, und hat ebenfalls eine kurze Chlamys über dem l. Arm hängen; nur trägt er hohe Stiefel bis über die Waden. Vor ihm unten r. ein Lorbeerzweig. Ihm gegenüber und ihn ansehend sitzt r. eine Frau im Chiton l. hin im Profil (Helena?), mit Diadem und Band im Haar, um den Hals eine Perlenschnur [2]). In der ausgestreckten R. hält sie einen grossen flachen Korb, in der ausgestreckten L. einen grossen Lorbeerstamm, den sie auf die Erde stützt. Oben hängen Binden und Blumen.

B Drei Jünglinge in Mänteln; der l., r. hin gewendet, hält die Arme unter dem Mantel; die beiden andern, mit entblösstem Oberleib, stehn l. hin und halten in der R. Stäbe.

Einfache Verzierungen. Schöne Zeichnung, aber flüchtige Ausführung.

[1]) Vgl. N. 346. [2]) Vgl. Annali 22, 1850, Tafel M. N und P.

377 39 (54) [223] r. F. m. W. Apulisch.

A Bacchische Scene. L. tanzt ein junger nackter Satyr mit langem Schwanz, den mit einer Binde und weissen Blätter geschmückten Kopf hintenüber werfend und aufwärts blickend, mit läppischer Geberde; den l. Arm erhebt er, die R. hängt herab. Neben ihm sitzt r. eine Frau im Chiton r. hin; den l. Arm hat sie auf das Knie gelegt und den r. aufgestützt; sie sieht sich nach l. nach dem Satyr um. Unten l. liegt ein Trinkhorn. Vor ihr r. oben kauert ein nackter Knabe mit Flügeln (Eros), mit der R. ihre Schulter berührend, die L. in die Seite gestemmt. Der Frau gegenüber sitzt auf einem Fels ein nackter bärtiger Satyr l. hin; in der erhobenen R. hält er eine Binde, die L. stützt er auf den Fels, auf welchem er sitzt. Er ist bekränzt und sieht sich nach r. um nach einer zweiten Frau im Chiton, das Haar mit einem Band und Blättern geschmückt, welche r. von vorn zu sehn ist. Sie lehnt den r. Arm auf die Schulter des sitzenden Satyrs, den sie anblickt, und hält in der herabhängenden L. eine Binde. Endlich ganz r. tanzt r. hin ebenso wie l. ein junger nackter Satyr, den Kopf erhebend, in derselben Bewegung wie der erste; in der erhobenen R. hält er eine Binde, die L. hängt herab. Oben hängen einige Trauben.

B Drei Jünglinge in Mänteln. Der l. und der in der Mitte r. hin, der r. l. hin; der erste und der dritte halten Schabeisen in der R.

Einfache Verzierungen. Die Zeichnung schön, die Köpfe sauber, das übrige, besonders die Rückseite, flüchtig ausgeführt.

378 40 (40) [642] H. 30 s. F. m. R. u. W. **Alterthümlich.**

A Kampfscene. L. stösst ein bärtiger Krieger mit dem in der R. erhobenen Speer r. hin. Er hat den Helm mit hohem Helmbusch über das Gesicht gezogen, so dass nur der Bart unten herauskommt, und trägt einen Harnisch, Rock und Beinschienen; der runde Schild am l. Arm hat einen rothen Rand; an der l. Seite hängt ihm das kurze Schwert. R. stösst ein anderer, durchaus gleichbewaffneter Krieger mit dem Speer l. hin; auf dem Schild mit rothem Rand führt er als Wappen zwei weisse Fische. Zwischen beiden kniet nach r. hin ein ebenfalls gleich bewaffneter Krieger, den Kopf nach l. umwendend. Er hat den Schild am r. Arm (so) und hält mit der L. den Speer zwischen die beiden Kämpfenden.

B Athene auf einem Viergespann r. hin, die Zügel und den Speer in der R. haltend. Ihr Gesicht und die Arme sind weiss, der Pferde Mähnen und Brustbänder roth. Eingeritzte Umrisse.

A schön und sorgfältig; *B* hat gelitten, ist aber noch kenntlich.

379 41 (61) [641] H. 30 r. F. m. W. Apulisch.

A Frauenscene. In der Mitte sitzt eine Frau mit Chiton l. hin, sich nach r. umsehend; in der R. hält sie ein Kästchen, den l. Arm stützt sie auf. Vor ihr l. steht eine zweite Frau, ebenfalls im Chiton, r. hin; in der R. hält sie einen Kranz, in der herabhängenden L. nichts. R. hinter der sitzenden Frau steht eine dritte Frau l. hin; in der R. hält sie einen Spiegel, mit der L. stützt sie einen grossen Fächer (oben in Form eines Epheublattes) auf den Boden.

B Schöne und einfache Verzierungen.

380 42 (38) [636] H. 15 r. F. Apulisch.

A Ein Jüngling im Mantel mit einer Kopfbinde steht l. hin, vor ihm l. eine Frau im Chiton und Mantel, mit der R. ihm eine Binde entgegenhaltend; zwischen beiden eine kleine kegelförmige Stele auf einer Stufe.

B Jüngling im Mantel stehend r. hin.

Gute Zeichnung.

381 43 (12) [649] D. 20 s. F. Alterthümlich.

Innenbild. Nackter bärtiger Satyr mit langem Schwanz, knieend.

Aussen knieende Frauen, Männer und geschwänzte Satyrn.

Sehr roh, ausserdem verdorben und zerbrochen.

382 44 [640]

Kleine schwarze Amphora mit Wasserstreifverzierung.

383 45 [639]

Kleiner dreihenkliger schwarzer Krug.

384. 385 46. 47 [635. 637]

Zwei schwarze Schalen.

386 48 [638]

Kleiner zweihenkliger schwarzer Deckelkrug mit rothen Verzierungen.

387 49 [ ]

Zwei schwarze Schalen.

388 50 [ ]

·Kleine schwarze Amphora.

389 51 [ ]

Kleine schwarze Amphora mit rohen Verzierungen.

390 52 (55) [ ] r. F.

A Schwan l. hin.

B Weiblicher Kopf im Profil l. hin.

II.

DIE SAMMLUNG DER NATIONALBIBLIOTHEK.

EINLEITUNG.

Die Antikensammlung der Nationalbibliothek ist in dem Zimmer des zweiten Bibliothekars vor dem Münzcabinet aufgestellt. An den Wänden hängen Mosaikbilder, früher im Hause Massimi[1]) in Rom. In demselben Zimmer steht die einzige etruskische Todtenkiste (N. 409). Diese Gegenstände sind l. vom Eingang beginnend aufgezählt. In einem grossen Wandschrank r. vom Eingang befinden sich die gemalten Vasen und die kleinen Bronzen[2]). Neben die laufende Nummer ist in eckige Klammern die Nummer des Inventars der Sammlung gesetzt worden, wo sie vorhanden war. Unter den Bronzen sind viele moderne, welche ich übergehe. Unter den mir ächt scheinenden mag vielleicht auch noch die eine oder die andere angezweifelt werden; doch bin ich nach bestem Wissen vorsichtig gewesen. Nach der allgemeinen Tradition und nach bestimmten Nachrichten über einzelne Werke stammen die meisten dieser Gegenstände aus Neapel und sind der Bibliothek von Karl dem III geschenkt worden. Allein da das Sculpturenmuseum keine kleinen antiken Bronzen enthält,

---

[1]) Wann sie nach Madrid gekommen sind, weiss ich nicht; vermuthlich weit früher als der grösste Theil der übrigen Antiken, welche Karl der III aus Neapel mitgebracht hat. Bei den früher in Rom befindlichen Gegenständen denkt man an die Erwerbungen des Velazquez (oben S. 8).

[2]) Der Schrank hat drei Abtheilungen; in der ersten sind die Nummern 10 bis 19, in der zweiten oben 20 bis 54, unten 55 bis 68 und die einzeln gezählten Vasen (1 bis 8); die dritte enthält den Rest.

so können unter den hier aufgestellten auch einige aus älterem Besitz sein; das Inventar des alten Alcázar führt wenigstens (Fol. 742) *'veinte figuras de bronze antiguas de dioses animales y hombres etc. en una caja de madera'* an; das *antiguas* genügt freilich nicht, sie alle für antik zu halten. Ich übergehe ferner die inschriftlichen Denkmäler dieser Sammlung. Ausser 4 kleinen Inschrifttäfelchen aus römischen Columbarien, wie es scheint, besitzt sie eine grosse Anzahl bronzener römischer Stempel (ich zählte deren 62), welche sich früher zum grössten Theil in der Sammlung der Herzöge von Medinaceli in Sevilla befanden [3]). Einige wahrscheinlich in Spanien gefundene römische Thonlampen mit Stempeln sind ebenfalls nicht verzeichnet worden. Die Sammlung besitzt ausserdem fünf etruskische Spiegel. Der erste derselben (54) muss wohl modern sein; es ist eine nur nach der anderen Seite hin gewendete Wiederholung des bekannten im Kircherschen Museum in Rom aufbewahrten Spiegels mit der Losna und den Dioskuren [4]). Auch die Inschriften sind von r. nach l. geschrieben. Ueber seine Herkunft war nichts zu erfahren. Zwei andere ächte Spiegel (55 und 50), mit etruskischen Inschriften, werden von Gerhard publiciert werden; ein vierter ist ohne Schrift (53); der fünfte (52) zeigt weder Schrift noch Bild. Nicht im einzelnen verzeichnet habe ich 14 kleine ägyptische Bronzefiguren bekannter Vorstellungen; zwei davon tragen Inschriften; 4 kleine ägyptische Figuren aus glasiertem Thon tragen ebenfalls Inschriften. Auch einige Sistra von Bronze sind dabei; alles wahr-

---

[3]) Das geht aus der Notiz des Don Manuel Martí in Maffeis Mus. Veron. S. 428 hervor, eines auch ausser Spanien bekannten Antiquars. Martí schreibt, er fungiere *apud principem Methymnae Coeliae antiquarii munere* und Maffei theilt daselbst 15 dieser Stempel mit.

[4]) Abgebildet in Gerhards etruskischen Spiegeln Band 2 Tafel 171, danach in verkleinertem Maasse wiederholt in Ritschls Priscae Latinitatis monumenta epigraphica Tafel 1 E; im Corpus Inscr. Lat. 1, 55 vgl. S. 554; erklärt von Jahn die Ficoronische Cista S. 56.

scheinlich ebenfalls aus Herculanum und Pompeji stammend. Ferner übergehe ich die kleineren und vereinzelten Gegenstände von Bronze; als Lampen, Lampenfüsse, Spiegel, Schalen, Stücke von Feldzeichen, zahlreiche Spangen, wie sie fast in keiner Sammlung fehlen. Vier kleine Bronzelampen ohne Schrift und Bild stehn in der dritten Abtheilung des Schrankes [5]). Sie schienen mir sämmtlich verdächtig; einige ganz einfache Bronzelampen dagegen sind alt [6]). Unter den kleinen Bronzen derselben Abtheilung liegt auch ein bleiernes griechisches Gewicht (146), von 16 Centimeter Länge und 10 Höhe. Ein l. hin laufender Eber ist darauf in flachem Relief dargestellt. Es wiegt 820,9 Gramm, und kann daher wohl für eine doppelte attische Mine angesehn werden (die Mine zu 436,6 Gramm gerechnet) [7]).

In dem anstossenden Saale des Münzcabinets wird die reiche Daktyliothek aufbewahrt. Ich konnte von derselben, wie bei der nachher zu beschreibenden Sammlung Anglona, nur die mit Schrift versehenen Stücke genauer verzeichnen; doch theile ich sie hier nicht mit. Auch unter den Gemmen und Cameen ohne Schrift sind eine Anzahl höchst vortrefflicher, freilich auch viel werthlose und moderne (z. B. einige Arbeiten von Pichler). Vielleicht wird es mit der Zeit erreicht, dass auch von dieser Sammlung Gipsabgüsse genommen und verbreitet werden.

Nur einen Camee von ganz besonderer Grösse und Schön-

---

[5]) Von diesen Bronzelampen waren einige früher ebenfalls in der Sammlung der Herzöge von Medinaceli, z. B. die in Form einer Sphinx; sie ist abgebildet bei Montfaucon 5, 2 S. 205 Tafel 145. Die andere, ebenfalls abgebildete, in Form eines Tigers (Tafel 144) habe ich auch im Palast Medinaceli nicht gesehn. Eine dritte zeigt die Form eines Hahns.

[6]) Modern schienen mir zwei kleine marmorne Kaiserbüsten (135 und 136); ferner die bronzene Spitze eines Feldzeichens (150) mit einem gezäumten Pferde und der Inschrift VIVA nebst dem Zeichen des Chrisma.

[7]) Vgl. Hultsch Metrologie S. 107.

heit will ich näher beschreiben. Es ist ein schwarzer Onyx von 6 Centimeter Höhe und Breite. Die Vorderseite zeigt ein weibliches Bildniss r. hin mit entblösster Brust und Schultern. Das theils zierlich geringelte, theils mit einem Stirnband in Flechten gelegte Haar umschlingt hinten ein feiner Schleier, zu welchem eine bläuliche Schicht des Steins benutzt worden ist; ein Theil davon bedeckte die r. Schulter und den Rücken. Die Stirn ist niedrig, das Auge gross von etwas leblosem Ausdruck, ähnlich wie in den Köpfen der Ptolemäer auf den grossen Cameen in Petersburg und Wien [8]), welchen der Madrider auch an Stil und Schönheit durchaus vergleichbar ist. Die Nase ist leicht gebogen, der Mund wie zum Sprechen ein wenig geöffnet. Das Ganze ist ein Wunder der Kunst; wahrscheinlich das Bildniss irgend einer berühmten Schönheit. Auf der Rückseite steht in zierlichen Buchstaben, welche aus einer weissen Schicht auf dem Stein erhaben herausgearbeitet sind, die folgende Inschrift: [9])

ΕΙΜΕΦΙΛΟΥΝΤΑ
ΦΙΛΕΙCΔΙCCΗΧΑΡΙC
ΕΙΔΕΜΕΜΕΙCΕΙC
ΤΟCCΟΝΜΕΙCΗΘΕΙΗC
ΟCCΟΝΕΓωCΕΦΙΛω

Tychsen, welcher den Camee [10]) richtig beschrieben hat, las die Inschrift richtig so:

Εἴ με φιλοῦντα φιλεῖς, δισσὴ χάρις· εἰ δέ με μεισεῖς,
τόσσον μεισειϑείης, ὅσσον ἐγώ σε φιλῶ

Er bemerkte, dass Gruter (1158, 7) den Stein nach einer Mittheilung von Rigaltius publiciert hat, er steht schon, aber weniger genau, *e schedis Ursini et Knibbii* bei demselben S. 843, 6,

---

[8]) Müllers Denkmäler Tafel 51, 226a und 227a.

[9]) Die *E* sind rund geformt. Am Schluss von Z. 3 steht ein Punkt in verzierter blattähnlicher Form.

[10]) Bei Heeren an der oben S. 5 Anm. 9 angeführten Stelle S. 94 f. wohl nach Iriartes Catalog der griechischen Handschriften der Madrider Bibliothek, Madrid 1769 Fol. 1 S. 119.

als *gemma onychina Romae apud Fulvium Ursinum* [11]). Vielleicht kam der Camee aus Ursinus Besitz durch Antonius Augustinus nach Spanien.

Unter den Münzen wird ferner eine Elfenbeintessera aufbewahrt [12]), mit der Inschrift Ἄρης zwischen der römischen Zahl XIIII und der griechischen *ΙΔ*; also gehört sie zu den Schauspieltesseren, welche Henzen zusammengestellt und besprochen hat [13]); ebenso einige merkwürdige Bleitesseren [14]).

Ich beginne mit den Vasen, welche sich am besten gleich an die der Sculpturensammlung anschliessen, da sie ganz ebenso beschrieben sind; es folgen die Mosaikbilder und die etruskische Urne; den Beschluss bilden die Bronzen einschliesslich der einzigen kleinen Figur aus Silber N. 437 [15]).

1. VASEN.

391 1 (54) [60] H. 38 r. F. Schöner Stil.

A Perseus die Medusa tödtend. Sie liegt l. ausgestreckt am Boden, den Kopf l. hin, die Zunge heraushängend, mit grossen Flügeln und in kurzem Chiton. In der Mitte steht Perseus, die Kniee beugend, mit Flügelhut, die Harpe in der R., am l. Arm hängt die Kibisis. Neben ihm steht Hermes, bärtig, l. hin

---

[11]) Daraus wiederholt in der anth. Pal. app. 155 und im C. I. Gr. 7290, dessen Herausgeber *μειο*[ο]*ίης* schreibt. Aus Gruter hat sie auch Vavassor opp. S. 677; andere sind im C. I. Gr. citiert.

[12]) Im Bullettino von 1861 S. 128 N. 1 von mir publiciert.

[13]) Annali 1848 S. 279 ff. und 1850 S. 357.

[14]) Beschrieben von mir im Bullettino von 1861 S. 231 und 245.

[15]) Herr Sebastian Basilio Castellanos de Losada, früher Bibliothekar, hat in einem gedruckten Wegweiser für die Bibliothek auch einige kurze Notizen von den Antiken gegeben. Ich habe mich vergeblich bemüht, und ebenso Herr Zobel für mich, das kleine Buch zu erhalten. Doch ist nichts daran verloren, dass es hier nicht citiert werden kann.

zu Perseus gewendet, mit Petasos und Kerykeion in der L., die R. in die Seite stemmend. Ganz r. endlich steht eine Frau im Chiton (Athene?), die R. wie erstaunt erhebend, die L. in die Seite gestemmt.

B Ein Greis mit weissem Haar und Bart im Mantel, ein Scepter in der R. haltend, steht r. hin zwischen zwei Frauen im Chiton, welche eilig nach beiden Seiten entlaufen.

392 2 53 [19] H. 34. r. F. Schöner Stil.

Rings um die Vase geht ein r. hin gewendeter Zug von sieben bärtigen Männern in langen Gewändern, die ausser anderen Gegenständen alle einen eigenthümlich geformten Stab tragen, welchen man bis jetzt gewöhnlich als Sonnenschirm zu bezeichnen pflegt. Es scheinen Thiasoten irgend eines bestimmten Standes oder Gewerbes in bacchischer Festfeier begriffen zu sein. Ihre Haare sind ebenfalls in eigenthümlicher Weise mit Tüchern und Bändern zu Schöpfen aufgebunden. Der in der Mitte r. hin schreitende (1) trägt den Schirm, wie wir ihn nennen wollen, umgekehrt unter dem l. Arm, und in der L. eine Leier, die er mit der R. schlägt und dazu singt. Es folgt ein anderer (2), der den Schirm in der L., in der R. einen Becher trägt, welchen er dem Sänger zu reichen scheint, während er selbst den Kopf umwendet. Der folgende (3) trägt nur den Schirm. Unter dem Henkel der Amphora steht ein mit einer Decke behängter Sessel, oben hängt ein Korb. Es folgt ein anderer Thiasot (4) mit dem Schirm und einem Becher; dann einer (5), der nur den Schirm trägt; dann einer (6), der beide Arme erhebt; endlich der letzte (7) neben dem Sänger: er trägt in der R. einen Korb, in der L. den Schirm.

Vasen, auf denen Männer ähnliche Sonnenschirme tragen, finden sich bei Lenormant und de Witte élite céram. 4 (1861) Tafel 91, 92 und 93 S. 240 f.; Tafel 91 auch bei Wieseler Denkm. 2 Tafel 49, 618; zu Tafel 92 vgl. Bullett. 1843 S. 90, wo Braun an die attischen Skiadephorien erinnert (siehe Hermanns gottesdienstl. Alterthümer von Stark S. 366 Anm. 29); doch scheinen Männer nie die Schirme zu tragen. Ich glaube daher, dass der fragliche Gegenstand kein Schirm, sondern irgend ein uns unbekanntes Werkzeug des Wein- oder Getraidebaus ist, etwa eine Wurfschaufel oder dgl. Vgl. Jahns Münchener Vasen N. 253 und das daselbst citierte; Gerhards etr. und camp. Vasen Tafel 27 ist verschieden.

393 3 (38) [18] H. 30 r. F.

A R. hin sitzt eine Frau im Chiton (Fruchtverkäuferin?) vor einem Korb, der mit einem Tuch bedeckt war, und holt daraus mit jeder Hand zwei Feigen heraus (so scheint es), welche sie einem

B l. hin vor ihr stehenden Knaben im Mantel darreicht, welcher die R. zum Mund erhebt mit der Gebärde des Essens, während er in der L. einen Geldbeutel hält.

394 4 (65) [64] H. 15, r. F. m. W.

Eine Frau im Chiton und Mantel sitzt r. hin, ihr Chiton ist weiss, der um die Beine geschlagene Mantel dunkel. In der herabhängenden L. hält sie einen Kranz. Kopf und Arme sind sehr ungeschickt ergänzt. Vielleicht eine sitzende Nike; die Zeichnung bewahrt Spuren grosser Schönheit.

395 5 (65) [63] H. 15. r. F. m. W.

Gegenstück zu N. 394. Stehende ungeflügelte Nike l. hin, durchaus ähnlich denen vom Fries des Tempels der Nike Apteros in Athen. Kopf und Arme sind weiss gemalt; die Umrisse sind ungeschickt ergänzt.

396 7 (40) [62] H. 12 r. F.

Zwei weibliche Köpfe r. und l. hin. Flüchtig und unbedeutend.

397 6 (65) [65] H. 14 r. F.

Zwei kämpfende Ziegenböcke.

398 8 (69) [17] H. 5 r. F.

Eine Drossel.

---

2. MOSAIKBILDER.

399 2 [ ]

Gladiatorenkämpfe in zwei Reihen übereinander.

Oben kämpfen zwei mit Schildern und kurzen Schwertern gleichmässig bewaffnete. L. steht ein Herold oder Aufseher mit dem Stab. Unter dem Schild des ersten siegenden Kämpfers l. steht HABILIS, unter dem des besiegten r. MATERNVS Θ. Ueber dem Ganzen steht die Inschrift:

NECO HAEC VIDEMVS SYMMACHI HOMO FELIX ♂

Unten steht wiederum l. ein Herold, aber ohne Stab. Der Besiegte steht hier l., mit der Unterschrift MATERNVS Θ; über dem Sieger r. steht HABILIS. Ueber dem ganzen steht die Inschrift:

M
QVIBVS PVGNANTIBVS SYMMACHIVS FERRV MISIT

Die Ausführung, nach guter Zeichnung, ist höchst sorgfältig, aus ganz kleinen Steinen. Die Inschrift oben ist wohl als Wechselrede zu fassen: *neco* sagt der Sieger, *haec videmus* das Publicum, und dasselbe acclamiert *Symmachi, homo felix.* Die Inschrift unten ist eine erklärende Bemerkung des Künstlers.

Abgebildet in Winkelmanns monumenti antichi inediti 2 Tafel 198 (vgl. Werke 5, 80 und déscription des pierres gravées du B. de Stosch S. 472), nach im Besitz des Cardinal Albani befindlichen Zeichnungen. Ueber den Fundort scheint danach nichts bekannt zu sein; das Original, ursprünglich im Hause Massimi in Rom (s. N. 400) war damals schon in Madrid. Es erwähnt dieser Mosaikbilder auch Laborde mosaique d'Italica S. 101.

400 1 [196]

Gladiatorenkämpfe, in zwei Reihen übereinander.

Oben greift ein *retiarius* r. hin an, darüber steht ASTYANAX VICIT; neben ihm r. hin liegt der besiegte; das kurze Schwert in der R. scheint neu zu sein, denn unten liegt ein Dreizack, so dass auch dieser wohl ein *retiarius* war. Darüber steht KALENDIO Θ. Zu beiden Seiten der Kämpfenden steht ein Herold mit dem Stabe.

Unten dringt ein *retiarius* mit dem kurzen Schwert r. hin ein auf einen anderen, der sich mit dem Dreizack vertheidigt. Ueber dem ersten steht ASTYANAX, über dem zweiten KALENDIO Θ.

Farbig abgebildet in dem von Caylus herausgegebenen Recueil de peintures antiques Paris 1757 Taf. 31 nach einer Originalzeichnung von S. Bartoli, der darauf bemerkt hat *altra copia di musaico, trovato nel' orto detto del carciofalo. Altra* bezieht sich gewiss auf das Gladiatorenmosaik N. 399, die also beide gewiss im 17. Jahrhundert in Rom gefunden sind und aus dem Hause Massimi stammen. Nachher abgebildet wie N. 399 bei Winkelmann mon. ant. ined. 2 Tafel 197 (wo irrthümlich *Astianax* steht). Ueber die *retiarii* vgl. Henzen explic. musivi Burghes. in den Atti dell' acc. pontif. d'arch. 12, 1852 S. 113 ff.

401 8 [191]

Quadriga im Schritt l. hin fahrend; auf dem Wagen stehen fünf Personen; in der Mitte zwei, der eine in einer rothen Tunica (wohl Sieger der rothen Partei), der andere in einer gelben; sie tragen spitze graue Hüte mit Federn darauf. Im Hintergrund biegen sich zwei andere weit über die Lehne des Wagens hinaus nach einem in der Erde stehenden, tulpenähnlichen, unten spitzen Korb (?) hin, von welchem das Bild jedoch nur die Hälfte zeigt; der eine von ihnen trägt ebenfalls den spitzen grauen, der andere einen runden gelben Hut. Ganz l. steht der fünfte, ebenfalls mit dem grauen spitzen Hut.

Früher im Hause Massimi in Rom. Abgebildet nach einer Zeichnung S. Bartolis bei Bellori appendix veterum musivorum et picturarum Tafel VIIII S. 92; danach wiederholt von Braun Annali 11, 1839 tav. d'agg. M. Vgl. Winkelmann Werke 5, 80, der die spitzen Hüte der *aurigae* anmerkt.

402 7 [197]

Quadriga im Lauf l. hin. Der siegende Lenker trägt in der R. einen Palmzweig, in der L. die Peitsche; neben ihm steht ein Gehülfe, den r. Arm erhebend. Vorn r. fällt den Pferden ein Mann in die Zügel, der in der L. eine Amphora trägt; eine andere liegt vor den Pferden auf der Erde.

Früher im Hause Massimi in Rom. Abgebildet bei Bellori (vgl. N. 401) und de la Chausse pictt. ant. append. tab. IX c *in aedibus marchionis de Maximis.* Der Zweck dieser Amphoren, die auf den häufigen Darstellungen von Wagenrennen nicht selten sind, ist noch nicht aufgeklärt; vielleicht dienten sie zum Sprengen der Arena.

403 6 [199]

Quadriga von vorn geschn; auf dem Wagen steht der siegende Lenker mit dem Palmzweig, neben den Pferden l. ein anderer Lenker mit einer Peitsche, r. ein Herold mit dem Stabe.

404 9 [193]

Quadriga im Lauf r. hin. Der Lenker trägt in der L. den Palmzweig, in der R. die Peitsche; neben ihm steht ein Herold mit einem Stab.

405 8 [195]

An einen Palmenstamm am Ufer des Flusses ist ein nur mit einem Schurz um die Lenden bekleideter Mann gebunden; ein grosses Crocodil dringt mit erhobenem Schweif aus dem Wasser auf ihn ein, ihn zu verschlingen. R. steht ein anderer Palmbaum, im Vordergrunde Schilf des Flusses.

Wohl Darstellung eines in raffinierter Weise *ad bestias* verurtheilten in ägyptischer Scenerie, wie auf dem grossen Mosaikbild von Praeneste (vgl. Müllers Handbuch 3. Aufl. S. 460).

406 3 [ ]

Fragment. L. steht ein Mann im spitzen Hut mit einer Lanze, ein Fass ausgiessend; r. läuft ein nackter Mann r. hin.

Vgl. N. 304.

407 4 [ ]

Fragment. Schöne Verzierungen in feiner Ausführung von ganz kleinen Steinen.

408 10 [ ]

Stück Ornament. Schweres Blumen- und Fruchtgewinde; von vorzüglicher Ausführung.

---

409 5 [ ]

Kleine etruskische Graburne aus Thon ohne Inschrift. Auf dem Deckel eine l. hin liegende Frau. Auf dem Kasten Kampfscene. Ein fast nackter Jüngling mit fliegendem Haar stösst mit der Pflugschaar, wie es scheint, einen Krieger mit Helm, Schild und Schwert zu Boden. Hinter ihm r. dringt ein anderer Krieger mit Helm, Schwert und Schild vorwärts, während l. neben dem ersten Jüngling ein zweiter, ebenfalls mit fliegendem Haar, aber mit Schild und Schwert bewaffnet, zum Hiebe ausholt.

Vgl. Inghirami mon. etr. 1, 63. 64.

---

3. BRONZEN.

410 30 [55]

Kleines männliches Idol, wohl phönikisch oder iberisch; äusserst roh.

411 70 [ ]

Kleines männliches Idol, ganz roh. Die Beine fehlen.

412 43 [52]

Nacktes männliches Idol mit kurzem Haar, von sehr roher Arbeit. Die Hände fehlen, die R. war erhoben, die L. gesenkt.

413 28 [53]

Kleines altgriechisches (oder etruskisches?) Idol mit Haarzopf, die Arme fest an den Leib gelegt.

414 49 [51]

Ganz flaches und rohes Idol, wohl weiblich.

415 51 [54]

Weibliches bekleidetes Idol, wie eingewickelt.

416 50 [56]

Rohes weibliches Idol, ganz flach, die Arme ausstreckend.

417 33 [33]

Nacktes Herkulcsidol, wohl noch unter phönikischem Einfluss; mit der R. zum Schlag (mit der Keule oder dem Hammer) ausholend, über dem l. Arm hängt ein kurzes Löwenfell.

Aehnliche sind in verschiedenen Grössen in allen spanischen Sammlungen häufig.

418 46 [30]

Herkulesidol, die R. mit dem Hammer erhebend, auf dem l. Arm das Löwenfell. Sehr roh.

419 47 [31]

Herkulesidol, mit einem grossen Löwenfell über dem Kopf; aus etwas späterer Zeit wie N. 417 und 418.

420 85 [92]

Stehender bärtiger Mann (Jupiter?) im Mantel, der die r. Schulter frei lässt. Die R. ist abgebrochen, in der ausgestreckten L. hält er einen kleinen runden Gegenstand, etwa eine Büchse, oder auch das Piedestal einer kleinen Statue. An den Füssen trägt er Stiefel.

421 31 [96]

Ein Frau in langem Gewand, in der R. eine Opferschale haltend (Juno?); aus sehr später Zeit.

422 65 [94]

Eine Frau in langem Gewand mit Diadem (Juno?), in der ausgestreckten R. eine Opferschale, in der L. eine Art runder

Weihrauchbüchse haltend. Flach, aber von nicht unzierlicher Arbeit.

423 63 [27]

Eine Frau in langem Gewand, alterthümlich (Kora? Aphrodite?). Das volle, zierlich geringelte Haar, in welchem ein feiner Kranz wie von grossen Perlen liegt, fällt in einem starken Zopf bis in die Mitte des Körpers herunter, und vorn in langen doppelten Strängen über die hochgewölbte Brust. Der fein gefaltete Chiton umschliesst den Leib ganz eng. In der R. hält sie das abgebrochene Stück eines Scepters (wie es scheint) in der L. den Apfel. Die Füsse, ganz grade von vorn dargestellt, sind eng aneinander geschlossen. Höchst zierliche Ausführung.

424 61 [86]

Bekleidete Frau mit Diadem und hohem, schmalem Modius (Demeter?). In der ausgestreckten R. hielt sie einen Gegenstand, der abgebrochen ist, vielleicht eine Frucht; ein Steuerruder war es nicht, da man am Piedestal nichts davon bemerkt. In der L. trägt sie ein oben abgebrochenes Füllhorn.

425 56 [37]

Eine Frau im langen Chiton, mit spitzer Haube (Athene), auf der Brust das Gorgoneion von vier Schlangen umgeben; die geöffnete R. abwärts haltend, in der erhobenen L. hielt sie wohl einen Speer. Roh und alterthümlich, aber eigenthümlich in Auffassung und Ausführung.

426 41 [100]

Eine Frau in enganschliessendem Doppelchiton mit spitzer Haube (Athene?); der Chiton erscheint oben wie eine kurze Jacke. Die R. hielt etwas, die L. ist abgebrochen. Scheint recht alt zu sein.

427 48 [87]

Kleine Athene Promachos, die R. mit dem Speer erhoben, am l. Arm der runde Schild; die Aegis hinten lang herunterhängend. Der Helmbusch ist abgebrochen, auch die Füsse fehlen; sehr zierliche Arbeit.

428 60 [88]

Kleine stehende Minerva mit übermässig hohem Helm; hässliche, späte Arbeit.

429 38 [78]

Stehender Jüngling mit reichem Lockenhaar (Apollo?), nackt bis auf den kurzen Mantel auf der l. Schulter. Die erhobene R. hält nichts, die L. aber hielt einen jetzt fehlenden Gegenstand (nicht eine Leier).

430 21 [81]

Kleiner stehender Mercur mit Flügelhut und Mantel; neben ihm ist in dem Piedestal ein Loch für eine zweite Figur.

431 58 [ ]

Nackter Mercur mit Flügeln an den Schläfen, beide Arme sind an den Schultern abgebrochen; gute Arbeit.

432 26 [75]

Stehender Krieger (Mars?) mit Helm, Harnisch und Beinschienen. Auf dem Helm sind drei Hörner angebracht, darüber ein hoher Helmbusch aus einem Rossschweif und Federn. Auf dem Brustharnisch ist vorn ein Stier in hohem Relief, darüber zwei Sterne. In der erhobenen R. hielt er wohl einen Speer, der jetzt fehlt; in der L. wahrscheinlich den jetzt fehlenden Schild (oder auch das Schwert). Von sehr sorgfältiger Arbeit; scheint ächt zu sein.

433 59 [36]

Kleine stehende Venus mit nacktem Oberkörper, die R. am Haar beschäftigt, mit der L. den um die Beine geschlagenen Mantel auf dem Schooss festhaltend. Schöner Entwurf, aber wenig ausgeführt.

Ueber den Ursprung dieser Venusdarstellungen s. Stark in den Berichten der sächs. Ges. der Wissenschaften 12, 1860 S. 74 ff.

434 36 [90]

Eine Frau in langem Gewand mit Diadem, Schleier und Halsband; der r. entblösste Arm ist abgebrochen, in der L. hält sie einen Apfel (?). Etwa das Bildniss einer Kaiserin? oder Venus Libitina?

435 66 [11] H. 12

Stehender geflügelter Amor mit pantheistischen Symbolen. Das Haar ist mitten auf dem Kopf zierlich in eine Flechte gelegt, auf die Stirn hängt ein kleiner Haarbüschel herab. Er trägt einen Kranz von grossen Epheu- oder Weinblättern, auf welchem vorn ein kleiner Halbmond und darüber eine Lotosknospe (wie es scheint) angebracht sind. Um den Hals trägt er eine Schnur mit einer *bulla* daran. Auf der r. Schulter liegt, den Oberkörper halb bedeckend, ein Ziegenfell. Auf dem Rücken trägt er zwischen den zwei kleinen Flügeln einen Köcher. In der zum Mund erhobenen R., zu der er den Kopf etwas herabbeugt, hält er eine Frucht; in der L. ein Füllhorn mit Blumen, welches oben von einer Schlange umringelt ist. Ueber dem l. Arm liegt ein kurzer Mantel. Die Füsse sind klein und zierlich. Saubere Arbeit der besten römischen Zeit, von schönster Ausführung.

436 27 [98]

Kleiner sitzender Amor mit Flügeln, eine Leier haltend. Vielleicht sass er ursprünglich auf einem Delphin.

437 62 [108] Silber.

Kleine weibliche Figur (Isis?) mit glattem Haar in schreitender Bewegung mit nur bis an die Knöchel reichendem Gewand mit Schuhen, wie ein Mann. Der Mantel ist in eigenthümlicher Art über die Schulter gelegt und um den Leib geknüpft. In der L. hält sie einen Büschel Lotosblumen (wie es scheint), am l. Arm hängt ihr ein (viereckiges) Kymbion mit Henkel. Die erhobene R. (die wohl das Sistrum trug) fehlt. Neben ihr unten steht eine kleine runde Ciste mit Deckel. Ueberzierliche Arbeit, etwa aus hadrianischer Zeit.

438 57 [12]

Kleiner stehender Harpokrates, den Zeigefinger der R. auf den Mund gelegt, auf dem Kopf die Lotosblume. In der R., welche abgebrochen ist, hielt er eine Schlange, deren Kopf an der r. Schulter des Knaben erhalten ist.

439 40 [32]

Stehender nackter Hercules Victor mit Kopfbinde, das Löwenfell über dem l. Arm hängend. In der R. hielt er wohl die Keule, in der L. vielleicht eine Trinkschale (oder einen Palmzweig?).

440 23 [76]

Nackter Jüngling mit Schiffermütze, an welcher vorn eine Spitze ist, die eine Flamme oder einen Stern vorstellen kann; also wohl ein Dioskur, obgleich er in der R. einen Henkelkrug hält; wohl ein Salbgefäss; denn für Ganymed passen weder die Mütze noch die athletischen Körperformen.

441 39 [39]

Nackter Knabe mit spitzer (Schiffer-)Mütze (Dioskur?), in der R. eine Opferschale haltend, die L. in die Seite gestemmt.

442 32 [35]

Kleiner stehender Dioskur, wie der Stern (oder die Flamme) an der Kopfbinde vorn zeigt; der r. Arm ist abgebrochen. In der L. hält er ein Horn (mit Salböl), am l. Arm hängt ein Schabeisen.

443 45 [85]

Kleine Büste einer Frau (Ariadne?) mit reichem Haar und Weintraubenkranz, ein Stück Gewand auf den Schultern, als Henkelgriff. Späte Arbeit, aber wohl antik.

444 22 [103]

Trunkener Satyr mit gespreizten Beinen dastehend, von guter Erfindung, aber roher Ausführung; ausserdem sehr beschädigt.

445 37 [50]

Kleiner Knabe mit lockigem Haar (ein bacchischer Genius?), nackt bis auf eine kurze Chlamys, welche die l. Schulter und den l. Arm bedeckt. In der ausgestreckten R. hält er eine Opferschale, die L. stemmt er in die Seite. Scheint bacchisch.

446 10 [132]

Kleiner bärtiger Satyrkopf mit Epheukranz im Haar und einem Pantherfell um die Schultern, das auf der l. Schulter zugeknüpft ist.

447 67 [82] H. 18

Phallische Herme eines jugendlichen Satyrs mit Ziegenohren. Der Phallus war abgebrochen und ist ergänzt worden. An der Seite die üblichen Henkel. Zierliche Arbeit.

448 68 [17] H. 8

Archaische Harpye; auf dem Kopf mit weiblicher Haartracht trägt sie eine federbuschähnliche Spitze, die auf den Rücken herabhängt und in der Mitte abgebrochen ist. Gefieder und Füsse von zierlicher Arbeit.

449 53 [95]

Bärtiger Mann im Mantel r. hin schreitend, die L. erhoben, die R. fehlt. Es scheint kein Götterbild, eher ein Dichter oder Redner. Der Entwurf ist gut, die Ausführung flüchtig.

450 42 [105]

Bildniss eines stehenden Kaisers mit Eichenkranz, im Harnisch, das Paludamentum auf der l. Schulter. Die R. hält einen runden Gegenstand, wie einen Apfel; die L. nichts. Die Füsse fehlen. Scheint antik.

451 52 [106]

Nackter bärtiger Mann stehend, die Arme fehlen. Vielleicht ein Kaiserbildniss später Zeit, Bewegung und Verhältnisse scheinen fast modern; dennoch möchte es wohl antik sein.

452 12 [128]

Kleiner Kopf des Vespasian mit Lorbeerkranz, Harnisch und Paludamentum, hinten hohl. Schien mir antik zu sein.

453 29 [73]

Knabe mit langem Haar und Kranz (ähnlich der üblichen Vorstellung der Laren) in tanzender Stellung, die Tunica flatternd bewegt, den r. Arm erhoben, den l. gesenkt; an den Füssen Sandalen. Schöner Entwurf, aber flüchtig ausgeführt.

Vgl. die bei Clarac Taf. 770, 1916 und 770 A 1909 E (aus den bronzes d'Hercul. Tafel 199) abgebildeten. Sollte der letzte jetzt in Madrid sein? Ueber die Larenbilder vgl. Henzen Annali 1858 S. 15 f. und die auf dem Altar aus Cäre monum. dell' inst. 6 Tafel 13 abgebildeten. Man pflegt ähnliche Knaben auch als *camilli* zu bezeichnen.

454 24 [74]

Knabe in kurzer faltiger Tunica, beide Arme nach vorn streckend, in den Händen hält er nichts; an den Füssen trägt er Stiefel. Saubere Arbeit etwa aus augustischer Zeit. Wohl auch einer der Laren.

455 55 [31]

Knabe mit langem Haar und kurzer Tunica, in der R. eine Opferschale haltend, die L. erhebend. Wohl auch ein Larenbild, nicht so gut wie N. 453, aber auch von gefälliger Arbeit.

456 64 [38]

Nackter Jüngling (Akrobat? tanzender Gallus?) mit hoher phrygischer Mütze, von der r. Schulter schräg zur l. Hüfte herunter liegt ein Gurt. Die erhobene R. legt er an den Kopf, die L. stemmt er in die Seite; den r. Fuss stellt er hinter den l., wie im Tanzschritt.

457 25 [91]

Komischer Schauspieler oder Mimus mit Maske und kurzem Rock; von vorzüglicher Arbeit.

458 44 [104]

Nackter Jüngling stehend, ohne Attribute. Die Hände fehlen.

459 19 [145]

Kleines Pferd mit einem Loch im Rücken, den Reiter darauf zu setzen. Alle vier Beine und Füsschen scheinen neu zu sein.

460 69 [118] H. 5

Kleine Medusenmaske, halb nach r. gewendet, hinten hohl als Antefix; von vorzüglicher Arbeit. Auf der Rückseite eine moderne Inschrift eingekratzt.

461 13 [130]

Zierrath gebildet durch den Kopf eines Knaben mit einem Stück Mantel auf der r. Schulter, von sehr roher Arbeit.

462 11 [263]

Griff eines Messers oder anderen Geräthes, gebildet durch einen kleinen kahlköpfigen und bärtigen Satyr mit spitzen Ohren und kurzem Schwanz. Er hält beide Hände vor seine Blösse vorn und endigt in einen gewundenen Fischschwanz.

463 34 [107]

Gewandfigur (wie es scheint weiblich), als Henkelgriff verwendet.

464 54 [182]

Kleines Mischgefäss mit beweglichem Bügelhenkel. Aussen rund herum fein eingraviert ein Zug von Kriegern mit ihren Rossen, im etruskisierenden Stil.

465 71 [113] Länge 17

Lampe in der Form eines Eselskopfes, auf welchem ein Zwerg mit spitzer Mütze reitet. Von schöner Arbeit. Der Kopf des Zwerges erregt Verdacht.

466 20 [138]

Schlange aus Bronze, flach liegend in Windungen, in natürlicher Grösse, und wie über die Natur geformt; auf die fünf Windungen ist folgende Inschrift in einzelnen Bronzebuchstaben aufgelöthet:

ASCLEPIO ET SALVTI SACRVM EX VOTO CALLISTVS · D ·

Die Inschrift steht bei Mommsen I. N. 2586 und war früher in Neapel im Museum Pichetto. Der frühere Herausgeber Fabretti (689, 109) giebt CALLIXSTVS; die richtige Form Callistus wird bestätigt durch die Inschrift I. N. 2585, in welcher derselbe Callistus, ein Arzt, ebenfalls dem Asclepios und der Hygeia (so) ein Geschenk darbringt.

467 17 [267]

Kleine Zange, wohl chirurgisch; nebst allerlei Glöckchen und anderem Zierrath.

468 18 [263]

Kleine Wage von zierlicher Arbeit.

469 15 [269]

Rundes Schloss; ob römisch?

470 16 [289]

Kette mit einer Reihe kleiner Gewichte.

471 14 [311]

Elastisches Armband, nach Art der keltischen Torques.

III.

DIE SAMMLUNG DER AKADEMIE DER GESCHICHTE.

EINLEITUNG.

Seit ihrer Begründung durch König Philipp den V im Jahr 1738 [1]) hat diese Akademie ausser antiken Münzen auch Denkmäler kleineren Umfangs zu erwerben gesucht, soweit dieselben zur Erreichung des Zieles ihrer Studien, der Aufklärung der vaterländischen Geschichte, beitragen konnten. Ferner ist manches durch Schenkung von Seiten der Mitglieder und Correspondenten hierher gelangt. Das Interesse der Sammlung beruht daher zum grossen Theil auf ihrem vaterländischen Ursprung. Sie wird in einigen Zimmern des Locals der Bibliothek der Akademie aufbewahrt; Don Antonio Delgado, der Antiquar der Akademie, ist seit längerer Zeit mit einem ausführlichen Catalog beschäftigt. Hier sind wiederum die Münzen und alle inschriftlichen Denkmäler ausgeschlossen, ebenso die zahlreichen Scherben rothen Geschirrs mit Töpferstempeln und die Thonlampen; an beiden ist die Sammlung besonders reich. Schon da sie zum grössten Theil aus Tarragona und Murviedro stammen [2]) gehören sie nicht hierher und finden ihren Platz passend mit allen auf der ganzen Halbinsel gefundenen Inschriften dieser Art zusammen in der spanischen Inschriftensammlung. Bronze-, Thon- und Glasgefässe aller Art, wegen ihrer spanischen Herkunft nicht ohne Interesse, sind ebenfalls übergangen. Be-

---

[1]) Vgl. die Memorias der Akademie Band I S. X.

[2]) Vgl. die Monatsberichte der Berliner Akademie von 1860 S. 240 und 1861 S. 534.

schrieben sind hier die Metallarbeiten, besonders die kleinen Bronzen, unter denen manches interessante ist[3]). Einige der besten Bronzen stammen aus der Sammlung des Herrn Daniel von Lorichs[4]), so z. B. viele der merkwürdigen einheimischen Idole (vgl. oben N. 410—419), deren Fundorte leider nicht genau bekannt sind. Einige sollen aus Aragon stammen, woher dem früheren Besitzer die reichsten Sendungen keltiberischer Münzen zugingen. Andere werden aus Granada sein, wo sich ähnliche gefunden haben[5]). Von den etwa zu vergleichenden sardinischen Idolen unterscheiden sich die spanischen durch ihre Kleinheit, durch die geringere Mannigfaltigkeit der Vorstellungen und den Mangel an Attributen; auch entfernt sich die Bildung derselben bei aller Rohheit nicht so auffallend von der Natur, wie die der sardinischen. Die in Huete gefundenen interessanten römischen Gewichte der Sammlung sind anderswo erwähnt worden[6]). Einige ägyptische Figuren aus glasiertem Thon, meist aus Italien stammend, und Waffen, römische und vorrömische, darunter einige sehr alte aus *silex*, nebst einigen Gefässen aus demselben Material, welche in Valverde in der Provinz von Huelva (Südandalusien) gefunden worden und als Zeugnisse ursprünglich keltischer Bevölkerung in den Gebirgen um die Mündung des Anas von Interesse sind; ferner besonders aus den unerschöpften Funden von Tarragona Fragmente von Wandmalereien, Thonlampen mit allen üblichen Vorstellungen (aus den beliebten Gebieten des Amphitheaters und des Circus; von my-

---

[3]) Es fehlt ein Inventar mit Notizen über die Herkunft der einzelnen Stücke. Aus den Papieren der Akademie, welche ich zu anderem Zwecke durchmachte, ergab sich dieselbe nur in seltenen Fällen.

[4]) Er war schwedischer Geschäftsträger in Madrid und ist bekannt als Münzsammler und Verfasser der recherches numismatiques sur les monnaies ibériennes, Paris 1852, 4°.

[5]) Vgl. das Bullettino von 1861 S. 177.

[6]) In den Monatsberichten der Akademie von 1861 S. 544, vgl. Hultsch griechische und römische Metrologie S. 116.

thologischen Gegenständen z. B. der Kampf des Herakles mit einem Kentauren), verdienen gleichfalls nicht besondere Verzeichnung. Merkwürdig und erwähnenswerth ist der neuerdings in die Sammlung gekommene kolossale einzelne Finger aus Erz, welcher mit noch einem gleichen, der auf der entgegengesetzten Seite angebracht war, die Marmortafel mit der Traianinschrift auf dem Ehrenbogen dieses Kaisers in der Mitte der Brücke von Alcántara in Estremadura festhielt [7]).

Ich beginne mit dem einzigen, aber höchst werthvollen Werk aus Silber; es folgt ein ebenfalls vereinzeltes Werk aus Thon. Am Schluss der zahlreicheren Bronzen stehn einige Stücke aus Kristall und Marmor. Die neben die laufende Nummer gesetzten Zahlen beziehen sich auf meine Verzeichnung.

---

1. SILBERSCHILD DES THEODOSIUS.

472 28 Durchmesser 74 Centimeter, Dicke 2 bis 3 Linien nach spanischem Zollmaass, Gewicht 533$\frac{1}{4}$ spanische Unzen.

Den Silberschild des Theodosius fand man in der Mitte zusammengeklappt und durchbrochen. Dadurch sind einige Theile der Darstellung in der Bruchlinie von l. oben nach r. unten beschädigt; doch fehlt nichts wesentliches. Durch die am Rand befindliche Inschrift

DN THEODOSIVS PERPET · AVG OB DIEM FELICISSIMVM X [1])

ist der Zweck und die Zeit des Werkes, nach dem 19 December des Jahres 388, bestimmt. Es ist ein kaiserliches Ehrengeschenk, verliehen bei Gelegenheit der zur Feier der zehnjährigen Regierung gegebenen Spiele [2]). Auf der Rückseite ist in der Mitte eine kreisförmige Erhöhung, auf welcher in punktierten Buchstaben steht

ΠΟϹ IN $\overline{\text{MET}}$ [3])

---

[7]) Vgl. Monatsberichte der Berliner Akademie von 1861 S. 394.

Unter einem von vier korinthischen kannelierten Säulen getragenen Giebeldach, unter welchem sich zwischen den beiden mittleren Säulen ein Halbbogen spannt (in den daneben frei bleibenden Zwickeln schwebt je ein Flügelknabe, in einem Tuch in den Armen Früchte tragend), sitzt der Kaiser Theodosius mit dem Diadem, in gestickter Tunica und Chlamys, die auf der l. Schulter durch eine reiche Agraffe festgehalten wird; an den Füssen trägt er perlenbesetzte Schuhe. Auf dem Thronsessel, der keine Lehne hat, liegt ein reich gesticktes Kissen; die Füsse stehn auf einer ebenfalls reich verzierten Bank. Die L. hält er unter dem Mantel, mit der R. reicht er einer l. vor ihm sich verneigenden kleinen männlichen Gestalt eine Schriftrolle (wenigstens scheint sie das zu sein; einem Beutel gleicht sie nicht). Wahrscheinlich ist es ein hoher Magistrat, den der Kaiser *per codicillos* in ein Amt einsetzt. Man könnte an den *vicarius Hispaniarum*, oder wegen des Fundortes nahe der lusitanischen Hauptstadt *Emerita Augusta* an den zunächst unter dem *vicarius* stehenden *consularis Lusitaniae*[4]) denken. Sein Kopf ist zum grössten Theil durch den Bruch in der Mitte verloren gegangen; er trug keine Binde oder andere Kopfbedeckung. Bekleidet ist er mit einer kurzen gestickten Tunica, einer langen ebenfalls gestickten Chlamys mit kurzem Halskragen; an den Füssen trägt er einfache Schuhe. Er erhebt beide Arme unter der Chlamys, um das kaiserliche Codicill zu empfangen. R. von Theodosius sitzt, ebenfalls auf einem Sessel mit Fussbank, bei weitem kleiner, aber in ganz ähnlicher Tracht, Arcadius, in der R. das Scepter, in der L. einen mit kreuzweis gelegten Perlenbändern gezierten Globus haltend. L. sitzt, ganz in gleicher Weise, aber noch kleiner, Honorius, die R. (ohne das Scepter, weil er damals noch nicht Augustus war) mit der Bewegung des Segnens erhebend, in der L. ebenfalls einen Globus haltend. Alle drei Kaiser tragen gleiche Diademe; ausserdem umgiebt ihr Haupt ein Nimbus, wie der Heiligenschein der christlichen Vorstellungen. Porträtähnlichkeit scheint in ihren Köpfen nicht beabsichtigt zu sein;

alle drei sehn sich wenigstens auffallend ähnlich. L. von Arcadius und r. von Honorius stehn je zwei wohl germanische Leibwächter, bartlos mit langem schlichtem Haar, bewaffnet mit Lanze und Schild; wohl *domestici*. Unten im Abschnitt des Discus liegt r. hin eine weibliche Gestalt mit entblösstem Oberkörper, mit Blättern und Früchten bekränzt (etwa die Provinz Hispania?, wobei man an Theodosius Geburt in dem spanischen *Cauca* denken kann, doch fehlen charakteristische Symbole, wie z. B. das Kaninchen; also vielleicht die *Annona publica populi Romani*, oder *Ceres*?). Sie stützt den Kopf auf den r. Arm, der wiederum auf dem l. Unterarm ruht; im r. Arm hält sie ein Füllhorn. Von ihrem Schooss aus schwebt ein Knäbchen ohne Flügel r. hin empor, wie zu dem oben sitzenden Theodosius, in der L. trägt es ein Tuch mit Früchten, mit der R. hält es eine Blume hoch. Gegenüber l. hin schweben noch zwei ähnliche Knäbchen aufwärts, das erste geflügelt, ein Tuch mit Früchten haltend; das zweite hält in einem Tuch einen Korb mit Früchten; ob es geflügelt ist sieht man nicht, da hier der Bruch der Platte ein Loch verursacht hat. Im Felde um die weibliche Gestalt und die Knaben wachsen Weizenähren und Gräser aus dem Boden hervor. Die Zeichnung des Abschnittes ist offenbar nach einem guten älteren Vorbild gemacht. Man könnte danach in der Handlung des Kaisers vielleicht eine kaiserliche Spende bei Gelegenheit der *decennalia* erkennen.

Gefunden 1847 bei Almendralejo, einer kleinen Stadt nicht weit von Merida in Estremadura; die lusitanische Hauptstadt kann daher wohl als der eigentliche Fundort angesehn werden. Herausgegeben von Antonio Delgado (in den *memorias* der Akademie Band 8 und einzeln *el gran disco de Theodosio* Madrid 1849, 4°). Danach wiederholt von Arneth in den Sitzungsber. der Wiener Akademie hist. philos. Klasse 3 S. 220 und in den antiken Gold- und Silbermonumenten u. s. w. Wien 1850 Fol. Beilage III; von Didron annales archéologiques 22, 1861 S. 309; verkleinert von Friedlaender in Gerhards Denkm. und Forsch. 18, 1860 S. 33 Tafel 136, 5. Man nennt das Denkmal wohl passender *clipeus* als Discus. Ueber die Form des Diadems spricht Friedlaender, welcher den Erzkoloss von Barletta (Museo Borbonico 14 Tafel 25) mit grosser

Wahrscheinlichkeit für ein Bildniss des Theodosius erklärt. Die von den Alten bemerkte Aehnlichkeit mit Traian (Aur. Victor epit. 48) geht aus dem vorliegenden Bildniss nicht sehr deutlich hervor. Ueber Tracht und Schmuck der Kaiser und des Beamten, für welche diess Denkmal von hoher Wichtigkeit ist, kann hier nicht gesprochen werden. Neuerdings hat darüber, aber nicht erschöpfend, gehandelt Sir Frederik Madden *on the imperial consular dress* im Numismatic Chronicle 1, 1861 S. 231 ff.

[1]) D. i. *ob diem felicissimum decennalium*, nicht *quindecennalium*, wie der erste Herausgeber wegen des Punktes über dem X, der nur das Zahlzeichen in üblicher Weise differenziert, annehmen zu müssen glaubte; also da Theodosius am 19 December 379 zur Regierung kam (Clinton fasti Romani 1 S. 492), der 19 December 388; vorausgesetzt, dass seine *decennalia* im richtigen Jahr gefeiert wurden, worüber ich nichts angegeben finde.

[2]) Theodosius kam im J. 389, aber nur in Begleitung des Honorius, nach Rom und gab daselbst ein *congiarium* (Clinton 1 S. 589); im J. 388 siegte er über den Maximus (Clinton 1 S. 516).

[3]) So las Herr Delgado; ich habe diese Inschrift nicht gesehn, da der Schild jetzt eingerahmt aufgehängt worden ist.

[4]) Vgl. Böcking zur *Notit. dign. occ.* S. 458* ff.

2. THONFIGUR.

473 27 H. 34

Sitzende weibliche Gottheit (Demeter?) mit weitem bauschigen Schleier und Modius auf dem Kopf; die Arme ruhen auf dem Schooss. Die Figur ist hohl und hat oben und unten ein Loch.

In Tarragona gefunden und der Akademie von D. Carlos Posada gesendet.

3. BRONZEN.

474 5 H. 10 (mit dem Fussgestell)

Stehender nackter Hercules, bärtig, im krausen kurzen Haar ein Lorbeerkranz mit breiten auf die Schulter fallenden Stemmata. In der ausgestreckten R. hält er die drei Aepfel der Hesperiden, in der L. die Keule, das breite Ende nach unten gekehrt. Ueber dem l. Arm hängt ihm das zierlich gearbeitete lange Löwenfell bis zur Erde herunter. Ausserordentlich schöne Arbeit nach vorzüglichem Vorbild. Das Bronzefussgestell ist antik.

Soll in Carteia (Rocadillo bei Gibraltar) gefunden worden sein. Aehnlich ist die lysippische Statue des capitolinischen Museums, vgl. Welcker im Rhein. Museum 9, 1854 S. 271 f.

475 8 H. 15

Torso eines nackten Jünglings von athletischem Körperbau, etwa Hercules; sehr schön, aber verstümmelt und stark oxydiert.

476 22 H. 10

Stehender Knabe mit Flügeln, auf dem Kopf trägt er ein hohes Diadem; in der R. hält er einen undeutlichen Gegenstand (Flasche? Blumenstrauss? Weintraube?), in der erhobenen L. Früchte, wie es scheint.

Vgl. die Berliner Bronzestatue des *Novus annus*, Gerhards Verzeichniss N. 140a und die daselbst citierten.

477 1 H. 10

Iberisches Idol, ganz nackt, in stehender Stellung, mit den Zeichen beider Geschlechter, ein Band im glatten Haar und um den Hals eine Torques. Die R. hält zwischen dem Daumen, dem Zeige- und Mittelfinger eine Frucht, die L. nichts. Unten ein Haken zum befestigen an einen anderen Gegenstand.

Aus der Sammlung Lorichs. Vgl. N. 478—480.

478 2 H. 8½

Iberisches Idol mit den Zeichen beider Geschlechter, auch die Haartracht scheint weiblich. In den Händen sieht man keine Spuren von Attributen. Unten ein Haken zum befestigen.

479 4 H. 7½

Ein ähnliches Idol mit deutlich weiblicher Haartracht. Die erhobene R. hält einen Donnerkeil oder Hammer, die L. nichts.

480 8 H. 8

Ein durchaus ähnliches Idol, die Hände sind abgebrochen.

481 7 H. 6½

Torso eines rohen, wohl phönikischen oder iberischen Idoles. Der r. Arm fehlt, die L., von enormer Grösse, ist auf die Brust gelegt. Unten und oben ist ein Loch, wie um die kleine Figur auf einen Stab zu stecken.

482 12 H. 10

Nacktes männliches Idol mit grossem Phallus; am Kopf scheinen zwei Hörner sichtbar, sonst ohne Attribute. Höchst rohe Arbeit.

483 13 H. 9½

Nacktes männliches Idol, r. hin schreitend; auf dem l. Arm liegt ein kurzer Mantel (oder ein Fell?). Die l. Hand fehlt, die R. ist erhoben zum Schlage ausholend; doch hält sie nichts. Rohe Arbeit.

484 14 H. 7½

Ein ganz ähnliches Idol, etwas kleiner.

485 18 H. 8

Weibliches Idol, mit spitzer Mütze, in einen Mantel gehüllt.

486 11 H. 9

Kopf einer weiblichen Gottheit mit Diadem (Juno?), als Antefix, hinten hohl. Von zierlicher Arbeit.

Aus Ampurias, der massaliotischen Pflanzstadt Emporiae.

487 10 H. 14

Nackter bärtiger Gott (Jupiter? Neptun?). Der Mantel liegt auf der l. Schulter, der r. Arm ist ausgestreckt, die Hand, welche wohl eine Opferschale oder dgl. hielt, ist abgebrochen. Der l. Arm, jetzt verbogen, war erhoben, und hielt wohl den Speer (oder Dreizack). Die Beine vom Knie abwärts fehlen.

Gefunden in Martos, dem alten Tucci.

488 20 H. 10

Mercur stehend, mit Flügelhut und Flügelstiefeln; der Mantel liegt über dem l. Arm. Die R. ist abgebrochen, in der L. hielt er wohl den Caduceus.

Aus Murviedro.

489 21 H. 10

Venus, nackt; sieht modern aus, obgleich sie in Murviedro gefunden sein soll.

490 9 H. 6½

Kleine weibliche Figur im Chiton und Mantel mit Diadem; am Gewand unten scheint der Rest eines Ruders sichtbar. Also wohl Fortuna.

491 16 H. 9½

Knabe in der Prätexta, zierlich, aber sehr oxydiert.

492 15 H. 8½

Tanzender komischer Schauspieler (oder Mimus), vielleicht als Silen; auf dem ganzen Körper struppig. Die Maske mit breitem Munde ist bärtig; der Schädel kahl, bis auf einen ringsum laufenden Kranz von Haar. Beide Arme sind in heftiger Bewegung erhoben.

493 19

Tragische Maske, zum Aufhängen.

494 17 H. 5, Länge 7½

Ziege, stehend, sehr roh.

495 24

Kleiner Torso eines Stieres, von guter Arbeit.

496 6 H. 8

Nackter Jüngling, nur mit einem Schurz um die Lenden, hintenüber gebeugt wie in akrobatischer Stellung. Wohl Henkel eines Gefässes.

497 26

Messergriff mit einem männlichen und einem weiblichen Kopf.

Aus den alten Goldminen bei Toledo.

---

498 23

Stück einer Schale von Kristall, auf welcher ein Adler in Relief angebracht ist.

Aus Tarragona, 1853 gefunden.

---

499 25 Marmor

Kleiner liegender Löwe, der in einen Fischschwanz endigt.

IV.

DIE SAMMLUNG DER KUNSTAKADEMIE UND DES NATURHISTORISCHEN MUSEUMS.

EINLEITUNG.

Den ersten Stock des von Karl dem III für die Künste und Naturwissenschaften bestimmten Gebäudes der Akademie von San Fernando in der Strasse von Alcalá nehmen die Kunstsammlungen dieser Akademie ein. Da die Mengs gehörige Sammlung von Gipsabgüssen [1]) nach dessen Tod an die Akademie kam (sie ist im Erdgeschoss aufgestellt), so vermuthete ich hier auch die wenigen Antiken, die Mengs besessen hat, zu finden. In dem öfter angeführten Bericht [2]) beschreibt Tychsen die kleine der medicäischen ähnliche Venusstatue, die Azára gefunden und Mengs besessen und selbst restauriert hatte, als in der Akademie von San Fernando befindlich [3]), und fährt dann fort (S. 93): 'ausserdem findet man hier verschiedene Altäre von Marmor, dreiseitig und vierseitig, mit den schönsten Reliefs, meistens Bacchanale, Opfer und Tänze. Auf einem bewunderte ich besonders einen sehr schönen Löwen. Einige antike Leuchter von Marmor, 5 Fuss hoch, von der trefflichsten Form und Arbeit, werden auch hier gezeigt, man konnte mir aber keine Auskunft geben, wo sie hergekommen sind'. Weder von der Venusstatue noch von den Kandelabern und Reliefs konnte Herr Zobel, der auf meinen Wunsch danach geforscht hat, etwas erfahren. Doch verdanke ich ihm die nachfolgende Beschreibung einer Reihe von

[1]) Vgl. Ponz 5, 262.

[2]) In Heerens Bibl. der alten Litt. und Kunst 1, 1786 S. 92, vgl. oben S. 5 Anm. 9.

[3]) Vgl. unten N. 551.

Marmorwerken, die ich selbst nicht gesehn habe. Die Nummern des Inventars, welche sie tragen, sind in eckigen Klammern beigefügt. Vier antike Graburnen mit zierlichen Reliefs, im *salon largo* an den Wänden r. und l. aufgestellt, habe ich selbst gesehn; drei davon tragen Inschriften, von denen zwei augenscheinlich modern sind; die dritte ist alt.

Den oberen Stock des Gebäudes nimmt das naturhistorische und ethnographische Cabinet ein. Den Hauptbestand desselben bildet die früher in Paris befindliche Sammlung des Amerikaners Don Pedro Francisco Dávila. Er schenkte sie Karl dem III um das Jahr 1770 mit der Bedingung, selbst als Director angestellt zu werden [4]); wie auch geschah. Mit Hülfe des berühmten Romé de l'Isle hat Dávila eine Beschreibung davon herausgegeben [5]). Nur der vierte und fünfte Theil derselben enthält Antiken, geschnittene Steine und Sculpturen in Marmor und Erz; die übrigen umfassen ethnographische Gegenstände, Kupferstiche und Malereien. Es werden zunächst in 87 Nummern (S. 40 bis 51) eine beträchtliche Anzahl geschnittener Steine, Gemmen und Cameen, und Ringe aus edlen Metallen beschrieben; wahrscheinlich sind sie unter den jetzt auf der Nationalbibliothek befindlichen. Ich wiederhole sie nicht, obgleich interessante Vorstellungen darunter zu sein scheinen (der erste Camee, ein Harpokrates, ist abgebildet in Caylus recueil d'antiquités 1 Tafel 45, 2). N. 78 S. 50 ist ein Stein mit einer Aehre und dem Namen SENTIA SATVRNINA; unter derselben Nummer werden noch andere Steine mit Inschriften angeführt, die Inschriften selbst aber

---

[4]) Vgl. Ponz 5, 263 f.

[5]) Ihr Titel lautet: Catalogue systématique et raisonné des curiosités de la nature et de l'art, qui composent le cabinet de M. Dávila, Paris 1767 in 3 Bänden 8°. Ich verdanke die Benutzung dieses ziemlich seltenen Werkes der Liberalität der Göttinger Bibliothek. Den grössten Theil nehmen die naturgeschichtlichen Gegenstände ein; am Schluss des ganzen sind die Kunstgegenstände und Bücher (auf 266 einzeln gezählten Seiten) verzeichnet.

nicht; N. 84 ein antiker (?) Goldring mit den Buchstaben S·P·Q·R. Die antiken Bronzen so wie einige Vasen sind S. 60 bis 69 unter N. 157 bis 206 verzeichnet, eine Marmorbüste S. 78 N. 260; diese Nummern gebe ich bei den von mir gesehenen Gegenständen an. Einen kleinen sitzenden Harpokrates (Dávila S. 61, 161) habe ich unter den Bronzen nicht bemerkt, so wenig wie 4 ägyptische Priester- oder Osirisfiguren (Dávila S. 62, 167 und 168). Von den römischen Bronzen habe ich nicht gesehn die kleine Reiterstatue des Marcus Aurelius (Höhe mit dem Piedestal 12½ Zoll) mit zwei geflügelten Victorien (Höhe mit dem Piedestal ebenfalls 12½ Zoll), welche Dávila S. 65, 179 beschreibt und Caylus (recueil d'antiquités 2 S. 299 Tafel 85 bespricht (sie scheint modern, obgleich Caylus dagegen protestiert); ferner nicht den sitzenden Mercur (Dávila S. 66, 180; wenn diess nicht der Hercules N. 524 ist), eine sitzende Minerva (Dávila N. 183), zwei Büsten des Jupiter und einige Bacchantenköpfe, und eine verstümmelte Statuette des Jupiter (Dávila N. 184 und 185). — Dafür verzeichnet meine Beschreibung eine Anzahl kleiner Bronzen, welche bei Dávila fehlen, also wohl später erworben worden sind. Eine Reihe kleiner Gegenstände von Bronze (Armbänder und Lampen, z. Th. abgebildet bei Caylus 1 Tafel 91, 1 und 20), Thon (besonders Lampen), Glas (z. B. das bei Caylus 2 Tafel 97, 1 und 2 abgebildete Gefäss) und Stücke von Mosaiken, sämmtlich zum Theil in Nimes und Dax in Frankreich gefunden, übergehe ich. Unter N. 171 bis 177 werden einige Thongefässe beschrieben (darunter N. 174 abgebildet in Caylus recueil d'antiquités Tafel 24, 1 bis 4), welche wohl noch vorhanden sind. Es sind kleine Amphoren, flache Schalen und Mischgefässe mit einfachen Verzierungen; sie schienen zu unbedeutend, um einzeln beschrieben zu werden. Zu dieser Sammlung sind später die kleineren einheimischen Funde gekommen, besonders durch Geschenke Karls des III und der Infanten Don Gabriel und Don Luis; daher man den nicht bei Dávila verzeichneten kleinen Bronzen neapolitanischen oder spanischen

Ursprung beizulegen haben wird; ebenso den grossen thönernen Amphoren und vielen der kleinen Erz- und Thongefässe. Ich verzeichne nur die wichtigeren Stücke, die inschriftlichen wiederum ganz ausschliessend. Der Vorsteher der Sammlung, Herr Florencio Janér, bereitet einen ausführlichen Katalog mit Abbildungen vor; auf diesen beziehen sich die zuweilen beigefügten Zahlen in eckigen Klammern. Es befinden sich in der Sammlung eine ganze Reihe eigenthümlicher Idole aus Thon mit unverständlicher Schrift, deren gleichen ich ausserdem noch in Lissabon, Evora und Oporto gesehn habe. Ueber ihre Herkunft war nichts sicheres zu ermitteln. Einstweilen halte ich mich berechtigt, sie sämmtlich für gefälscht zu erklären; von wem und zu welchem Zweck wird sich vielleicht einmal bei zusammenhängender Betrachtung ergeben. — Die Vasen dieser Sammlung, meistens Mischgefässe mit gewöhnlichen Vorstellungen des bacchischen Kreises, stammen gewiss zum grössten Theil aus Neapel; die Zahlen in runden Klammern beziehn sich auch hier auf Jahns Tafel der Gefässformen (vgl. oben S. 168). Schmucksachen aus Gold und Silber, zum Theil in Elche, dem alten Ilici, gefunden, sind ebenfalls nicht besonders verzeichnet; dagegen verdienten eine silberne Schale (N. 546) und drei Messgefässe aus Alabaster (N. 547) Aufmerksamkeit.

---

1. MARMORWERKE.

a DER KUNSTAKADEMIE.

Im Vorsaal rechts auf einem Tisch vier Büsten:

500 [20] H. 35

Weiblicher Kopf (Juno?) mit Diadem und an beiden Seiten herabhängenden Stemmata. Neu sind die Nasenspitze und das Bruststück mit Gewand.

501 [8?] H. 47

Weiblicher Kopf (Ariadne?) in Lebensgrösse, schön erhalten. Neu ist nur das Bruststück mit Gewand und die Enden der Zöpfe. Das zurückgekämmte Haar wird hinten von einem Band festgehalten, daraus sechs symmetrisch gelegte Zöpfe auf Schulter und Nacken herabfallen.

502 [6] H. 43

Bildniss eines Knaben (etwa aus dem iulischen Kaiserhaus?) in Lebensgrösse. Neu sind die Nasenspitze, das l. Ohr und ein Stück des r., und das Bruststück. An der Stirn und am Kinn etwas abgestossen.

Abguss, wie es scheint, in Berlin.

503 [22] H. 31

Kleiner weiblicher Kopf (Niobide? Venus?). Das Bruststück war abgebrochen, ist aber alt und dazugehörig, und zeigt, dass der Kopf von jeher Büste war. Neu sind die Nasenspitze und der Büstenfuss.

Im *salon de los medios puntos* zwei Büsten, l. unter dem Gemälde von Murillo 'der Traum des römischen Patriciers' und r. am Fenster:

504 [ ] H. 59

Kopf einer Statue des Antinoos, zur Büste gemacht, mit Andeutung der Augäpfel. Neu sind die Nasenspitze und das Bruststück; das Gesicht hat durch Feuchtigkeit gelitten.

505 [ ] H. 63

Kopf des Vitellius, von schlechter Arbeit, an einigen Stellen abgestossen. Neu ist die Nasenspitze und das Bruststück von grauem Marmor.

b DES NATURHISTORISCHEN MUSEUMS.

506 H. 44 Grauer Basalt (*jaspe verdoso*).

Kleines Bildniss eines Aegypters, kauernd, die Arme über den Knieen gekreuzt. Auf dem Kopf trägt er die übliche zu beiden Seiten herabfallende Haube; zwischen den Beinen ein in ein (Hat-hor) Gesicht mit Kuhohren und Capitell endender Pfeiler. Der l. Ellenbogen ist abgestossen; kleinere Beschädigungen an verschiedenen Stellen. Auf den Beinen vorn und um den an den Ecken gerundeten Plinthos hieroglyphische Inschriften.

Nach einer Notiz des Velazquez (Band 13 seiner Papiere auf der Bibliothek der Akademie in Madrid) stammt diese Figur aus Barcelona. Velazquez liess sie zur Herausgabe zeichnen. Nach Lepsius bieten die Inschriften nur geringes Interesse; sie nennen einen Priester und königlichen Schreiber *Hor-toto-em-ha*.

507 H. 13 Zoll (nach Dávila). Griechischer Marmor.

Bildniss einer Frau mit lockigem Haar und einem Diadem, auf welchem ein Lorbeerkranz ist. Die Nase ist abgestossen.

Auf dem schmalen Rand unter dem Halse steht die Inschrift

ΕΥΧΑΡΙϹ·ΛΙΚΙΝ

Dávila S. 78 N. 260. Der bei Visconti icon. grecque I S. 443 Tafel 37, 5 wohl schlecht abgebildete Kopf mit Brüsten ist ganz verschieden von dem Madrider und sieht falsch aus. Der Madrider schneidet hart unter dem Hals ab und zeigt nicht einmal den Ansatz der Brüste. Die Inschrift, wiederholt im C. I. Gr. 6053, schien mir ächt zu sein. Nach der Abbildung bei Visconti steht ein Punkt unten auf der Linie am Schluss; auf der Madrider Büste fehlt derselbe ganz richtig. Mommsen zu C. I. L. 1009 zweifelt daher wohl mit Recht an der Aechtheit des Pariser Exemplars. Aber trotz der lateinischen Inschrift, die bekannt ist, lässt sich auch die griechische wohl vertheidigen. Da Eucharis *Liciniae liberta* war, so nennt sie sich nach älterer Sitte ganz richtig *Εὔχαρις Λικίν(ια)* mit griechischem Vornamen.

508 Kolossale Hand einer männlichen Statue.

In Cartama bei Malaga, dem alten Cartima, wohl 1738 gefunden. Vgl. Berlanga estudios Romanos Madrid 1861 S. 63 (aus der Zeitschrift la Razon).

509 Die beiden Hände einer colossalen weiblichen Statue; die L. mit der Spitze eines Füllhorns, die R. ein Stück von einer Opferschale haltend (also wahrscheinlich von einer Fortuna).

Aus Cartama. Berlanga a. a. O. S. 64: *manos, pies*, — u. s. w. und S. 67.

510 Kleine sitzende Frau; sehr unbedeutend.

511 Kleine Gruppe eines Satyrs und einer Nymphe, wie es scheint; sehr verstümmelt.

512 Kleine Graburne aus Marmor.

2. VASEN.

513 (54) H. 32 r. F.

A R. steht ein bärtiger Mann mit Kopfbinde l. hin mit entblösstem Oberkörper, um die Beine und über den l. Arm den Mantel geschlagen. L. steht eine Frau im Chiton, wie mit gleichen Füssen tanzend, in der R. erhebt sie ein Schwert, in der L. die Scheide. Zwischen beiden ein Altar.

B Eine Frau im Chiton r. hin schreitend, in der R. eine Fackel, in der L. einen eiförmigen Korb tragend; ihr folgt ein nackter Jüngling, die Chlamys über dem l. Arm, in der R. eine Schale, in der L. den Thyrsos haltend.

514 (66) H. 23 r. F. m. W.

Eine Frau mit entblösstem Oberleib, den Mantel um die Beine geschlagen, sitzt l. hin, in der R. eine Blume erhebend, in der L. einen flachen Korb oder eine Schale haltend. Vor ihr l. steht ohne Piedestal auf dem Boden die weiss gemalte Statue einer weiblichen Gottheit im langen Chiton, den Modius auf dem Kopf, die R. erhebend, in der L. eine Schale haltend (Kora?); die Füsse sind nicht sichtbar.

515 (54) H. 36 r. F.

A Eine Frau im Chiton (Ariadne?) sitzt l. hin, einen Korb in den Händen haltend; oben r. vor ihr sitzt ein geflügelter Genius, hinter ihr steht eine Frau im Chiton (Mainade).

B Ein Bacchant und eine Bacchantin sich gegenüber stehend. Flüchtige Zeichnung.

516 (34) H. 36 r. F.

A Eine Frau im Chiton sitzt r. hin, einen Fächer haltend. Vor ihr steht ein nackter Knabe mit Kopfbinde, in der R. eine Schale, in der L. einen Stab haltend; die Chlamys über dem l. Arm.

B Palmettenschmuck.

517 (54) H. 33 r. F.

A Eine Frau im Chiton sitzt l. hin vor einer hohen mit Binden bekränzten Stele. L. steht ein nackter Jüngling, die Chlamys über dem l. Arm, eine Schale in der L. haltend.

B Palmettenschmuck.

518 (54) H. 33 r. F. Schöner Stil.

A Eine Frau mit Diadem im Chiton und Mantel steht l. hin zwischen zwei nackten Knaben, von denen der r. stehende l. hin gewendet ein Schabeisen in der L., der l. r. hin gewendet einen Stab in der L. hält.

B Drei Jünglinge in Mänteln.

Zierliche Zeichnung, aber flüchtige Ausführung.

519 (54) H. 38 r. F.

A Ein Jüngling mit Kopfbinde, Kranz und Binde in den Händen haltend, und eine Frau im Chiton.

B Zwei Jünglinge in Mänteln.

520 (54) H. 31 r. F.

A Jüngling und Frau wie auf N. 519.

B Zwei Jünglinge in Mänteln.

Sehr roh und flüchtig.

521 (54) H. 37 r. F.

A Ein Bacchant und eine Bacchantin stehn einander gegenüber.

B Zwei Jünglinge in Mänteln, der eine ein Schabeisen, der andere einen Stab tragend, zwischen ihnen ein Altar.

522 (54) H. 40
Dieselben Darstellungen wie auf N. 521.

523 (41) H. 44 r. F. m. W.
Auf jeder Seite ein grosser weiblicher Kopf im Profil.

---

3. BRONZEN.

524 [ ] H. 12 Zoll (Dávila).
Kleine Statue der Isis mit dem kleinen Horus; sehr schön.
Dávila S. 60, 157 aus Caylus Sammlung, abgebildet in dessen recueil d'antiq. 1 Tafel 4, 1.

525 [ ] H. 5 Zoll (Dávila).
Kleine Statue der Isis mit dem Horus, vortrefflich erhalten.
Dávila S. 60, 159.

526 [ ] H. 25
Kleine Isis, mit hohem Uräus auf dem Kopf, in der R. hält sie einen Scepter (?); die L. hängt herab.
Dávila S. 60, 158, der Kopf abgebildet in Caylus recueil d'ant. 1 Taf. 4, 2.

527 [ ] H. 10¼ Zoll (Dávila).
Statue eines phönikischen Gottes mit Kopfschmuck, schreitend. Auf den vier Seiten des Plinthos eine phönikische Inschrift.
Dávila S. 60, 160 nennt sie einen Harpokrates: il est debout sur une plinthe avancée, sur les côtés de laquelle sont des caractères. La figure est antique et le vernis moderne. Ich finde nichts anderes in der Sammlung, worauf diese Beschreibung passt.

528 [239] H. 5
Maske eines Jupiter.

529 [226] H. 13
Kleiner stehender Apollo mit Krobylos, den Köcher auf dem Rücken. Sehr schön.

530 [230] H. 5
Sitzender Hercules, in der Stellung des von Belvedere;

das Löwenfell ist untergebreitet. Jede Andeutung einer zweiten Figur fehlt.

531 [ ] H. 16 Hinten mit Blei ausgegossen.

Kleine stehende Frau im dorischen Chiton mit zierlich aufgebundenem Haar, den Zeigefinger der L. wie drohend oder ermahnend nahe zum Munde erhebend, die R. in die Seite stemmend.

Abgebildet bei Montfaucon 1 Tafel 213, 1 aus der Sammlung des P. Albert. Vgl. die bei Wieseler 2 Tafel 74, 948 aus den spec. of anc. sculpt. 2 Tafel 43 wiederholte Nemesis. Sie wird fälschlich Angerona genannt, eine Gottheit sehr zweifelhaften Wesens, deren Namen auf die kleinen nackten weiblichen Figuren mit eigenthümlichen Geberden, über welche Jahn gehandelt hat ('über den Aberglauben des bösen Blickes' in den Ber. der sächs. Ges. der W. 7, 1855 S. 47 f., besonders Anm. 68), schon fälschlich angewendet wird, noch fälschlicher aber auf diese Figur, deren Geberde eine verschiedene ist, übertragen worden ist. Man wird am einfachsten mit Jahn an ein dem täglichen Leben entnommenes Motiv denken.

532 [231] H. 12

Nackter stehender Jüngling (Dioskur?) vorn auf dem Kopf ein undeutlicher Gegenstand (Lotosblume oder Flamme oder Stern).

533 [229] H. 9

Stehender Mercur mit den üblichen Attributen; sehr gewöhnlich.

Dávila S. 66, 181; auch unter den modernen Bronzen (S. 70, 213. 217. 220) werden Mercurstatuetten angeführt.

534 [228] H. 9

Stehender Mercur mit kurzem Mantel auf der l. Schulter.

Vielleicht modern.

535 [227] H. 9

Nackte Jünglingsgestalt mit Flügeln am Kopf (Mercur, Vertumnus?).

536 [ ] H. 5

Kleiner Amor mit Flügeln, kindlich; die Armbewegung unverständlich, ohne Attribute.

537 [225] H. 9.
Kleine stehende Fortuna mit dem Modius auf dem Kopf, dem Füllhorn im l. Arm und dem Ruder in der R. Gewöhnliche Vorstellung und Arbeit.

538 [ ] H. 6
Kleine geflügelte Victoria mit Diadem in schreitender Bewegung, in der R. einen Kranz, in der L. eine Palme (?) tragend.

539 [ ] H. 10 (3 Zoll 8 Linien, Dávila).
Kleine Gestalt des fast kindlich gebildeten Attis mit phrygischer Mütze; in dem halb hochgehobenen Schooss des Rockes Früchte tragend. Dávila S. 66, 182.

540 [ ] H. 12
Stehender nackter Jüngling (Palästrit) mit glattem langen Haar, ohne Kopfbinde, in der R. hält er das Stück eines Stabes, in der L. ein Schabeisen (?), wie es scheint. Ueber dem l. Arm hängt ihm ein kurzes Stück Chlamys. Zierliche Arbeit.

541 [ ] H. 11
Kleine Figur eines Römers im Priestergewand, in der L. eine offene Weihrauchschüssel, in der R. ein *praefericulum* tragend.

542 [ ]
Römischer Signifer mit Thierfell auf dem Kopf, das Feldzeichen in der R. tragend, an der Seite zwei kurze Schwerter.

543 [237] H. 15
Stehender römischer Krieger, wie es scheint Germane; über dem Kopf ein Thierfell, mit zwei kurzen Schwertern.

544 [240] H. 5
Kleine Figur eines stehenden komischen Schauspielers.

545 [242] H. 13
Vordertheil eines gezäumten Seepferdes.

---

546 [ ] Silber.
Kleines rundes Silbergefäss, Schale ohne Henkel. Die Darstellung geht in zwei Streifen um den Bauch des Gefässes aussen

herum. In der oberen jagen zwei Reiter einen Bären, einen Panther und zwei Böcke; in der unteren Reihe wechseln Delphine ab mit einem Meerstier, einer Meergeis (dem bekannten Horoskop des August) und einem Meerlöwen, d. h. diese Thiere endigen in Fischschwänze. Unten auf dem Boden des Gefässes aussen steht in punktierter Schrift

LMT SACCONIOR

vermuthlich *L(uci) M(arci) T(iti) Saccónior(um)*.

Das Gefäss ist nicht im Canal des Manzanares in Castilien gefunden worden, wie man mir angab, sondern nach Dávila stammt es aus Nîmes. Der Stil der Bildwerke und der Charakter der Schrift weisen auf das erste Jahrhundert. Aehnlich ein Silbergefäss aus Castro-Urdiales in Cantabrien (vgl. Monatsber. der Berl. Akademie von 1861 S. 951) und ein unten zu erwähnendes aus Troja bei Setubal in Portugal, jetzt in Lissabon. Der Name *Sacconius* findet sich auch in Mommsens I. N. 3013, in der Lyoner Inschrift Henzen 5530 und sonst.

---

547 [ ] Alabaster.

Drei Messgefässe von Alabaster (in der Form ähnlich N. 79 bei Jahn) von verschiedener Grösse.

Gefunden im Jahr 1792 bei Velez Malaga, zwischen Malaga und Adra. Herr Zobel theilte mir die folgenden Messungen mit: das kleine Gefäss fasst 0,635 Liter, das mittlere 9,7, das grosse 4 mal so viel als das mittlere, also 38,8. Herr Hultsch, dem ich diese Maasse mittheilte, schreibt mir darüber folgendes: 'die von Böckh gemessenen attischen Gefässe ergaben (Metrologie S. 84) einen wahrscheinlichen Mittelwerth von 1950 Pariser Kubikzoll für den attischen Metretes. Nun entsprechen 1950 Pariser Kubikzoll 38,699 Liter. Diess Maass stimmt also so genau mit dem grössten der Gefässe, wie man überhaupt nur erwarten kann. Die Eintheilung bei den spanischen Maassen ist aber nicht attisch. Auf das Viertel = 3 Choen folgt ein Sechzehntel, welches zu keinem griechischen oder römischen Maasse congruent ist. Als Sechzehntel nämlich oder $\frac{1}{64}$ des Ganzen fasse ich das kleinste Gefäss auf. Die Rechnung ergiebt allerdings $\frac{1}{61}$; aber eine solche Eintheilung widerspricht aller Analogie; auch ist der Fehler 0,635 für 0,616 Liter verschwindend klein.' Vgl. das neuerdings von de Witte besprochene Gefäss bei Desjardins comptes rendus de l'ac. des inscr. 6, 1862 S. 71.

V.

DIE SAMMLUNG DES HERZOGS VON MEDINACELI.

EINLEITUNG.

Von dem Ursprung dieser Sammlung ist an anderem Orte [1]) gesprochen worden. Vielleicht sind einzelne Stücke der Sammlung von Don Fadrique Enriquez de Rivera auf seiner Pilgerfahrt nach Jerusalem im Jahr 1519 und in Rom erworben worden; der grösste Theil soll dem Perafan de Rivera von Pabst Pius dem V (1566—1572) geschenkt worden sein [2]). Später mögen noch einzelne in Spanien gefundene, vielleicht auch neue ausländische Werke in die Sammlung gekommen sein. Manche von den Herzögen von Alcalá, den Nachkommen des Perafan de Rivera, waren Kunstfreunde; so besonders der zu Philipp des IV Zeit lebende Herzog von Alcalá und Medinaceli, der Gönner des Dichters Quevedo [3]). Tychsen beschreibt in dem oft erwähnten Aufsatz [4]) auch einige Marmorwerke, die er im Palast Medinaceli gesehn haben will. Nur die augenscheinlich modernen Stücke darunter fand ich vor, dagegen fehlen bei ihm die von mir gesehenen Antiken. Ich schliesse daraus, dass diese erst nach seiner Zeit aus Sevilla nach Madrid gekommen sind. Eine Hercu-

---

[1]) Im Bullettino des Instituts von 1862 S. 99—104. Daselbst ist der in Sevilla zurückgebliebene grössere aber werthlosere Theil der Sammlung beschrieben worden (siehe den Anhang). Vgl. ausserdem die Monatsberichte der Berliner Akademie von 1861 S. 533.

[2]) Siehe Fords handbook of Spain 1 S. 188.

[3]) Vgl. Quevedos Werke herausgegeben von Guerra Band 2 Madrid 1859 S. 546.

[4]) In Heerens Bibliothek der alten Litteratur und Kunst 1 S. 96 f.

lesstatue, die Tychsen beschreibt, scheint die der königlichen Sammlung oben N. 38 zu sein, deren Ursprung nicht sicher ist. Wenigstens passt die Beschreibung, und ich sah keine solche Statue im Palast Medinaceli. Es ist wohl möglich, dass der ältere Bestand der Sammlung in Madrid in die königliche übergegangen ist. Nach Tychsens Bericht war auch die jetzt in der königlichen Sammlung befindliche kleine moderne Wiederholung der liegenden Ariadne [5]) früher im Palast Medinaceli. Bestimmte Nachrichten darüber waren nicht zu erlangen, denn dergleichen Veräusserungen pflegt man in Spanien absichtlich zu verheimlichen. Sicher ist, dass viele der kleineren Antiken, welche früher im Palast Medinaceli waren, in die Sammlung der Nationalbibliothek übergegangen sind [6]). Die jetzt vorhandenen Marmorwerke sind in dem grossen Waffensaal des Palastes zwischen den mittelalterlichen Rüstungstücken sehr ungünstig aufgestellt. Die offenbar modernen Stücke, darunter die Statue einer liegenden Venus, die Tychsen anführt, ferner einige grosse Reliefs mit Scenen eines römischen Triumphes, Tropäen u. s. w., auch andere von Tychsen erwähnte Reliefs, ebenso einige kleine Inschrifttäfelchen sind hier übergangen worden. Von Vasen und Bronzen habe ich nichts gesehen. So weit es anging sind die Maasse beigefügt worden. Bei einigen Statuen liessen sie sich wegen der Aufstellung nicht ohne besondere Vorrichtung nehmen; bei diesen ist wenigstens die Vergleichung mit der natürlichen Grösse als annähernde Bestimmung beigefügt worden. Ich stelle wiederum in der gewöhnlichen Ordnung Statuen, Reliefs und Büsten zusammen; die Büsten hier zuletzt, weil die Reliefs zahlreicher und bedeutender sind; die werthvollsten Stücke der Sammlung sind die vier griechischen Reliefs N. 557 — 560. Ausser von Tychsen habe ich die Sammlung nirgends auch nur erwähnt gefunden.

---

[5]) Oben S. 162 N. 3*.

[6]) Vgl. oben S. 190 und 191 Anm. 5.

1. STATUEN.

548 [16] Italischer Marmor.

Jugendlicher Apollo, in Lebensgrösse. Der Kopf und ein Theil des r. Arms mit dem Plektron sind neu. Der Oberkörper ist nackt, der Mantel um die Beine geschlagen. In der L. hält er die Leier. Das l. Bein lehnt an einen Baumstumpf. Unbedeutende Arbeit; der Torso nicht hässlich.

549 [3] Italischer Marmor.

Nackter Bacchus in Lebensgrösse, der Kopf, die Arme und die Beine von den Knieen abwärts sind neu, auch der Torso ist geflickt. Das Pantherfell über der l. Schulter entscheidet für die Benennung. Im übrigen ein sehr unbedeutendes Werk.

550 [1] Italischer Marmor.

Nackter Mercur über Lebensgrösse, mit Flügeln an den Schläfen. Die Nase, die L. mit dem Caduceus und allerlei Flicken sind neu. Die Haare sind kurz und kraus, der Mantel liegt auf der l. Schulter. Die R. hielt wohl den jetzt fehlenden Beutel. Der Plinthos ist alt. Nicht besonders ausgeführte Arbeit.

551 [6] H. 1,00 Italischer Marmor.

Kleine stehende Venus. Neu sind der Kopf und der l. Arm, der sich auf einen Pfeiler stützt, auf dem eine Taube sitzt, und einige Flicken im Mantel. Der Oberleib ist entblösst, der Mantel um die Beine geschlagen und über den r. Arm gelegt; die R. hält ihn auf dem Schooss zusammen, doch bleibt der r. Schenkel entblösst. Der Entwurf ist zierlich, die Ausführung flüchtig.

552 [5] H. 25 Griechischer Marmor.

Kleines Brustbild einer Frau im Chiton, mit modiusähnlichem Diadem und Schleier (Aphrodite Urania). Sie legt beide Hände auf die Brüste. Auf dem Plinthos steht:

THN·OYPANIAN
BOYKOΛOC

Die Ausführung ist flüchtig und roh.

Die Inschrift steht ganz ungenau bei Mur. 1556, 4 und danach im C. I. Gr. 6804, verbessert in den Monatsber. der Berliner Akademie von 1861 S. 533 und danach wiederholt von Keil im Rhein Mus. 17, 1862 S. 70.

553 [10] Griechischer Marmor.

Stehender Asklepios, etwas unter Lebensgrösse. Der Kopf, der r. Arm und der grösste Theil des Stabes, auf den er sich stützt, sammt der sich daran heraufwindenden Schlange sind neu; doch ist der Ansatz des Stabes und der Schlange unten am Plinthos alt. Der Oberkörper ist nackt, der Mantel umgiebt die Beine und ist um die auf dem Rücken ruhende L. geschlungen. Schöner, einfacher Entwurf, aber wenig ausgeführt.

554 [7] H. 40 Italischer Marmor.

Kleiner sitzender Satyr. Der Kopf, beide Arme und die Amphora, die sie halten, sowie die Ziegenfüsse sind neu. Er giesst aus dem auf dem l. Schenkel liegenden Krug Wein aus; die Bewegung scheint mit Nothwendigkeit für die Ergänzung angezeigt zu sein.

555 [14] Schwarzer und africanischer Marmor.

Stehender Knabe mit langem Haar und bis über die Knie reichendem Rock (Larenbild oder *camillus*). Der Körper ist aus schwarzem, der Rock aus gelblichem africanischen Marmor. Saubere Arbeit.

---

2. RELIEFS.

556 [2] Griechischer Marmor.

Kleine Wiederholung der bekannten Vorstellung des Besuches des bärtigen Dionysos bei Ikarios.

Vgl. Millins mythol. Gallerie Tafel 66, 263 und Wieselers alte Denkmäler 2 Tafel 50, 624.

557 [4] H. etwa 50, Br. ebenso. Griechischer Marmor.

Fragment einer auch sonst vorkommenden Vorstellung des sitzenden Asklepios und der Hygieia. Die l. Seite der Platte ist glatt abgeschnitten, so dass von dem l. hin sitzenden Asklepios nur der Rücken erhalten ist. R. steht Hygieia mit entblösstem Oberkörper, den Mantel um die Beine geschlagen, das r. Bein über dem l. gekreuzt, mit dem r. Arm auf Asklepios Schulter gestützt; sie wendet den Kopf nach r. und reicht mit der ausgestreckten L. eine Schale der grossen Schlange zum trinken, welche sich um den ganz r. stehenden Baum windet. Zwischen dem Baum und der Hygieia steht ein kleiner Altar mit brennendem Opfer.

558 [12] H. 50, Br. 49 Griechischer Marmor.

Leda stehend mit dem Schwan; l. ein Palmbaum. Die Platte ist aus mehreren Stücken zusammengesetzt, doch ist nichts ergänzt.

Wiederholung des argivischen Reliefs bei Jahn archäol. Beiträge S. 6 Tafel 1; nur hat das Madrider den Palmenbaum mehr. Doch fehlen ihm dafür zwei feine Züge des argivischen: das heben des l. Fusses und das Stück Gewand auf dem l. Knie.

559 [15] H. 30, Br. 45 Griechischer Marmor.

Kleine geflügelte Nike mit Kopftuch, im langen schwerfaltigen dorischen Chiton, l. hin stehend, im Begriff ein Zweigespann zu besteigen. Sie hält in den beiden gleichmässig hoch gehobenen Armen die Zügel (es ist nur ein einfacher breiter Zügel angegeben). In den Kopfbewegungen der Pferde ist der Moment des eben ausschreiten wollens höchst lebendig ausgedrückt. Vortreffliche Zeichnung von einfachster Natürlichkeit nach gewiss griechischem Vorbild der besten Zeit; auch in der zwar flüchtigen aber breiten und meisterhaften Behandlung zeigt sich die Arbeit eines griechischen Meissels. Nur vom r. Flügel der Nike ist ein Stück abgebrochen, aber nichts ergänzt.

560 [11] **H. 50, Br. 83 Griechischer Marmor.**

Zwei griechische Jünglinge, nackt bis auf die auf den Schultern liegende Chlamys, unbedeckten Kopfes, auf muthig schreitenden Pferden l. hin reitend. Sie tragen keine Waffen; nur scheint der r. einen Stab oder ein Schwert unter der Chlamys zu tragen. Die Zügel der Pferde sind nicht angegeben; ihre Mähnen sind beschnitten; der Kopf des ersten ist in der Zeichnung etwas manieriert.

Die Vorstellung entspricht ganz den verschiedenen Gruppen reitender Jünglinge im Fries des Parthenon. Ein ähnliches Vorbild muss zu Grunde liegen, doch gehört die Ausführung wohl in die römische Zeit. N. 559 und 560 werden in den Annalen des Instituts von 1862 veröffentlicht werden (*tav. d'agg.* G und F).

561 [16 über der Eingangsthür] **Italischer Marmor.**

Reliefbildniss eines kahlköpfigen Römers mit geschorenem Bart, in Lebensgrösse, r. hin. Unbedeutende flache Arbeit, aber doch wohl antik.

3. BÜSTEN.

562 [13] **Italischer Marmor.**

Bildniss eines bärtigen Römers, in Lebensgrösse, aus antoninischer Zeit. Gute Arbeit, vortrefflich erhalten.

563 [9] **Italischer Marmor.**

Kleiner weiblicher Kopf, auf ein nicht dazu gehöriges Bruststück gesetzt; und vielfach geflickt. Rohe und unbedeutende Arbeit.

564 [8] **H. 30 Africanischer Marmor.**

Moderner Kopf der Minerva aus weissem Marmor auf ein antikes Bruststück von africanischem gesetzt.

VI.

DIE SAMMLUNG DES HERZOGS VON ALBA.

Der Vater des jetzigen Herzogs von Alba hat dem Vernehmen nach bei einem längeren Aufenthalt in Italien, besonders in Rom, die antiken Sculpturen und gemalten Vasen zusammengebracht, welche erst zu kleinerem Theil in dem neu eingerichteten Palast (dem sogenannten Palast von Liria) ihre Aufstellung gefunden haben, auf Anordnung der zu früh verstorbenen jungen Herzogin, der Schwester der Kaiserin von Frankreich. Die Marmorwerke werden in einem Gartenhaus neben dem Palast sehr unordentlich aufbewahrt. Modern zu sein schien mir eine Marmorvase mit der Reliefdarstellung eines sitzenden Jupiter, welcher eine vor ihm stehende Frau bekränzt; daneben steht ein geflügelter Genius, ihm entgegen kommt ein Zug von zum Theil fackeltragenden Frauen mit einem Stier. Die Vasen schmücken die Wände eines Cabinets im Palast der Herzogin, und sind auf Consolen zum grössten Theil so angebracht, dass eine genaue Beschreibung aller nicht möglich war, zumal bei nur einmaligem Besuch, den ich der gefälligen Vermittelung des Herrn Federico de Madrazo verdanke. Ich musste mich daher auf eine Auswahl der vorzüglicheren beschränken, selbst ohne von ihnen eine genaue Beschreibung und die Maasse geben zu können. Die meisten schienen apulischer Herkunft und enthalten nur gewöhnliche Vorstellungen, viele der kleineren nur Verzierungen. Die Zahlen in runden Klammern gehn auf Jahns Tafel mit den Vasenformen (s. oben S. 168). Voran stelle ich die Statuen und Büsten, darunter eine von Bronze; Reliefs fehlen. Unter den Marmorwerken sind einige vorzügliche griechische Arbeiten (N. 569 und 571). Die Zahlen in Klammern deuten die jetzige Aufstellung, wenn man sie so nennen will, an. Ueber die Herkunft der einzelnen Stücke war durchaus nichts in Erfahrung zu bringen.

1. STATUEN.

565 [9] **Italischer Marmor.**

Kleiner Torso einer stehenden Artemis mit kurzem Chiton, den Köcher auf dem Rücken. Die Füsse und der neben ihr sitzende Hund sind neu. Unbedeutende Arbeit.

566 [8] **Griechischer Marmor.**

Torso eines stehenden Bacchus in halber Lebensgrösse, der über den zierlich gefalteten kurzen Chiton ein Fell eng anliegend geschlungen hat, so dass der Kopf des Thiers auf der l. Seite herauskommt. Kopf, Arme und Beine fehlen. Schöne Arbeit.

Vielleicht zu einer Gruppe mit Ariadne gehörig. Aehnlich bekleidet ist die kleine weibliche Figur des Berliner Museums in Gerhards Verz. N. 479.

567 [1] Italischer Marmor.

Torso einer bekleideten Venus Genetrix in Lebensgrösse. Kopf, Arme und Beine fehlen; von schöner Arbeit.

568 [6]

Torso einer Frau, stehend, mit einem feinen Chiton bekleidet, ein Fell auf den Schultern, drei Viertel Lebensgrösse (Omphale, Ariadne? oder die tragische Muse?). Der Kopf, die Arme und der l. Fuss fehen. Zierliche Arbeit.

Scheint nicht zu N. 566 zu gehören.

569 [7] **Griechischer Marmor.**

Nackter Knabe (nur ein Stück Mantel liegt auf der l. Schulter) auf das r. Knie gesunken, das l. Bein fast ausgestreckt; etwas über Lebensgrösse. Kopf und Arme fehlen. Die Bewegung des Körpers zeigt, dass der Kopf nach oben gewendet, und die Arme abwehrend erhoben waren. Wahrscheinlich ein Sohn der Niobe.

Am nächsten kommt ihm, soweit ich sehe, unter den bekannten Niobesöhnen der bei Clarac Tafel 585, 1265 abgebildete; doch ist der Madrider nach der andern Seite hin gewendet und auch in der Bewegung verschieden.

570 [10—15]

Sechs nackte männliche Torsi verschiedener Grössen und verschiedener Körperbildung, einige darunter recht schön.

2. BÜSTEN.

571 [2] H. 27 Griechischer Marmor.

Altgriechischer weiblicher Kopf, vielleicht der Aphrodite, wegen des mild lächelnden Ausdrucks, aber von älterer und ernster Auffassung; doch kann man auch an eine Muse oder sterbliche Frau denken. Nur die Nasenspitze mit dem l. Nasenflügel ist abgestossen. Der Kopf ist im Ansatz des Halses abgebrochen und gehörte offenbar zu einer Statue. Das gescheitelte Haar wird durch ein schmales rundes Band festgehalten; an den Seiten ist es in schönen Wellen frei zurückgestrichen, hinten einfach heraufgenommen und in das Band gesteckt. Oben auf dem Schädel ist der Marmor ganz glatt behauen, so dass man eine eng anliegende Haube zu sehen glaubt, falls nicht wegen hoher Aufstellung der Künstler es unterliess das Haar auszuarbeiten. Die Stirn ist niedrig, die Augenlider sind schmal und ziemlich scharf geschnitten; der Mund, mit kaum zurücktretender Unterlippe von lebendigem Ausdruck; das rundliche Kinn hat eine Beschädigung erlitten.

Dieser Kopf soll im römischen Kunsthandel gesehn worden sein. Die Form besitzt das königliche Museum in Berlin.

572 [5] Italischer Marmor.

Herme mit dem Kopf des bärtigen Bacchus, in Lebensgrösse. Er trägt einen Kranz von Weinblättern im langen Haar, der wie der Bart überzierlich ausgeführt ist. Im archaisierenden Stil der traianischen Zeit.

573 [4] Italischer Marmor.

Kopf eines jugendlichen Satyr, in Lebensgrösse; nicht besonders schöne Arbeit.

574 [3] Bronze.

Bildniss eines kahlköpfigen Römers mit geschorenem Bart, in Lebensgrösse; von guter Arbeit.

An die Züge des älteren Scipio Africanus, an den man zunächst denkt, erinnert er nicht. Doch ist es ein interessanter Kopf.

3. VASEN.

575 1 (54) H. 35 r. F.

A Ein nackter Krieger mit lockigem Haar, die Chlamys über der l. Schulter, den runden Schild am l. Arm, in der R. ein Beil erhebend, eilt in gewaltiger Bewegung l. hin, sich nach r. umsehend.

B Ein Jüngling (oder Weib? das Geschlecht blieb mir zweifelhaft) mit Kopfbinde, im kurzen Chiton mit kurzen Aermeln, eilt l. hin, den Inhalt einer Amphora, welche er in beiden Armen hält, in einen vor ihm stehenden Kalathos auszuschütten. Oben l. ein Fenster.

Schöner Stil, aber ganz flüchtige Zeichnung.

576 2 (40) r. F.

A Zwei Frauen vor einem runden Becken auf hohem Fuss sich waschend. Die r. stehende ist bekleidet und hält einen Spiegel in der Hand; die l. ist nackt, und scheint das Gewand so eben abgelegt zu haben.

B Unsichtbar.

Vorzüglich schöne Zeichnung.

577 5 (61) r. F.

Eine Frau im Chiton sitzt auf einem runden Polster und hält auf der L. einen Vogel. Vor ihr steht ein Jüngling mit Lorbeerkranz, im Mantel, auf einen Stab gestützt. Gute Zeichnung.

578 4 (61) r. F.

Eine Frau im Chiton mit Kranz und Stab sitzt r. hin, vor ihr steht ein nackter Jüngling mit einem Stab in der Hand, die Chlamys über der Schulter. Hässliche Zeichnung.

579 3 (54) r. F. m. W.

Stehender Jüngling mit blondem Haar; er trägt einen kurzen Chiton, Chlamys und Stiefeln, in der R. hält er einen Stab. Die Vorstellung blieb mir unverständlich.

VII.

DIE SAMMLUNG DES FÜRSTEN VON ANGLONA.

Die Sammlung des Fürsten von Anglona machte schon in den dreissiger Jahren in Rom von sich reden. Von Gerhard besonders darauf aufmerksam gemacht, gelang es mir durch die Vermittelung des Herrn Valentin Carderera diese jetzt unter die Söhne des verstorbenen Fürsten, den Marques von Javalquinto und den Herzog von Ucéda vertheilte Sammlung zu sehen und in je einmaliger genauerer Betrachtung die wichtigsten Stücke derselben zu verzeichnen. Sie enthält nur wenige Marmorwerke, einige kleine Bronzen, mehrere gemalte Vasen, Lampen aus Metall und Thon, antiken Goldschmuck, Terracotten (darunter etruskische Votivfüsse), kleine ägyptische Idole ohne Schrift, endlich in grosser Anzahl und vorzüglicher Schönheit geschnittene Steine und antike Glaspasten. Hervorzuheben sind die schönen grossgriechischen Lampen aus schwarzem Thon mit Reliefdarstellungen. Die Gegenstände stammen ohne Ausnahme aus Italien, und sind dem Vernehmen nach meist im Kunsthandel zu Rom und Neapel erworben worden. Die Inschriften (ebenso von den griechischen Thonlampen die ohne Bild und von den römischen ohne Schrift die mit den ganz gewöhnlichen Vorstellungen von Gladiatoren und dergleichen) mit Stempeln, und ähnliches, übergehe ich auch in diesem Verzeichniss. Unter den kleineren grossgriechischen Gefässen ist eines mit einem alterthümlichen Reiterfries (s. F.); die übrigen verdienen keine besondere Erwähnung. Von den geschnittenen Steinen erlaubte mir die Zeit nur die mit Schrift versehenen genauer zu verzeichnen (sie sind hier nicht mit aufgenommen worden); es wäre sehr zu wünschen, dass die zahlreichen übrigen durch

Gipsabgüsse bekannt gemacht würden. An anderem Orte habe ich die griechische Inschrift eines Goldplättchens, wahrscheinlich als Amulet zu tragen [1]), und eine Elfenbeintessera mit einer Darstellung des Amphitheaters auf der einen, auf der andern Seite mit der Inschrift Ἱερών zwischen den Zahlen XII und IB [2]) bekannt gemacht. Auch den Goldschmuck, so vorzügliche Stücke darunter sind, schien es unthunlich ohne Abbildungen näher zu beschreiben [3]). Ich stelle die Marmorwerke (von Statuen und Reliefs sind nur Fragmente vorhanden, z. B. das eines auf einem Ziegenbock reitenden Satyrs; ich verzeichne nur die Köpfe) voran, verzeichne dann die Vasen (bei denen die Zahlen in runden Klammern wiederum auf Jahns Tafel mit den Vasenformen gehn) und im Anschluss an sie das etruskische Gefäss N. 605 und ein Stück Gemälde, dann die Terracotten (unter diesen habe ich eine Reihe von Fragmenten in Besitz des Herzogs von Ucéda von der Art, welche aus den Sammlungen Canovas und Campanas bekannt ist, nicht verzeichnet) und Lampen (unter ihnen sind fast nur durch Schönheit oder seltene Vorstellungen ausgezeichnete) und zuletzt die wenigen Bronzen. Die Buchstaben I und U beziehen sich auf die jetzige Vertheilung der Sammlung unter die Herren Marques von Javalquinto und Herzog von Ucéda; die darauf folgende Nummer giebt nur die Reihenfolge an, in welcher mir die Gegenstände zur Betrachtung vorgelegt wurden, denn eine feste Aufstellung haben sie bei keinem der beiden Besitzer.

---

[1]) In den Monatsberichten der Berliner Akademie von 1861 S. 533.

[2]) Im Bullettino des röm. Instituts von 1861 S. 128, 2.

[3]) Modern, d. h. eine Arbeit des sechzehnten Jahrhunderts, schien mir eine kleine Bronzebüste zu sein, deren Kopf unzweifelhaft nach den bekannten Büsten des älteren Scipio Africanus gemacht ist, während das Bruststück mit Harnisch und Paludamentum den Stil der Kaiserzeit zeigt.

1. MARMORWERKE.

580 U 33 Porphyr.

Kleiner Serapiskopf, mit dem Modius geschmückt, Haar und Bart lockig.

581 I 17

Kleines Gorgoneion, die Nase und die Flügel an den Schläfen ergänzt; oben am Haarschopf von zwei Fingern gehalten, also wohl zu einer Perseusstatue gehörig.

582 U 52 H. 12

Kleine tragische Maske mit Kranz, hohlen weitgeöffneten Augen und offenem Mund.

583 I 1 Schwarzer Marmor, poliert.

Bildniss des Sokrates, in Lebensgrösse; der Kopf schien antik zu sein, allein die Aufschrift *ΣΩΚΡΑΤΗΣ* (so) ist unzweifelhaft modern.

584 U 31 Italischer Marmor.

Bildniss eines bärtigen Römers, in Lebensgrösse, mit krausem Haar, im Harnisch und Paludamentum. Gute Arbeit der antoninischen Zeit; eine ausgeprägte Aehnlichkeit mit einem Kaiser schien mir nicht vorhanden zu sein.

---

2. VASEN.

585 U 10 (58) s. F.

In einem Streifen Kampf des Herakles, der Bogen und Keule führt, gegen zwei Kentauren, welche Baumstämme gegen ihn erheben. Rohe und flüchtige Zeichnung.

586 U 4 H. 10 s. F.

Zweikampf zwischen zwei Kriegern mit Helm, Schild und

Speer; zwei bärtige Männer in Mänteln mit Stäben stehen an beiden Seiten der Kämpfenden. Sehr zierlich.

587 U 15 (70) H. 32 r. F.

A Eine Frau mit Kopfbinde im feingefalteten Chiton und grossen Flügeln (Nike), zwei Fackeln in den Händen tragend, geht r. hin auf einen Altar mit brennendem Opfer zu. Daneben steht

ΛΙΧΑΣ
ΚΑΛΟΣ

B Ein Knabe mit Kopfbinde, auf welcher vorn eine Blume oder ein anderer Zierrath angebracht ist, im Mantel, eilt r. hin; in der ausgestreckten R. hält er einen Becher, die L. hält er unter dem Mantel.

Zierlich-alterthümlicher Stil, sauber ausgeführt.

Λίχας ist als dorischer Name, in Grossgriechenland aus dem Petron bekannt.

588 I 3 (54) H. 32 r. F.

A Ein nackter Silen erhebt die R. um auf den Schlauch zu schlagen, den er in der L. hält. Vor ihm steht l. hin eine Flötenbläserin, ganz nackt, mit Halsband, Brustband, Armband und Bändern um den l. Oberschenkel und die l. Wade. Sie bläst auf der Doppelflöte und erhebt dazu den r. Fuss taktschlagend. R. tanzt ein nackter Satyr, der die R. mit undeutlicher Bewegung erhebt, und in der L. ein (Trink?-) Horn hält.

B Drei Jünglinge in Mänteln mit verhüllten Armen, zwei l. hin, der l. stehende r. hin. Der in der Mitte hält einen Stab.

Schöne Zeichnung und saubere Ausführung.

589 I 10 (70) H. 36 s. F. m. W. auf gelbem Grund.

Eine Frau im feingefalteten Chiton und schwarzem Kopftuch und Mantel steht r. hin, in der R. hält sie einen Faden, an dem unten ein eichelförmiges Gewicht hängt, in der L. eine Leier. Ihr gegenüber l. hin steht eine andere Frau in gelbem Chiton, der anderen mit beiden Händen einen Oelzweig reichend.

Die nackten Theile beider Frauen sind weiss gemalt. Schöne Zeichnung und zierliche Ausführung.

Das Original scheint veräussert worden zu sein; ich sah nur die augenscheinlich genaue Zeichnung, welche der verstorbene Besitzer selbst genommen hatte. Mit den Bildern der Sappho auf Vasen bei Jahn (über Darstellungen griechischer Dichter auf Vasenbildern in den Abhandlungen der sächs. Ges. der Wissenschaften Band 8 S. 697 ff.) hat das vorliegende keine Aehnlichkeit; doch mag eine andere Dichterin (s. deren Katalog bei Jahn S. 758) gemeint sein.

590 I 4 (53) H. 30 r. F. m. W.

Eine Frau im Chiton sitzt r. hin, sie hält ein Kästchen in der R., in der L. einen Stab mit einer Binde daran. Vor ihr steht ein nackter Jüngling mit Kopfbinde, in der R. einen Kranz, in der L. einen Stab mit einem Wedel (?) daran haltend.

B Drei Jünglinge in Mänteln, flüchtig.

Apulischer Stil; nicht besonders gut ausgeführt.

591 U 11 (40) H. 25 r. F. m. W.

A Zwei geschwänzte Satyrn tanzend.

B Sphinx mit weissem Gesicht, archaisch, r. hin sitzend, mit erhobener l. Tatze. Ihr entgegen fliegt ein Vogel (Rabe? oder Taube?).

592 U 6 r. F.

Zweihenkliger Trinkbecher.

A Nackter Flügelknabe mit weiblicher Haartracht r. hin sitzend; in der L. hält er ein geöffnetes Kästchen.

B Eine Frau im Chiton r. hin laufend, in der R. hält sie ein geöffnetes Kästchen, in der L. einen Kranz.

593 I 2 H. 28 s. F. m. W.

A Ein Jüngling im Mantel, die Kapuze über den Kopf gezogen, r. hin; hinter ihm eine Flötenspielerin.

B Tanzender Mann im Chiton, die nackten Theile weiss gemalt; hinter ihm ein anderer Mann, nackt, wie mir schien.

Rohe und flüchtige Zeichnung.

594 U 12 (53) r. F. m. W.

A Eine Frau im weissen Chiton sitzt unter einem von zwei Säulen getragenen Heroon mit Giebeldach, ein Kästchen haltend.

B Eine Frau im Chiton, in der R. einen Fächer und mehrere Binden, in der L. ein Tympanon tragend, läuft l. hin.

595 U 13

Ganz ähnlich wie N. 594, nur sitzt die Frau l. hin.

596 U 14 (53) r. F. m. W.

Nackter Knabe mit Flügeln und weiblicher Haartracht, auf einem Felsstück l. hin sitzend, in der R. eine Schale und einen Korb, in der L. ein Kästchen haltend.

597 I 5 (65) H. 28 r. F.

Eine Frau im Chiton r. hin laufend, in der L. ein Kästchen tragend, hinter ihr ein nackter Flügelknabe.

598 U 5 (Kleines Gefäss mit einem Henkel oben.) r. F.

Eine Frau im Chiton r. hin sitzend; in der Hand hält sie einen Korb.

599 U 8 (59) r. F.

Frau im Chiton und nackter Flügelknabe.

600 U 7 (34) r. F. m. W.

Ein Frauenkopf und der Kopf eines bärtigen Mannes mit weissem Lorbeerkranz, sich ansehend. Flüchtige Zeichnung.

601 U 9 (40) r. F.

A Weiblicher Kopf r. hin.

B Kleiner Tempel und davor ein Altar.

Rohe und flüchtige Zeichnung.

602 U 29 r. F.

Trinkhorn in Form eines Hundekopfes, von ausserordentlicher Natürlichkeit. Oben gemalt Eroten auf einem Delphin, der eine reitet und hält sich ängstlich an der Rückenflosse wie an einer Mähne fest, der andere hält sich schwebend an dem Schwanz des Fisches.

603 I 8

Trinkhorn aus rothem Thon in der Form eines Rehkopfs; vorzügliche, schön erhaltene Arbeit.

604 U 28

Trinkhorn in der Form eines Greifenkopfes, weiss gemalt; vorzüglich erhalten.

605 U 16 H. 20 r. F.

Etruskisches Gefäss mit einem Henkel, sehr roh und hässlich. Ein dicker Mann mit spitzer Mütze sitzt r. hin, den Kopf zur Seite gebeugt, die Hände auf die Knie gelegt. Am Henkel ist ein kleines Thier angebracht, vielleicht ein Affe, mit grossen Ohren, auf einem viereckigen Würfel sitzend (dieses ist ganz schwarz).

---

606 I 18

Stück eines pompeianischen Wandgemäldes, Amor kindlich mit Flügeln, stehend, in der L. einen scepterartigen Stab haltend, auf rothem Hintergrund. Sehr schöne Zeichnung.

---

3. TERRACOTTEN.

607 U 26 H. 15

Stehende Frau im Chiton und Mantel, einen Kranz im Haar, in der R. hieltsie etwas. Vorzüglicher Entwurf. (Etwa Demeter?)

608 I 7 H. 17

Stehender Apollon Musagetes im langen Chiton, einen Lorbeerkranz in dem langen Haar, die R. in die Seite stemmend, mit der herabhängenden L. die Leier auf den Boden stützend. Nach gutem Vorbild etwas flüchtig ausgeführt.

609 U 24 H. 15

Obertheil einer stehenden Frau im Chiton und Mantel, ohne Diadem oder Kranz, von schlanken Proportionen und mit sehr langem Halse. Die Malerei fast vollkommen erhalten, das Haar ist dunkelbraun. Der Kopf vorzüglich schön.

610 U 23 H. 25

Bekränzte Nike r. hin stehend, den entblössten Oberkörper vorgebeugt, den r. Fuss auf einen Felsblock erhoben. Um die Beine ist der Mantel geschlagen. In den ausgestreckten Armen scheint sie etwas gehalten zu haben, aber wohl nicht einen Kranz. Die Verhältnisse des Körpers sind verfehlt, aber die Einzelnheiten vorzüglich. Von der Malerei ist wenig erhalten.

611 U 24 H. 15

Nackter Knabe, schwebend. Die Haartracht weiblich, eine Perlenschnur kreuzweis über die Brust gelegt. In den Schultern Löcher, um Flügel einzusetzen, in der Mitte eines zum Aufhängen. In den Händen scheint er Krotalen zu halten. Die Hüften von weiblicher Fülle. Vortreffliche Arbeit, von Malerei wenig erhalten.

Eine ähnliche Figur in Wieselers alten Denkmälern 2 Tafel 56, 720 aus der Archaeologia 32 Tafel 19 und Clarac Tafel 66C F, 1554 D. Sehr ähnlich sind auch die auf den unteritalischen Vasen so häufigen Flügelknaben von vielleicht hermaphroditischer Bildung (vgl. Jahn Einl. zu den Münchener Vasen S. CCXXX).

612 U 25 H. 15

Sitzende Sphinx mit hohen Adlerflügeln und grossen Löwentatzen; der Kopf, mit zierlicher Haartracht, ist klein, der Körper mächtig. Von der Malerei ist wenig erhalten.

613 I 16

Etruskischer weiblicher Kopf in halber Lebensgrösse, alterthümlich fratzenhaft, ähnlich alten Gorgoneien, wie z. B. dem Kopf der Medusa auf der Metope des selinuntischen Tempels.

614 U 1

Kleines Bildniss eines bärtigen Römers, wohl ein Kaiser (vielleicht der ältere Gordian).

615 I 6 H. 11

Kleiner stehender Gladiator mit Schwert und Schild; der Kopf und der l. Fuss fehlen. Sauber ausgeführt, besonders die Bewaffnung.

4. THONLAMPEN.

616 U 7 H. 12 Rother Thon.

Griechische Lampe in der Form einer sitzenden Figur des Sokrates, mit unzweifelhafter Aehnlichkeit. Die Oeffnung für den Lampendocht ist zwischen den Füssen, am Rücken ist der Griff und das Loch, um das Oel einzugiessen. Er hält auf den Knieen mit beiden Händen eine Schriftrolle, in der er liest; darauf steht in erhabenen Buchstaben die Inschrift (von l. nach r., weil der Former sie rechtläufig schrieb):

ꟼIAX

YꓘƎ

///Iꟼ

Vermuthlich χαῖρε κύριε, oder κυρία.

617 I 15 Rother Thon.

Griechische Lampe in Form eines Fusses mit zierlicher Sandale, deren Sohle mit Nägeln beschlagen ist.

618 I 12 Rother Thon.

Römische Lampe, Luna auf einem mit zwei Pferden bespannten Wagen r. hin fahrend. Schöne Zeichnung.

619 U 3 Rother Thon.

Römische Lampe mit der stehenden tragischen Muse, welche an Maske und Keule kenntlich ist.

620 I 13 Rother Thon.

Römische Lampe. Reiter mit runder Mütze l. hin galoppierend, mit der R. einen Speer zum Wurf erhebend, in der L. den Schild und noch zwei Speere tragend. Der Tracht nach ein Parther oder Sarmat.

621 I 11 Rother Thon.

Römische Lampe. Ein Gladiator mit vier Ebern kämpfend, drei hat er schon erlegt, gegen den vierten legt er den Speer ein. Auf der Rückseite in einem Schildchen die Inschrift SAECVL; also wohl Darstellung von Thierkämpfen bei Säcularspielen.

GRIECHISCHE LAMPEN VON SCHWARZEM THON.

622 U 17

Kopf des Zeus von vorn. Vortreffliche Arbeit.

623 U 22

Eros, geflügelt, steht mit dem Speer in der R., die L. nach Fechterart mit der Chlamys umwickelt.

624 U 20

Eros geflügelt, sitzend und Blumen von einem Baum pflückend.

625 U 19

Heracles mit Löwenfell und Keule unter dem Baum der Hesperiden ausruhend.

626 U 21

Omphale sich in dem Löwenfell versteckend, hinter ihr thut dasselbe ein kleiner geflügelter Eros.

627 I 14

Silensmaske. Vortreffliche Arbeit.

628 U 18

Schwan uud Kaninchen.

5. BRONZEN.

629 I 9 H. 14

Nackter stehender Hercules mit Lorbeerkranz, beide Arme und Attribute fehlen. Das Piedestal ist antik. Sehr zierliche Arbeit.

630 I 6 H. 25

Kleines Bildniss eines stehenden nackten Kaisers mit Lorbeerkranz. Neu ist der Arm mit dem scepterähnlichen Stabe; was die L. hält, ist nicht zu errathen. Der Kopf, mit kurzem glatten Haar und niedriger Stirn zeigt keine sehr bestimmte Aehnlichkeit; man könnte an Tiberius und Trajan denken; auch an Titus, doch schien für diesen der Körper zu schlank.

631 U 2

Kleine Lampe; Amor geflügelt auf einem Delphin reitend.

VIII.

KLEINERE PRIVATSAMMLUNGEN.

DIE SAMMLUNG ASENSI.

Herr Tomas Asensi hat seinen längeren Aufenthalt in Tunis als Consul seiner Nation daselbst benutzt, einige gemalte Vasen und Terracotten aus Kyrenaika zusammenzubringen, welche er in seiner Wohnung (Calle de la Luna N. 6)[1]) aufbewahrt. Der Besitzer versichert von den Vasen (N. 632—636), dass sie aus den Küstengegenden von Kyrene stammen. Doch hat er sich später auch mit französischen und italienischen Händlern in Verbindung gesetzt, so dass die Herkunft aller Stücke aus jenen Gegenden keineswegs verbürgt ist. Bei einmaligem Besuch konnte ich die wichtigsten verzeichnen. Die Vasen, kleine dreihenklige und einhenklige Krüge, zeigen in rothen Figuren auf schwarzem Grund Bilder, die sich durch die Vorstellung und die Ausführung als eigenthümlich ausweisen. Sie zeigen alle den schönsten, freiesten Stil. Nach den Vasen verzeichne ich die Terracotten. Unter diesen sind einige von vorzüglicher Schönheit; ein Theil derselben stammt wahrscheinlich aus Neapel, ein anderer aber sicher aus Kyrene; in der Zierlichkeit der Bewegungen und der sauberen Ausführung erinnern sie lebhaft an die bei Clarac[2]) abgebildeten kyrenäischen Terracotten des Louvre, über welche neuer-

[1]) Ich gebe die Wohnungen dieses und der folgenden Besitzer an, wie ich sie im Winter 1861 vorfand.

[2]) Tafel 632 I und J und 890 A und B.

dings der Graf Connestabile[3]) gesprochen hat. Ich füge den Vasen wiederum die Zahlen der Reihenfolge, in der ich sie sah, und in runden Klammern die auf Jahns Formentafel bezüglichen Zahlen bei.

---

1. VASEN.

632 1 (34) H. 30 r. F. Schöner Stil.

Die Darstellung (der Wettlauf der Atalante und des Hippomenes oder Meilanion?) umgiebt in einem Streifen mit kleinen Figuren den oberen Theil des Bauches der Vase. R. steht ein Greis im Mantel mit dem Stabe (Richter des Wettlaufs oder Schöneus der Vater der Atalante?). Es folgt Atalante im Chiton, der etwas aufgenommen, aber nicht ganz kurz geschürzt ist, im raschen Lauf r. hin sich umblickend, hinter ihr Meilanion, mit rundem Hut (wie Theseus) und Chlamys. Zwei Aepfel fliegen in der Luft. L. eine Frau im Chiton, eine Binde haltend und sich nach r. umsehend (Nike?).

Leichte, aber meisterhafte Zeichnung.

633 3 (34) H. 25 r. F. m. W. Schöner Stil.

Der nackte Eros, geflügelt, steht r. hin zwischen zwei Frauen. Die Figuren waren mit aufgesetzten Farben gemalt; nur bei Eros ist die weisse Farbe geblieben, bei den beiden Frauen ist sie gänzlich abgesprungen, so dass man sie nur noch im Umriss sieht. Daraus werden ihre Bewegungen nicht klar. Die eine scheint das l. Knie erhoben zu haben und in der Hand eine Blume oder einen Vogel zu halten. Die andere ist ganz undeutlich.

Man erkennt noch, dass auch dieses Vasenbild von höchst vorzüglicher Zeichnung war.

---

[3]) Im Bullettino des Instituts von 1861 S. 217 und von 1862 S. 11 und 21.

634 2 (34) H. 20 r. F. Schöner Stil.

L. eine Mainade in leichtem Chiton l. hin stürmend, den Kopf hintenüber werfend, um jeden Arm eine Schlange gewunden. R. sitzt eine Frau im Chiton mit Kopftuch, die L. auf einen runden Schild gestützt, auf welchem ein Lorbeerzweig vorgestellt ist, in der R. einen mit Epheublättern geschmückten Thyrsos auf die Erde stemmend.

Sehr zierliche Zeichnung.

635 5 (40) H. 35 r. F.

Bacchische Scene. Ein alter nackter Satyr r. hin, einen Stab in der L. haltend, schleppt auf der r. Schulter einen Weinkrug. Vor ihm steht l. hin ein nackter Satyrknabe mit einer Pritsche. Hinter ihm eine Mainade im Chiton mit Epheukranz und Thyrsos r. hin, sich nach l. umsehend.

636 4 (40) H. 20 r. F.

Amazone mit einem Greifen kämpfend.

Leichte und freie Zeichnung.

637 6 (59) H. 12 r. F.

Eine Frau im Chiton steht r. hin, ein Kästchen und eine Binde haltend.

Höchst feine und leichte Zeichnung.

638 7 (59) H. 12 r. F.

Drei Knaben, stehend, zwei in Mänteln, der dritte nackt, ein Schabeisen haltend.

Leichte, etwas flüchtige Zeichnung.

2. TERRACOTTEN.

639 8

Alterthümliche stehende Frau in gradfaltigem Chiton mit hohem Diadem, auf welchem Blumen angebracht sind (Demeter-Kora?), die Hände halten nichts und hängen an den Seiten grade herab. Sauber ausgeführt.

640 13

Demeter-Kora stehend mit den Früchten in der Hand.

641 12

Stehende Frau im Chiton und Schleier, den Schleier unter das Kinn gezogen, in zierlicher Bewegung.

642 10

Stehende Frau im Chiton und Mantel mit hohem Diadem (Hera? Demeter?).

643 11

Stehende Frau im Chiton und Mantel mit einem dicken Kranz im Haar.

644 9

Sitzende Frau im Chiton und Mantel, alterthümlich.

645 16

Aphrodite stehend, den Oberkörper entblösst, sich in den Mantel hüllend.

646 15

Eros stehend, geflügelt, die R. in die Seite gestemmt.

647 14

Eros stehend, die Chlamys über dem l. Arm hängend; die Flügel sind abgebrochen.

DIE SAMMLUNG CERDA.

Herr Manuel Cerdá y Villarestan (Calle de Fuencarral N. 13 und 15), als Münzsammler bekannt[1]), besitzt auch eine Reihe kleinerer antiker Gegenstände meist spanischen Fundorts. Die hier stehende Beschreibung der wichtigeren derselben verdanke ich Herrn Zobel. Ein paar kleine gemalte Vasen ohne irgend interessante Vorstellungen verzeichne ich nicht. Die Sammlung enthält Bronze- und Thonlampen, Waffen der verschiedensten Epochen aus Stein und Erz (einen Dolch, Lanzen- und Pfeilspitzen), ein ehernes, wohl keltisches, Armband, Nägel, Bronzeringe, ferner Thon- und Glasgefässe, Löffel und Griffel von Knochen; Spangen, Glas- und Mosaikfragmente aus Tarragona. Ein einfacher irdener Topf mit Deckel, in Castellon de la Plana gefunden, enthielt keltiberische Denare, deren Verzeichniss leider nicht mehr zu beschaffen war. Hier stehen nur die kleinen Bronzen und einige Figuren aus gebranntem Thon und Stein. Die den laufenden beigefügten Nummern beziehn sich auf die Reihenfolge von Herrn Zobels Beschreibung.

---

1. BRONZEN.

648 7 H. 6

Aegyptische Figur des Ptah oder Ammon (?), mit hohem Kopfschmuck, in den über der Brust gekreuzten Armen zwei Geisseln haltend. Hinten eine Oese.

Aus Italien. Vgl. Müllers Handbuch 3te Ausgabe S. 285.

---

[1]) Er hat eine Beschreibung der keltiberischen Münzen seiner Sammlung unter dem Titel catalogo general de las antiguas monedas autónomas de España u. s. w. Madrid 1858, 8. 86 S. herausgegeben.

649 3 H. 10

Nackte Venus sitzend, das l. Bein erhebend und mit der L. den l. Fuss waschend, den r. Arm darüber erhebend.

Im Jahr 1858 erworben; bekannte Vorstellung, daher vielleicht modern.

650 2 H. 18

Mercur stehend, mit Petasos und Flügelschuhen, die Chlamys, mit Gewichtstroddel, auf der l. Schulter. Die ausgestreckte R. hielt unzweifelhaft den Beutel; man hat ihr einen modernen Caduceus zu halten gegeben. Die L. ist ebenfalls modern.

Nach der Aufschrift auf dem modernen Piedestal 1809 in Murviedro (Sagunt) gefunden.

651 6 H. 7

Mercur mit Petasos, Flügelschuhen, Chlamys auf der l. Schulter und Beutel in der R. Der r. Fuss ist abgebrochen.

652 1 H. 20

Ein nackter Jüngling, die Chlamys um Rücken, Schultern und Arme geschlungen, den Kopf vornüber gebeugt, nach r. unten blickend. Er stemmt die R. in die Hüfte, die herabhängende L. hält einen Zipfel des Gewandes. Der Körper ruht auf dem r. Bein, das sich an einen Palmbaum lehnt, das l. ist zurückgestellt.

In Madrid 1854 aus einer Privatsammlung erworben, die wahrscheinlich in jenen Revolutionstagen geplündert worden war. Herrn Zobel schien der Guss antik zu sein; sollte es aber dennoch eine moderne Wiederholung des belvederischen Antinoos-Mercur sein?

653 4 H. 10

Nackter Hercules, auf dem Kopf das vorn über der Brust zusammengeknüpfte Löwenfell, mit gespreizten Beinen stehend und die R. zum Schlag (mit dem Hammer) erhebend, während er den l. Arm, über welchen ein Fell geschlagen ist, schützend vorstreckt. Rohe Arbeit.

Aus Italien. Aehnliche Herculesidole sind überall häufig. S. oben S. 200 N. 418 und 419.

654
Votivauge, wie es scheint, an der einen Seite abgeschnitten, so dass vielleicht ein zweites dazu gehörte.

2. TERRACOTTEN.

655 8
Oberkörper einer hohlen bekleideten Thonfigur mit Capuze über dem Kopf, wie es scheint männlich.

In Clunia gefunden.

656 10
Kleine weibliche Gewandfigur aus Probierstein, auf dem Boden sitzend. Sie stützt den Kopf auf die l. Hand, und legt die R. auf das r. Knie, die Beine kreuzend. Sie ist von Tonnen, Krügen und Früchten umgeben. Wohl eine Verkäuferin.

In Granada gefunden. Ich gebe Herrn Zobels Beschreibung, ohne dass ich die Aechtheit verbürgen möchte; denn Material und Vorstellung sind gleich auffallend.

DIE SAMMLUNG GUERRA.

Die kleine Sammlung des Herrn Aureliano Fernandez Guerra y Orbe (calle de Segovia N. 10) hat wie die der Akademie der Geschichte den Vorzug, fast nur Gegenstände spanischer Herkunft aufzuweisen. Einige ägyptische Idole aus glasiertem Thon, aus der Gegend von Granada und von der Insel Iviza stammend, sowie verschiedene Thongefässe, Lampen, Spangen aus Bronze und ähnliches, meist bei Granada, der Heimath des Besitzers gefunden, verzeichne ich nicht; nur die kleinen

Bronzen verdienen einige Aufmersamkeit; voran steht keine kleine Büste aus Marmor.

---

657 H. 14 Einheimischer Marmor.

Kleiner Kopf eines bärtigen Satyrs mit Epheukranz; von gefälliger Arbeit.

Aus der Gegend von Priego, zwischen Granada und Lucena.

BRONZEN.

658 H. 10

Stehender nackter Mercur mit Petasus und Flügelschuhen, die Chlamys liegt auf der l. Schulter, in der R. hält er den Beutel, die L. ist abgebrochen.

Gefunden in Oberitalien.

659 H. 12½

Geflügelte Victoria mit Stirnband, im Chiton. Die R. ist abgebrochen, vermuthlich hielt sie darin eine Palme; die L. zeigt mit dem Finger nach unten. Ueber der Brust eine kreuzweis gebundene Schnur mit einem runden Medaillon auf dem Kreuzungspunkt.

Gefunden bei den Gehöften von Repla zwischen Osuna und Marchena in Andalusien, wo man die alte Stadt Ilipula minor vermuthet (vgl. Monatsberichte der Berliner Akademie von 1861 S. 107).

660 H. 13

Bronzegefäss mit Henkel oben, in Form eines jugendlichen Satyrkopfes mit Thierfell über der l. Schulter. Der Schädel ist oben mit dem darüber angebrachten beweglichen Henkel zu öffnen. In dem Henkel steckt ein rundes Löffelchen, wie um Pulver zu schöpfen.

Gefunden in Coria südlich von Sevilla.

661
Kleiner Widderkopf von Bronze; scheint die Spitze eines Griffes gewesen zu sein.

Von den Gehöften von Repla, wie N. 659.

DIE SAMMLUNG GAYANGOS.

Herr Pascual de Gayangos (Calle del Barquillo N. 4 und 6), der verdiente Verfasser der Mohammedan dynasties in Spain (London 1841—43), besitzt eine kleine Anzahl antiker Gegenstände, von welchen zwei (N. 662 und 663) einer besonderen Beschreibung werth schienen. Von den ziemlich zahlreichen geschnittenen Steinen und Ringen dieser Sammlung sind die mit Schrift versehenen an anderem Ort zu veröffentlichen; unter den schriftlosen sind eine grosse Anzahl einfacher Intaglios in Lapis lazuli, welche nur dadurch interessant sind, dass sie in der Nähe des alten Clunia in grosser Anzahl vorkommen [1]).

---

662 H. 7, Br. 6 Silber.
Relief aus Silber getrieben, die Vorderseite eines von 6 korinthischen Säulen getragenen Tempels darstellend; auf dem Epistyl steht die Inschrift

DIVO ANTONINO PIO AVG

Nach einem Abdruck und einer nach dem Original genommenen Zeichnung, für deren Genauigkeit ich einstehn kann, im Bullettino des Instituts von 1862 von mir besprochen. Da es nach der Angabe des Besitzers in Merida gefunden worden ist, so stellt es vermuthlich einen dort einst vorhandenen Tempel jenes *divus* vor; vielleicht denselben, des-

---

[1]) Vgl. Monatsberichte der Berliner Akademie von 1861 S. 942.

sen erhebliche noch vorhandene Ruinen (abgebildet bei Laborde voyage pittoresque en Espagne 1 Tafel 105. 104. 161 C und F) ohne jeden Grund den Namen Dianatempel führen und in der Front 6 korinthische Säulen (zwischen den mittleren ein grösseres Intercolumnium) zeigen.

663 Durchmesser 6¼ Centim. Bronze.

Rundes Relief, oben mit einer runden Oese zum Aufhängen oder Befestigen (als Schmuck?) versehn. R. vom Beschauer sitzt ein wie es scheint ganz nackter Mann r. hin (Hephästos?) auf einen Felsblock vor dem Ambos schmiedend; mit der L. hält er das Eisen in der Zange auf dem Ambos fest, mit der R. holt er mit einem Hammer zum Schlage hoch aus. In der Mitte steht eine geflügelte Frau (Nike?), mit entblösstem Oberleib, mit beiden Händen vor sich einen runden Schild mit erhabenen Zierrathen haltend, so dass man nicht sieht, ob sie unterwärts bekleidet ist. Sie blickt nach r., die Flügel sind an den Spitzen gekrümmt; unter dem Schild unten sieht man ihre beiden Füsse von vorn. Der Schild bildet die Mitte der Darstellung. L. von ihr steht ein nackter Jüngling (Herakles? Dionysos?), nach r. gewendet, den Kopf nach l. zu der Flügelfrau umkehrend. Um die Schultern liegt ihm in eigenthümlicher Weise ein lang zu beiden Seiten über die Arme herabhängendes (Löwen- oder Panther-) Fell. Mit der R. hält er einen kurzen Stab (Keule? Thyrsos?), welcher auf der r. Schulter ruht; mit der L. fasst er an den runden Schild in der Mitte. Unter ihm l. weiden zwei Pferde r. hin am Fuss des Felsens, auf welchem der schmiedende Mann r. sitzt. Ueber dem Stab des Jünglings l. oben ist noch ein undeutlicher Gegenstand. Das ganze ist von einem glatten Doppelrand umgeben.

Ist Herakles gemeint, so könnte man an die Rosse des thrakischen Diomedes denken, die Nike liesse sich dabei allenfalls erklären; allein wie kommt Hephästos dazu?

DIE SAMMLUNG MAESTRE.

Herr Amalio Maëstre (Calle de Atocha N. 111), lange Zeit als Bergmann in den verschiedensten Gegenden Spaniens thätig, hat bei diesem Beruf Gelegenheit gehabt, eine Reihe interessanter Gegenstände zusammenzubringen. Darunter sind besonders Werkzeuge, Hacken und Ketten von Bronze. Eine umfassende Sammlung und Darstellung dieser Werkzeuge des Bergbaus, wie sie schon an anderem Orte [1]) gewünscht worden ist, würde gewiss lehrreich sein. Mir erlaubte ein einmaliger kurzer Besuch nicht sie näher zu verzeichnen. Nur zwei Stücke der Sammlung verdienen ausserdem eine besondere Beschreibung.

---

664 **H. 12 Bronze.**

Kleine Wiederholung des farnesischen Hercules, vollkommen erhalten bis auf eine kleine Verbiegung des r. Arms. Sie zeigt wie die nicht seltenen ähnlichen kleinen Wiederholungen desselben Werkes schönere Gesichtszüge und weit maassvollere Körperformen als das kolossale Original.

Gefunden in den römischen Bergwerken zwischen Cartagena und Almazarron (vgl. Bullettino von 1861 S. 32).

665 **Mosaikrelief. H. ungefähr 25**

Der jugendliche Herakles, l. hin sitzend, nackt, mit dem Löwenfell und der Keule, ausruhend unter dem Baum der Hesperiden. Vor ihm steht l., nach r. gewendet im Profil, eine Frau in grünem Chiton und weissem Kopftuch, in der Hand eine Blume haltend. Vortreffliche Zeichnung und saubere Ausführung; ein vorzügliches griechisches Original muss zu Grunde liegen, vielleicht eine gemalte Tempelmetope.

Gefunden, dem Vernehmen nach, in Constantinopel, und einmal in

---

[1]) In den Monatsberichten der Berliner Akademie von 1860 S. 443.

einer spanischen Zeitschrift veröffentlicht. Der Gegenstand scheint unter den seltenen Reliefmosaikbildern, über welche Winkelmann (Werke 3, 33 und 7, 451), Welcker (Zeitschrift für alte Kunst 1 S. 290 ff.) und Raoul Rochette (peintures antiques inédites S. 428) gesprochen haben, in mehreren Exemplaren erhalten zu sein. Ganz gleich ist das bei J. Kennedy description of the antiquities in Wilton-House (1769 S. 20 Tafel 7) abgebildete Mosaik; das Stück eines anderen fand sich in Lyon (siehe Welcker in Müllers Handbuch S. 461 und Artaud mosaïques de Lyon et des départements méridionaux de la France Tafel 27). Aehnlich ist auch die Vorstellung eines unedierten Marmorreliefs im neapolitanischen Museum, dessen Zeichnung Gerhard besitzt; nur steht hier Hebe mit dem Krug dem Herakles gegenüber.

ANHANG.

Um wenigstens den Grund zu einer vollständigen Denkmälerstatistik von Spanien und Portugal zu legen sind in diesem Anhang in der kurzen Form von Verzeichnissen die Beschreibungen der von mir an den verschiedenen Orten der Halbinsel gesehenen Kunstwerke wiederholt worden, welche in den fortlaufenden Reiseberichten im Bullettino des römischen Instituts der Jahre 1860, 1861 und 1862 stehen, zumal diese italienischen Schriften nicht sehr weit verbreitet sind. Ich verbinde mit diesen Berichten über selbst gesehenes aus Büchern und handschriftlichen Mittheilungen geschöpfte Nachrichten, soweit sie zu meiner Kenntniss gelangt sind. Sie finden sich nur unvollständig in dem spanischen Werk von Cean [1]), und durch eine geographisch-alphabetische Anordnung ganz unübersichtlich auseinander gerissen, im einzelnen nur aus den Papieren der Akademie der Geschichte in Madrid und zum Theil nach dem Hörensagen höchst oberflächlich und ohne alle Kritik gesammelt. Die weitschichtige locale Litteratur, welche neuerdings Muñoz sehr genau verzeichnet hat [2]), verlohnt es sich nicht der Mühe für diesen Zweck

---

[1]) Juan Agustin Cean - Bermudez, sumario de las antiguedades romanas que hay en España, en especial las pertenecientes á las bellas artes, Madrid 1832 Fol. Besondere Indices verweisen zwar auf die einzelnen Arten von Kunstwerken (der Index XIII führt die angemessene Ueberschrift *circos máximos*), allein die Beschreibungen sind äusserst dürftig und daher fast durchgehends unbrauchbar.

[2]) Tomas Muñoz y Romero, diccionario bibliográfico-histórico de los antiguos reinos, provincias, ciudades, villas, iglesias y santuarios de España, Madrid 1858, 8°.

durchzusehen; für die grösseren Städte ist das wesentlichste davon benutzt und an seiner Stelle citiert worden. Eine Reihe der besseren Stücke findet sich in Labordes grossem Reisewerk [3]) abgebildet, welches ich citiere. Daraus hat Clarac manches wiederholt. Ausserdem giebt es keine nennenswerthen Abbildungen; die des Museums Despuig verdienen kaum den Namen. Für Portugal giebt es kein Werk wie für Spanien das von Cean; aber einen sorgfältig gemachten Auszug aus dem gedruckten Material enthält Bellermanns Aufsatz 'Römische Alterthümer in Portugal' [4]); damit verbinde ich den Bericht über selbst von mir gesehenes. Ausgeschlossen sind alle epigraphischen und topographischen Mittheilungen, sowie von den Kunstdenkmälern die rein architektonischen, da sich diese Beschreibung auf Bildwerke beschränkt, und die Münzen und geschnittenen Steine, von denen ich überall nur die mit Inschriften versehenen aufzeichnen konnte. Es versteht sich von selbst dass in allen römischen Städten der Halbinsel kleine Werke des römischen Kunsthandwerks, wie Erz-, Thon- und Glaswaaren, Mosaikbilder, auch Gräbersculpturen in beträchtlicher Anzahl gefunden worden sind und noch fortwährend sich finden. Das Meiste davon geht unter oder bleibt unsichtbar, ohne dass die Archäologie dabei viel einbüsste; denn die gefundenen Gegenstände pflegen sehr gewöhnlicher Art zu sein. Allein der Einblick in die alten Kulturverhältnisse, welchen Provinzialsammlungen bieten könnten, ist so freilich mit nur seltenen Ausnahmen unmöglich und wird es bleiben, so lange selbst die Gebildeteren die Sorge für die Denkmäler einzig der Regierung zuweisen und von deren Unterstützung abhängig machen. Freie Vereinigung von Privaten, wie sie in Deutschland

[3]) Laborde, voyage pittoresque de l'Espagne, 2 Bände Fol., Paris 1806 bis 1820.

[4]) Dr. Christian Bellermann, Erinnerungen aus Südeuropa. Geschichtliche, topographische und litterarische Mittheilungen aus Italien, dem südlichen Frankreich, Spanien und Portugal, Berlin 1851, 8° S. 195 bis 304.

England und Frankreich für solche Zwecke mit Erfolg wirkt, ist dem Geist der Nation wenig entsprechend und daher bis jetzt nur in ganz vereinzelten Ausnahmen, zu denen Tarragona gehört, vorgekommen. Keiner will Beiträge zur Aufbringung der Kosten zahlen; nur wenigen ist es um die Sache selbst zu thun, die meisten wünschen bei der Beaufsichtigung der Denkmäler durch den Staat für sich selbst Titel und Gehalt zu erlangen. Aller Orten sind zahlreiche früher vorhandene Denkmäler nicht mehr aufzufinden. Als Grund davon wird meist angeführt, sie seien ins Ausland, besonders nach England gegangen, wohl gar von den Engländern gestohlen worden. Diesem Gerede gegenüber genügt es auf die einfache Thatsache zu verweisen, dass kein irgend erhebliches in Spanien gefundenes antikes Denkmal jemals als im Ausland befindlich bekannt geworden ist; was von kleineren Werken nach England oder Frankreich gekommen ist, wurde theuer bezahlt. Die Kriege und Revolutionen des vorigen und dieses Jahrhunderts zum geringsten, zum grössten Theil die Gleichgültigkeit und Unwissenheit der Einwohner selbst sind Schuld an diesen Verlusten. Uebrigens zeigt sich die Zunahme des Wohlstandes der Nation auch darin, dass die Neigung zu sammeln, besonders für Münzen, immer grössere Ausdehnung gewinnt. An die in den grösseren Städten befindlichen Werke schliesse ich die in den kleineren umliegenden Orten vorhandenen in möglichster Kürze an.

---

1. BARCELONA[1]).

Barcelona besitzt zwar eine kleine Sammlung von Alterthümern (im Hof und Erdgeschoss der öffentlichen Bibliothek, in dem früheren Kloster von San Juan), doch enthält dieselbe von antiken Marmorwerken nur eine Statue und drei Sarkophage. Cean erwähnt noch eine verstümmelte Statue des Bacchus,

[1]) Vgl. Bullettino von 1860 S. 151—157. Cean S. 15.

welche ich nicht gesehn habe. Es ist die bei Laborde 1 Tafel 11, 2 abgebildete. Sie ist von halber Lebensgrösse; Kopf und beide Arme vom Ellenbogen an fehlen. Auf der r. Schulter ist das unter dem l. Arm liegende Pantherfell zusammengeknüpft. Er lehnt sich mit dem l. Arm auf einen Baumstamm mit Weinlaub und Trauben, um den sich eine Schlange windet[2]). Ausserdem befinden sich in der Stadt zwei grosse Mosaikbilder, das eine (N. 670) im Gebäude der *diputacion provincial*, wohin es durch die Fürsorge der Commission für die Erhaltung der Denkmäler[3]) gebracht worden ist, das andere von Alters her in der Kirche San Miguel; einige andere, wie z. B. das in einem Hause der Bajada von Santa Eulalia befindliche, führe ich nicht besonders an.

Von kleineren Städten in Catalonien, ausser Tarragona, hat besonders Ampurias, das alte Emporiae, hin und wieder Kunstwerke zu Tage gefördert. Ein daselbst gefundenes Mosaikbild mit dem Opfer der Iphigenia[4]) hoffe ich später noch einmal publicieren zu können. In Mataró, dem alten Iluro, wird ein elendes modernes Machwerk als antik gezeigt und als solches von Cean (S. 25) verzeichnet. Laborde (2 Tafel 15, 1) bildet eine recht hübsche römische Lampe mit dem vor der Sphinx stehenden Oedipus aus Mataró ab. Ein in dem kleinen Ort Olesa gefundener grosser Steinwürfel, auf dessen einer Seite ein Stierkopf, auf der anderen ein weiblicher Kopf mit vier Löchern, die man für Augen hält, und Hörnern oder einem Halbmond in flachem Relief zu sehn sind, wird von Laborde (1 Tafel 15, 2 und 3) nach dem Vorgang spanischer Gelehrter für sehr alt und höchst merkwürdig gehalten; ohne das Original ge-

---

[2]) Einen vierten Sarkophag, mit dem von den üblichen Genien gehaltenen Medaillon, verzeichne ich nicht besonders.

[3]) Solche Commissionen bestehen zwar in allen Provinzialhauptstädten, doch ist von ihrer Wirksamkeit bis jetzt nur an wenigen Orten etwas zu merken.

[4]) Vgl. Bullettino a. a. O. S. 157.

sehn zu haben ist es nicht möglich Werth und Bedeutung zu bestimmen.

666 Kolossale Statue des Priapos aus Sandstein. Der Kopf fehlt. Er hebt mit beiden Händen den langen Frauenchiton, im Schooss mit Früchten gefüllt, vorn hoch; ihn stützt der enorme Phallos. An den Füssen trägt er Stiefel; unten an dem Saum des Gewandes sitzen zwei kleine Panther. Der androgyne Charakter des Gottes, den E. Braun und Jahn erkannt haben, ist deutlich ausgedrückt.

Gefunden in Hostafranchs bei Barcelona. Zu vergleichen sind die von Jahn in den Jahrbüchern des rhein. Alterthumsvereins Heft 27 Tafel 2 und 3 zusammengestellten Statuen.

667 Römischer Sarkophag mit dem Raub der Proserpina. L. fährt Ceres die Fackel tragend auf einem mit zwei Rossen bespannten Wagen r. hin. Darunter liegt eine Nymphe, vom Rücken gesehn, mit entblösstem Oberleib. Vor ihr steht ein kleiner Flügelknabe. Unter den Rossen ist nur der Kopf und Schleier einer wie es scheint geflügelten Gestalt sichtbar. In der Mitte erfasst der bärtige Pluto, unterwärts mit dem Mantel bekleidet, die l. von ihm knieende Proserpina, die den bauschenden Schleier über sich hält. R. von Pluto kniet eine ihrer Gespielinnen, einen Blumenkorb haltend, der andere ist ihr entfallen. Dahinter sieht man Minerva, mit Helm, Speer und Schild, Mercur und Diana mit dem Bogen. R. sucht Minerva vortretend den Pluto zurückzuhalten, welcher eben im Begriff ist mit der Proserpina im Arm das r. hin fahrende Viergespann zu besteigen. Ueber und unter den Rossen fliegt je ein geflügelter Amor. Ganz l. unten sieht man den Obertheil einer Frau aus dem Boden hervorkommen; nach einer Schlange dabei scheint es eine Furie; vor ihr sind die drei Köpfe des Cerberus deutlich. Auf der l. Seitenfläche des Sarkophags steht ein Hirt, auf seinen Stab gelehnt, mit dem Hund, zwischen zwei Widdern und zwei Ziegen, vor einem

Apfelbaum. Auf der r. Sarkophagsseite führt Mercur dem sitzenden Pluto eine verschleierte Frau zu; zu Plutos Füssen liegt der Cerberus.

Abgebildet bei Laborde 1 Tafel 11, 1.

668 Römischer Sarkophag mit einer Jagdscene. Ein kahlköpfiger Mann (wohl ein Kaiser) reitet r. hin einem l. hin laufenden Löwen und einem Eber entgegen; r. von ihm reitet ein Jüngling; ein Krieger zu Fuss mit Schild und Speer dringt ebenfalls auf den Löwen ein, den auch ein Hund angreift. L. von dem ersten Reiter dringt eine kurzgeschürzte weibliche Gestalt mit Helm und Speer (Roma?) vor. L. von dieser Gruppe steht ein Mann im kurzen Mantel vor einem Vorhang neben einer ebenfalls kurzgeschürzten Frau (wohl wiederum der Kaiser und die Roma). Auf der l. Seitenfläche hält ein bärtiger Reiter vor einer Säule, auf der eine kleine undeutliche Statue steht, den r. Arm erhebend. Davor steht ein kleiner Flügelknabe, unten ein Hund. Auf der r. Seitenfläche führt ein nur mit einem Schurz bekleideter Jüngling einen Esel herbei, von dessen Rücken ein Knabe im kurzen Rock ein Schwein (oder den Eber, der Kopf fehlt) abzuladen im Begriff ist.

Abgebildet bei Laborde 1 Tafel 11, 2, welcher dazu bemerkt dass sich ein ganz ähnlicher Sarkophag in der Kirche der kleinen catalanischen Stadt Agér befindet.

669 Christlicher Sarkophag mit den gewöhnlichen Vorstellungen des Verstorbenen zwischen zwei Heiligen, der Gefangennahme des Petrus und der Heilung des Blindgeborenen.

Als christlich erkannt nach meiner Beschreibung von Garucci im Bullettino von 1860 S. 176.

670 Grosses Mosaikbild mit Wagenrennen im Circus, durch detaillierte Darstellung der *spina* und beigeschriebene Inschriften ausgezeichnet.

Gefunden im April 1860 an der Stelle des alten Palau, vgl. Bullettino von 1860 S. 151 und Gerhards archäol. Anzeiger 20, 1862 S. 294* (vgl. 334*); wird in den Annalen des Instituts von 1863 publiciert werden.

671 Mosaikbild mit männlichen und weiblichen Tritonen, einer Meergeis und Fischen, nur in drei Farben, schwarze und dunkelblaue Figuren auf weissem Grund.

Es bedeckt einen Theil des Fussbodens der kleinen Kirche San Miguel. Vgl. D. Francisco Martí de Prat *sobre la antigua obra mosaica, que se admira en el suelo de la iglesia de San Miguel*, Barcelona 1765, 4°. Abgebildet bei Laborde 1 Tafel 11, 4.

2. TARRAGONA [1]).

In Tarragona, officiell und militärisch einst Hauptstadt der ganzen Halbinsel und Hauptverbindungspunkt mit Rom und dem ganzen Osten, ist früher manches Kunstwerk durch Zufall zu Tage gekommen, wie der Sarkophag N. 678 und das Relief N. 679. Besonders im Jahr 1820 soll manches erhebliche gefunden worden sein; doch fehlen genauere Fundnotizen. Um die vierziger Jahre aber zuerst sind planmässige Ausgrabungen veranstaltet worden durch den vorher in ähnlicher Weise in Italica thätig gewesenen Ivo de la Cortina. Sie ergaben als Resultat einige Statuen und Mosaikbilder nebst vielen architektonischen Fragmenten. Damals bildete sich die *sociedad arqueológica* und ihr kleines Museum, das zuerst in einem Privathaus, dann in einem zu dem Stadthaus gehörigen Gebäude untergebracht, neuerdings aber daraus vertrieben worden ist und bis auf weiteres in Kisten verpackt aufbewahrt wird. Es ist reich an Thonwaaren, Lampen und rothem Geschirr. Die besten Stücke der Sammlung sind in dem verdienstlichen Buch des immer noch thätigen Mitbegründers der Gesellschaft Albiñana [2]) mitgetheilt worden. Spä-

[1]) Vgl. Bullettino von 1860 S. 161—170. Cean S. 7.

[2]) Juan Francisco Albiñana de Borrás y Andres Bofarull y Brocá, Tarragona monumental o sea descripcion historica y artistica de todas

ter erschien von demselben Verfasser auch ein kleiner Catalog der Sammlung [3]), der aber längst nicht mehr ausreicht. Seit Jahren werden die zum Ausbau des Hafens nöthigen Steine aus dem jetzt nicht bebauten Felsen zwischen der oberen und unteren Stadt geschlagen, auf welchem ein grosser Theil der alten Stadt lag. Dieser Steinbruch ist daher eine fortwährende Ausgrabung und hat unter der thätigen Leitung des Herrn Buenaventura Hernandez manchen schätzbaren Beitrag in das Museum geliefert. Auch hat derselbe in seiner Privatsammlung eine Reihe kleinerer Bildwerke. Was dagegen das vermeintliche Grab des phönikischen Hercules und seine ägyptischen Mosaike in Marmor anlangt, welche eine Zeitlang von sich reden machten [4]), so unterliegt es selbst in Spanien den Einsichtigeren keinem Zweifel dass sie auf einer Mystification beruhen, über deren Ursprung man einstweilen besser Schweigen beobachtet.

Den oberen Theil eines Reliefs mit zwei bekleideten Frauen, welchen Laborde (Tafel 59) abbildet, sah ich nicht. Einige vereinzelte Köpfe von Marmor, die Albiñana (Tafel 8, 9 und. 10) giebt, übergehe ich ebenfalls. Von den Mosaikbildern, von denen zahlreiche gefunden und zerstört worden sind (vgl. Albiñana S. 131 ff.), und dem Thongeschirr verzeichne ich nur einige der

sus antigüedades y monumentos. Erster Band Tarragona 1849, 4° mit 28 numerierten und 2 unnumerierten, eigentlich 23 Tafeln (einige Tafeln sind doppelt, andere nicht gezählt) in Steindruck', die sehr unvollkommen sind. Der zweite Band ist nicht erschienen.

[3]) Catálogo de los objetos que se conservan en el museo de la sociedad arqueológica Tarraconense. Tarragona 1852, 12°.

[4]) Vgl. Gerhards archäol. Zeitung 1852 S. 155 und 1853 S. 278. 326. 442 und E. Braun im Bullettino von 1854 S. XXIX — XXXII; ferner Minutoli das Herculesgrab in Tarragona, Berlin 1854, 8° und in dessen Altes und Neues aus Spanien 1854 Band 2 S. 133 — 217; Buenaventura Hernandez, resumen histórico-critico de la ciudad de Tarragona, desde su fundacion hasta la epoca Romana, con una explicacion de los fragmentos del sepulcro egipcio descubierto en 9 de marzo de 1850, Tarragona 1855, 8°.

besseren Stücke. Laborde hat (auf Tafel 58, 1—5) einige schöne Fragmente des feinen rothen Geschirrs bekannt gemacht. Als Vorbild diente den tarraconensischen Töpfern das arretinische Geschirr, wie aus den Töpferstempeln hervorgeht[1]). Die kleine Bronzefigur einer bekleideten Frau bei Albiñana (Tafel 6) habe ich nicht gesehn. Die kleine Figur eines Knaben (auch bei Albiñana Tafel 6), die nach der Inschrift den *Bonus eventus* vorstellen soll, schien mir in mancher Hinsicht bedenklich; jedenfalls ist der Inschrift nicht zu trauen. Sonst fand ich keine Bronzefiguren zu verzeichnen. Die zahlreichen römischen Thonlampen verdienten wohl bekannt gemacht zu werden.

672 Statue des jugendlichen Bacchus, etwa halbe Lebensgrösse. Der Kopf, der l. Unterarm, das r. Bein vom Knie bis Knöchel und das l. von der Wade an fehlen. Er ist ganz nackt; auf dem Baumstamm, auf welchen sich der l. Ellenbogen stützt, hängt ein Fell; unten daran sitzt ein kleiner Panther. Der r. Arm ist über dem Kopf erhoben, und hielt wohl eine Traube, die jetzt mit der Hand fehlt; für ein Liegen der Hand auf dem Kopf, der bekannten Bewegung des Ausruhens, erscheint der Arm zu hoch gehoben. Schöne und zierliche Arbeit.

Im Museum. Abgebildet bei Laborde auf Tafel 59, die eine Zusammenstellung aller damals in Tarragona befindlichen Sculpturen giebt, bei Albiñana Tafel 4, der ihn S. 69 Apollino nennt. Einen Abguss besitzt das Berliner Museum (S. 117 N. 59 des Verzeichnisses von 1860).

673 Statue der Venus, etwa in Lebensgrösse. Der Kopf und die l. Schulter mit dem ganzen l. Arm, der r. vom Oberarm an, das r. Bein von über dem Knie an und der l. Fuss mit dem ganzen Plinthos fehlen. Von der Vase mit dem Gewand darauf, an das sich das l. Bein wie bei der capitolinischen Venus lehnt, fehlt ebenfalls der untere Theil. Vortreffliche Arbeit.

Im Museum. Abgebildet bei Albiñana Tafel 5.

---

[1]) Vgl. Monatsberichte der Berliner Akademie von 1860 S. 240.

674 Torso einer weiblichen Gewandstatue, ungefähr in Lebensgrösse; nach dem zum Theil erhaltenen Füllhorn zu schliessen, Ceres oder Fortuna. Der Kopf und beide Arme fehlen. Saubere, aber etwas manierierte Arbeit, etwa der traianischen Zeit.

Im Museum.

675 Kleine Figur eines stehenden nackten Hermaphroditen. Der Kopf fehlt. Zierliche Arbeit.

Im Museum.

676 Weiblicher Kopf, in Lebensgrösse, vielleicht eine Muse (?).

Im Museum. Abgebildet bei Laborde Tafel 59.

677 Kleines Marmorrelief einer stehenden Minerva mit Aegis, Schild und, wie es scheint, erhobenem Speer; der Kopf fehlt. Darunter die Inschrift

TIB · CLAV*dius* ....
TABVLARIV*s* ......

Wahrscheinlich der *tabularius* irgend eines Magistrats oder Collegiums. Die Minervafigur erinnert an die der Kupferasse des Kaisers Claudius. Auf diese Zeit weist auch der Name des Weihenden.

An der Ecke eines Hauses nahe der Cathedrale. Abgebildet bei Laborde Tafel 59, bei Albiñana Tafel 8, 1.

678 Sarkophag mit dem Raub der Proserpina. L. fährt Ceres mit der Fackel auf dem von zwei Drachen gezogenen Wagen, auf dem auch ein kleiner Amor steht. In der Mitte Minerva mit Helm und Schild (die Hand mit dem Speer ist abgebrochen) und Pluto, der die Proserpina ergreift, während ein kleiner Amor sie antreibt, und ein zweiter einen Korb mit Blumen hält. R. Pluto auf dem Viergespann, die Proserpina entführend; darunter liegt ein umgefallener Blumenkorb. Auf der l. Seitenfläche in ganz flachem Relief die knieende Gespielin der Proserpina, in der R. einen Blumenkorb haltend, die L. entsetzt erhebend; auf der r. Seitenfläche

führt Mercur die Rosse des Pluto am Zügel. Rohe und flüchtige Arbeit später Zeit.

Im Klosterhof der Cathedrale. Abgebildet bei Laborde Tafel 59, bei Albiñana Tafel 16. Vgl. oben N. 667.

679 Marmorrelief (2 Meter lang und 71 Centimeter hoch) mit Gruppen kämpfender Reiter, wohl Römer mit Helmen und Schilden und Iberer, die an dem kurzen struppigen Haar kenntlich sind. Ihre Pferde sind mit Stricken gezäumt. Gute Arbeit.

Im Treppenflur des Hauses Montoliu (calle de caballeros). Nach Luis Pons de Ycart, dem Verfasser der *grandezas de Tarragona* (Tarragona 1572 Fol.) wurde diess Fragment mit einem anderen gleichartigen zusammen, das einen Triumphzug darstellte, in der *calle mayor* gefunden an der Stelle, wo vermuthlich ein Ehrenbogen stand. Nach Hernandez wahrscheinlicher Vermuthung gehörten die beiden Reliefplatten zu diesem Bogen; möglicher Weise enthalten sie Episoden aus Augustus kantabrischem Kriege. Das zweite Relief ist verloren.

680 Flaches Marmorrelief mit zwei römischen victimarii (etwa halbe Lebensgrösse) mit blossem Oberkörper und Schurz um die Lenden, die einen Stier zum Opfer führen. Der untere Theil der Platte fehlt. Der erste, bärtig, trägt in der R. ein Beil und führt mit der L. den Stier, dessen Vordertheil ebenfalls fehlt, am Strick; der andere, bartlos, trägt in der R. einen Eimer, in der L. einen auf der Schulter ruhenden Krummstab. Ziemlich flüchtige Arbeit.

Im Museum. Abgebildet bei Laborde Tafel 59, bei Albiñana Tafel 7.

681 Marmorrelief eines stehenden bärtigen Römers in der Toga, einen Kranz auf dem Kopf. Die R. kommt vorn aus dem *sinus* hervor, die L. hält eine Rolle (wie es scheint). An den Füssen trägt er eigenthümliche Stiefel.

Abgebildet bei Laborde Tafel 59; bei Albiñana Tafel 13 und 19 als Statue.

682 Mosaikbild, Bacchus in langem Gewand, bekränzt, den Thyrsos in der L. haltend, auf einem von zwei Panthern ge-

zogenen Wagen nach Art der Triumphatoren stehend. Voran fliegt ein nackter Flügelknabe, in der L. einen Krummstab haltend. Auf einem nicht mehr vorhandenen Stück soll die unvollständige Inschrift LEONTI VITA gestanden haben.

Im Museum; abgebildet bei Albiñana Tafel 14.

683 Mosaik, aus einer Anzahl kleiner durch reiche Verzierungen getrennter Bilder bestehend, von denen nur zwei erhalten sind, das eine ein schönes Gorgoneion, das andere die etwas undeutliche Gruppe des Perseus und der Andromeda darstellend, ähnlich den pompeianischen Gemälden dieses Gegenstandes.

Gefunden 1843 in dem Steinbruch für den Hafenbau und daselbst durch die *sociedad arqueológica* conserviert. Abgebildet bei Albiñana Tafel 15 (vgl. S. 132).

684 Zwei kleine eimerartige Gefässe von feinstem rothem Thon, worauf Bacchantinnen in den aus den albanischen und anderen Reliefs bekannten Stellungen zwischen einfachen Verzierungen mit den Figuren kurzgeschürzter Tänzerinnen wechseln, welche man Hierodulen zu nennen pflegt. Feine Ausführung nach schönstem Vorbild.

Herr Hernandez hat Zeichnungen für die Publicationen des römischen Instituts versprochen.

3. VALENCIA[1]).

Von den vier in Valencia vorhandenen Statuen, welche Laborde abbildet [2]), nachdem Tychsen in dem oft erwähnten

[1]) Vgl. Bullettino von 1861 S. 22—32.

[2]) Es sind (Band 1 Tafel 99 A, C, E und H S. 78) ein nackter Jüngling mit phrygischer Mütze (also wohl Attis), stehend, Arme und Füsse fehlen; ein bekleideter Attis an einen Pfeiler gelehnt stehend, das Kinn in der üblichen Weise auf die Hand stützend (beide Figuren deuten also

Aufsatz [3]) zuerst Nachricht von ihnen gegeben hatte, habe ich nichts gesehn; möglich dass sie noch in dem erzbischöflichen Palast irgendwo aufbewahrt werden. Ich sah in ganz Valencia nur eine unbedeutende Statue N. 685. Die öffentliche Bibliothek besitzt eine kleine Sammlung geschnittener Steine, welche D. José Aparici in Rom zusammengebracht hat; ausserdem einige der Stadt von ihrem berühmten Bürger Francisco Perez Bayér geschenkte kleine Alterthümer, welche jedoch nicht bedeutend genug sind, um einzeln verzeichnet zu werden. Herr Zobel sah nach mir in Privatbesitz die kleinen Bronzen N. 687, 688 und 689. Einige geschnittene Steine und Thonfragmente, die er ebenfalls sah, verzeichne ich nicht.

Zwar sind in vielen Städten der Königreiche Valencia und Murcia alte Kunstwerke gefunden worden, allein vorhanden ist davon so gut wie nichts; selbst nicht in dem einst so bedeutenden Sagunt, dem heutigen Murviedro. Von dem daselbst gefundenen grossen Mosaik [4]) zeigt man nichts weiter, als den Platz, wo es sich einst befand; es zeigt in der Mitte Bacchus jugendlich auf einem Panther reitend, den Thyrsos in der Hand, umgeben von einem Streifen traubenpflückender Amoren, und zeigt den Stil spätester Zeit. Nirgends ist überhaupt die Verwüstung grösser gewesen, als in Murviedro. Von Sculpturen ist dorther nie erhebliches bekannt geworden; wenigstens sind die Statue eines jungen Rö-

---

wohl auf ein Heiligthum der phrygischen Göttin); ein nackter Jüngling den l. Arm aufstützend, häufige Vorstellung auf Gräbern (vgl. oben N. 70 und 71, auffallend ist nur der auf einem kleinen Altar stehende Gegenstand, auf den er sich stützt; es scheint ein gefüllter Schlauch zu sein); endlich ein Bacchustorso, ähnlich dem von Barcelona oben S. 279.

[3]) S. oben S. 5 Anm. 9.

[4]) Abgebildet ist es in des Grafen Lumiares, später Principe Pio im Jahr 1805 geschriebenen inscripciones y antigüedades del reyno de Valencia, die im 8ten Band der memorias der Madrider Akademie von 1852 durch Herrn Delgado veröffentlicht worden sind, S. 57 Tafel 12 N. 114.

mers in der Toga, mit der Bulla um den Hals, und ein römisches Grabrelief, Gatten und Gattin darstellend, beide im Castell eingemauert, höchst unbedeutend. Ausserdem giebt Laborde (Tafel 106 S. 188) noch ein daselbst gefundenes Fragment eine Kaiserstatue im Harnisch (Lumiares Tafel 23. 24 N. 196. 197). Herr Zobel sah in Privatbesitz (bei D. José Garcés) einen Kopf im Schleier, den er für August als Priester (?) ansah; eine Haarflechte über der Stirn, die er bemerkte und die eine beigefügte Skizze deutlich zeigt, lässt aber fast eine römische Matrone vermuthen. Derselbe sah in Castellon de la Plana, in dessen Nähe sich merkwürdige iberische Alterthümer gefunden haben, einen Kopf des Hadrian (im *instituto*, d. i. Gymnasium, daselbst aufbewahrt). Ein in Castellon gefundenes Relief, wie es scheint ein Bild der löwentragenden Anaitis[5]) ist verloren. In Alicante besitzt Don Joaquin de Rojas eine Sammlung kleiner Alterthümer ohne hervorragende Bedeutung, welche in der Umgebung des alten Lucentum (in der *huerta de Condomina*, nördlich von Alicante, zu suchen) gefunden worden sind. Nahe bei Elche finden sich einige Reste des alten Ilici; eine Sammlung kleinerer Gegenstände daher besitzt Herr Aureliano Ibarra y Manzoni in Elche. Von einem Mosaikbild, welches derselbe neuerdings aufgefunden hat, mangeln noch genauere Nachrichten.

Im Königreich Murcia ist selbst Cartagena, die Hauptstadt, arm an Denkmälern. Ich sah daselbst nur in der Halle des Stadthauses eine weibliche Gewandstatue ohne Kopf, wahrscheinlich ein Bildniss der Julia Mammaea, da sie zugleich mit einer daselbst aufbewahrten Inschrift dieser Kaiserin gefunden wurde. In dem nahen Almazarron befinden sich noch (im Haus des D. Agustin Juan), obgleich sehr verstümmelt, die drei kleinen Statuen, welche Perez Bayér[6]) in guten Stichen bekannt gemacht

---

[5]) Vgl. Gerhards archäol. Zeitung 1854 Tafel 61—63; abgebildet, aber sehr schlecht, ist das von Castellon bei Lumiares Tafel 18 N. 116.

[6]) In seinen Numorum Hebraeo-Samaritanorum vindiciae, Valencia 1740 Fol. S. 36.

hat. Die erste, eine sitzende Frau aus Marmor, ist laut der dazu gehörigen Inschrift auf dem Piedestal die Mater Terra; die beiden anderen, stehende Jünglinge in kurzer Toga, nach Art der Larenbilder, sind ebenfalls nach den Inschriften Genien einer unbekannten Oertlichkeit. Die drei Piedestale mit den Inschriften befinden sich getrennt von den Statuen in der Wand des Stadthauses.

685 Kleine Statue einer Frau im Chiton und Mantel, mit der L. den Zipfel des Gewandes (oder eine Rolle?) haltend; ein Bündel Rollen auf dem Piedestal ist von moderner Ergänzung. Auf dem Plinthos steht eine nicht mehr kenntliche Inschrift.

Auf dem Brunnen im Hof des colegio del patriarca Juan de Ribera.

686 Bacchus, kleine Bronzefigur (Höhe 22), auf dem l. Bein ruhend, das r. gekrümmt, den r. Ellenbogen auf einen Baumstamm stützend. Der Kopf, epheubekränzt, ist gesenkt, die Nase ist abgestossen. Er ist nackt, bis auf ein Pantherfell, das auf der r. Schulter liegt, so dass der Kopf des Thieres die r. Seite der Brust bedeckt. In der R. hält er eine Traube, die L. stemmt er in die Seite. Die Figur ist hohl und zeigt an manchen Stellen offene Gusslöcher; ausserdem ist sie an manchen Stellen durch Schrammen verletzt.

Im Besitz von D. Mariano Pano; 1810 in Liria, dem alten Edeta, gefunden.

687 Venus, kleine Bronzefigur (Höhe 8), in der Stellung der Venus Genetrix genannten Figuren; sie erhebt mit der R. den einen Zipfel des den Rücken bedeckenden Gewandes zum Ohr, den anderen hält die herabhängende L. Von guter Arbeit.

Bei demselben Besitzer wie N. 686; 1821 bei Almenara gefunden.

688 Harpokrates (?), kleine nackte Bleifigur (Höhe 6), stehend, aber etwas gebückt. Auf dem Kopf ein undeutlicher

Schmuck (wohl die Lotosblume), die R. zum Munde erhebend. Der Plinthos fehlt.

Bei D. Estanislao Sacristan.

4. PALMA AUF DER INSEL MAYORCA[1]).

In der Stadt Palma selbst sah ich nur einen schönen Kopf des jugendlichen August in Privatbesitz (beim Marques de Campofranco)[2]). Aber zwei und eine halbe Stunde von der Stadt, auf dem Landsitz Raxa, befindet sich die Sculpturensammlung des Cardinals D. Antonio Despuig (sprich Desputsch) y Dameto, Erzbischof von Valencia und Patriarch von Antiochien. Sie ist hervorgegangen aus in den Jahren 1787 bis 1796 in Ariccia bei Rom angestellten Ausgrabungen[3]). Doch ist die Sammlung auch auf anderem Weg bereichert worden. Die Aufstellung erfolgte erst nach dem Tode des Cardinals durch dessen Neffen und Erben, D. Ramon Despuig, Grafen von Montenegro y Montoro. Eine vorläufige Nachricht und später eine ausführliche Beschreibung der Sammlung wird Herrn Joaquin Maria Bovér y Roselló verdankt[4]). Doch ist sein Buch so selten (es wird nur von den

[1]) Vgl. Bullettino von 1861 S. 104—111 und 116—120. Cean S. 120 giebt keine Bildwerke aus Palma an.

[2]) Er ist abgebildet, aber schlecht, in der Herren Bovér und Moragues historia general de Mallorca Band 1, 1840 S. 172 und galt ohne allen Grund für ein Bildniss des Metellus Baliaricus.

[3]) Lucidi, memorie storiche dell' Ariciia etc. Rom 1796 4°, giebt S. 225 f. die einzigen mir bekannten Nachrichten von den Ausgrabungen der Jahre 1789 und 1791; die dabei nicht von ihm erwähnte Statue N. 718*, das Hauptstück der Sammlung, kann daher erst später gefunden worden sein, oder ward in Rom erworben.

[4]) Zuerst in den noticias histórico-topograficas de la isla de Mallorca Palma 1836 8° S. 69—96; dann ausführlich in der noticia histórico-artistica de los museos del em. cardenal Despuig, Palma 1845 4° S. 69—134 mit Steindrucktafeln. Die Gemäldesammlung, die Bovér

Besitzern der Sammlung, den Grafen von Montenegro, verschenkt), dass eine kurze Wiederholung der ganzen Beschreibung, wie sie im Bullettino des Instituts (a. a. O. S. 106 ff.) von mir mit Zusätzen von Brunn gegeben worden ist, hier nicht fehlen darf. Die Benennungen und Beurtheilungen in dem Buch von Bovér führen ausserdem vielfach irre; die Ergänzungen sind nicht angegeben, und die Abbildungen (deren Vorhandensein ich durch einen Stern bei der laufenden Nummer des Catalogs anzeige) sind durchgehends sehr verfehlt. Doch benutzte Bovér dazu das aus Italien mitgesendete Inventar, worin sich einige Fundnotizen finden, die ich mittheile. Wo sie fehlen ist anzunehmen dass die Gegenstände aus den Ausgrabungen von Ariccia stammen. Ich folge in der Beschreibung der Aufstellung und dem Catalog von Bovér, ohne Rücksicht auf Gegenstände und Formen. Genaue Maasse zu nehmen hatte ich nicht Zeit; wo Bovér sie nicht (in römischen Palmen oder Fuss) giebt, muss ich mich daher mit annähernden Angaben begnügen. Der Marmor ist, ausser wo eine ausdrückliche Angabe steht, italisch. Da die Nummern in Bovérs Beschreibung fortlaufen, so führe ich ganz kurz auch die modernen Stücke mit an.

Die Sculpturen sind in einem Nebengebäude der Villa in drei Räumen des Erdgeschosses vertheilt; ausserdem befinden sich einige meist fragmentierte Stücke im Treppenhaus des Hauptgebäudes. Die ziemlich zahlreichen Inschriften sind hier wiederum übergangen.

I. VESTIBUL.

689 *1 Aesculap, in der gewöhnlichen Stellung auf den Schlangenstab gestützt, über Lebensgrösse. Der Kopf gehört vielleicht gar nicht zur Statue; die Arme und Beine sind neu. Späte und ziemlich werthlose Arbeit.

690 2 Augustus (oder Caligula?), über Lebensgrösse, stehend im Mantel; rohe Arbeit in schlechtem Marmor.

---

ebenfalls beschreibt, befindet sich in dem Palast des Grafen in Palma. Bei Cean ist gar nicht die Rede von dieser Sammlung.

691 3 Kopf eines Griechen (Diogenes genannt), über Lebensgrösse. Schädel und Gesicht sind neu, alt nur Bart, Brust und Gewand.

An der Via Appia gefunden.

692 *4 Kaiserstatue im Harnisch, vielleicht mit Recht Nerva genannt, über Lebensgrösse. Der Kopf ist etwas klein, aber von guter Ausführung. Der r. Arm mit dem Schwert ist modern, der l. mit der Schwertscheide scheint alt zu sein. Nicht besonders gute Arbeit.

693 *5 Kaiserstatue im Harnisch, über Lebensgrösse. Der Kopf und beide Arme mit den Attributen sind neu; Torso und Beine von gewöhnlicher Arbeit.

Im Thal von Genzano gefunden.

694 *6 Bildniss eines unbekannten Römers, etwa aus hadrianischer Zeit. Nur die Nasenspitze ist neu. Höchst lebendige und vortreffliche Arbeit.

695 7 Krieger (nicht Gladiator), über Lebensgrösse, in blossem Kopf, in den Angriff abwehrender Stellung. Die Statue ist aus so vielen einzelnen Stücken zusammengesetzt, dass es unmöglich ist die ursprüngliche Stellung und die Bedeutung zu ermitteln. Kopf und Bruststück sind alt und hängen mit dem Gürtel zusammen; beide Arme mit Schwert und Schild sind neu. Um die Lenden ist ein Fell gegürtet: zwischen der Brust und diesem ist der Unterleib neu eingesetzt. Neu sind ferner beide Beine bis unter die Kniee; die mit Stiefeln bekleideten Füsse und der Baumstamm, an den sich das r. Bein lehnt, sowie der Plinthos sind alt.

696 *8 Statue des Hercules, vielleicht des Commodus als Hercules, über Lebensgrösse. Auf der r. Schulter liegt das Löwenfell; der l. Arm mit der auf den Boden gestützten Keule ist neu; auch im übrigen ist die Statue hier und da geflickt. Die Proportionen sind verfehlt und die Ausführung gewöhnlich,

aber der Entwurf ist nicht schlecht; es scheint ein gutes Vorbild zu Grund zu liegen.

II. SAAL.

697 1 Bildniss eines Grafen von Montenegro.

698 *2 Stehende Venus, nackt, ungefähr in Lebensgrösse. Kopf und Arme sind sehr schlecht ergänzt; das ganze Werk ohne Werth.

Gefunden bei Genzano.

699 3 Modernes Porphyrgefäss.

700 4 Stehende männliche Figur im Mantel (6 Palm hoch), zum Jupiter ergänzt. Der Kopf, mit Binde und langem Haar, ist alt, gehört aber nicht zu der Statue. Er scheint von einer der häufigen Hermen des bärtigen Bacchus genommen zu sein. Beide Arme (in die L. hat man ihm den Donnerkeil gegeben) sind neu. Vielleicht gehört auch der unverhältnissmässig lange Oberleib nicht zu den Beinen. Gewöhnliche Arbeit.

701 *5 Bildniss eines bärtigen Römers, etwa aus der Zeit der Caracalla. Das Bruststück mit dem Paludamentum ist alt, aber nicht dazu gehörig.

702 *6 Amor, den Bogen spannend; schlechte, vielfach ergänzte Wiederholung der bekannten capitolinischen Statue.

703 *7 Stehender Knabe, eine Gans im l. Arm haltend, in Lebensgrösse. Der weinlaubbekränzte Kopf gehört vielleicht nicht dazu. Die Beine von den Knieen abwärts sind neu.

704 *8 Bildniss eines kahlköpfigen Römers, in Lebensgrösse, in der Toga mit dem sogenannten *latus clavus*. Lebendige und zierliche Arbeit, wohlerhalten.

705 *9 Stehender junger Römer in der Toga mit dem *latus clavus*, auf welchem zwei Queerstreifen zu sehn sind. Der Kopf ist alt, scheint aber nicht dazu gehörig zu sein, sondern

einen jugendlichen Mercur vorzustellen. Neu ist die l. Hand, der man eine Rolle zu halten gegeben hat.

706 10 und 12 Zwei moderne Vasen aus weissem Marmor mit Bronzereliefs.

707 *11 Hindin von Bronze, stehend; etwa halbe Lebensgrösse. Nur die Mittelstücke der Beine sind angesetzt, aber vielleicht alt. Gute Arbeit, wohl erhalten.

708 *13 Ein Mädchen im Chiton (nicht eine Vestalin), stehend (5 Palm hoch); es hält mit beiden Händen eine Taube vor der Brust. Kopf und Hals sind neu, die Füsse fehlen. Nicht besondere Arbeit.

709 *14 Bildnisskopf des Hadrian, über Lebensgrösse, im Harnisch, auf welchem vorn ein Medusenkopf, auf den Schultern Tritonen dargestellt sind. Gute Arbeit, wohl erhalten.

710 *15 Jupiter, stehend, im Mantel, über Lebensgrösse; aus vielen Stücken zusammengesetzt und von sehr geringem Werth. Der Kopf ist eine der vielen schwachen Wiederholungen des Jupiter von Otricoli; die R. mit dem Donnerkeil und die L., die einen Zipfel des Mantels hält, sind neu.

711 *16 Stehender Hermaphrodit, etwa Lebensgrösse. Der Kopf ist neu, und eine Copie des bekannten Eros im Vatican (galleria delle statue N. 250 des Verzeichnisses von 1854). Neu ist auch die L., welche auf der Brust liegt, und der ganze r. Arm, der über den Kopf erhoben ist; doch ist die Bewegung durch die gehobene Schulter bedingt. Eine Eidechse auf dem Baumstamme, an den er sich lehnt, erinnert an den Sauroktonos.

Herr Bovér nennt ihn Adagous, kommt aber selbst S. 119, 14 auf die richtige Bezeichnung Hermaphrodit.

712 17 Bildniss einer Römerin, aus hadrianischer Zeit, auf ein männliches Bruststück mit Gewand gesetzt. Die Benennung Sabina ist sehr unsicher.

713 *18 Kleiner stehender Silen, von guter Arbeit. Der l. Arm mit dem Stabe, auf den er sich stützt, die R. und beide Beine von den Knieen abwärts sind zwar neu, doch erkennt man deutlich die Stellung des Hercules aquilegus.

714 19. Kleine antike Marmorurne mit einer falschen auf den jungen Marcellus bezüglichen Inschrift.

715 *20 Ein Jüngling, Jäger, in kurzem Gewand, ähnlich den Artemisbildern in eiliger Bewegung r. hin stürmend; über Lebensgrösse. Der Kopf, der ganze r. Arm mit dem Speer, der l. vom Ellenbogen an, und die Mittelstücke beider Beine sind neu; die Füsse mit zierlich gearbeiteten Stiefeln sind alt. Um den Leib und über der r. Schulter zusammengeknüpft liegt ein Fell; über dem l. Arm hängt die Chlamys, in ähnlicher Weise wie bei dem belvederischen Apoll; das Gewand ist mit grosser Ausführlichkeit behandelt. Die zarten Körperformen lassen eher an Adonis denken, als an Meleager. Neben ihm sitzt ein Hund, von dem nur die Hinterfüsse alt sind; doch deuten sie auf eine sitzende Stellung. Interessante Arbeit, etwa aus hadrianischer Zeit; mir war nichts ähnliches erinnerlich.

716 21 Copie der sogenannten Büste der Aspasia.

717 *22 Bildnisskopf des jugendlichen Augustus, ohne Kranz oder Binde; etwas über Lebensgrösse. Das Werk ist so gut erhalten, dass man es für modern halten könnte, wenn nicht ein Stück des Halses ergänzt wäre. Mehr noch erweist es aber die hohe Vortrefflichkeit der Arbeit als antik. Haar und Ohren sind von der schönsten Ausführung, der Ausdruck jugendlich weich; es ist eines der wenigen Werke ersten Ranges in der Sammlung.

718 *23 Der Apollon des Apollonios, über Lebensgrösse; schon wegen des darauf geschriebenen Künstlernamens das wichtigste Werk der Sammlung. Der Gott steht ganz nackt

auf dem l. Bein ruhend; während der r. Arm herabhängt, ist der l. auf die Leier gestützt, welche auf einem Baumstumpf steht. Auf dem Baumstumpf liegt die Chlamys und um ihn ringelt sich eine Schlange; der untere Theil des Baumes hinten ist ergänzt. Die Inschrift *ΑΠΟΛΛΩΝΙΟC ΕΠΟΙΕΙ* steht auf dem Baumstumpf[1]); sie zeigt den Charakter ziemlich später Zeit. Der Kopf mit dem Hals ist neu; doch sieht man auf beiden Schultern die Spitzen der lang herabhängenden Locken. Neu ist ferner der ganze r. Arm von der Schulter an mit der das Plektron haltenden Hand, der l. vom Ellenbogen an, die Leier, nicht aber die Chlamys auf dem Baumstumpf, endlich beide Füsse mit dem Plinthos und die l. Kniescheibe. Beide Beine waren unter den Knieen und über den Knöcheln gebrochen; doch sind die Stücke alt und dazugehörig. Der Marmor ist carrarisch, so viel ich urtheilen kann, ganz weiss und von feinem Korn. Auf dem r. Schenkel und der r. Seite von Brust und Leib sieht man offenbar antike. aber nicht leserliche Kritzeleien. Die eckigen Schultern, die breite aber flache Brust, und der Stil des ganzen erinnern lebhaft an das vor einigen Jahren in Pompeji gefundene Erzbild des Apollon und an das zum Aesculap restaurierte des Museums von Brescia; offenbar liegt ein Original von Bronze zu Grunde.

Gefunden, nach der Angabe bei Bovér, in den Ruinen eines Tempels an der Via Appia bei Ariccia. Vielleicht aber ist es die von Visconti Museo Pio-Clementino 3 S. 246 erwähnte Apollonstatue mit der gleichlautenden Inschrift, welche in der Villa des Hadrian bei Tivoli gefunden und in den Besitz des Grafen Fede gelangt war; vgl. Bruuns Künstlergesch. 1 S. 544.

[1]) Siehe das Facsimile im Bullettino von 1861 S. 109; der letzte Buchstab ist zum Theil von dem ergänzten Mittelstück der Schlange bedeckt und sieht aus wie ein liegendes lateinisches S (∞); doch ist vielleicht ein *sigma lunatum* gemeint und dahinter ein verzierter Punkt.

719 24 Modernes Serpentingefäss mit Bronzeverzierungen.

720 *25 Schreitende Frau im Chiton (Artemis?), zur Muse

(Thalia) ergänzt (5 Palm hoch). Der Kopf, beide Arme, die Maske in der L. und beide Füsse mit dem Plinthos sind neu. Die schreitende Bewegung und der strenge, archaisierende Faltenwurf erinnern an die alte Artemis des neapolitanischen Museums.

721 *26 Bildnisskopf wahrscheinlich der älteren Faustina, in Lebensgrösse; von guter Arbeit. Das Bruststück ist neu.

722 *27 Stehende Fortuna im Chiton (5 Palm hoch). Der Kopf und der r. Arm mit dem Steuerruder sind neu, der l. mit dem Füllhorn alt. Rohe Arbeit.

723 *28 Bildnisskopf des Nero. Nur das Bruststück mit Harnisch ist alt, der Kopf selbst ist modern.

724 *29 Nackter Römer, stehend (6 Palm hoch). Der Kopf (es ist Hadrian beabsichtigt), beide Arme und Hände, denen man Scepter und Globus zu halten gegeben hat, und die Beine sind neu; also alt nur der Torso. Auf der l. Schulter liegt der Mantel. Ohne Werth und Interesse.

725 *30 Moderne Büste der Plotina, in Lebensgrösse.

Herr Bovér giebt an, diese Büste sei bei den Ausgrabungen von Ariccia gefunden und von Visconti im Museo Pio-Clementino veröffentlicht worden. Das bezieht sich vielleicht auf das Original derselben; denn an der Neuheit der vorliegenden ist nicht zu zweifeln.

726 *31 Stehende Frau im Chiton und Mantel, zur Muse (Klio) ergänzt (5 Palm hoch). Der Kopf und beide Arme mit den Attributen (Buch und Leier) sind neu. Der Marmor scheint griechisch, der Torso mit dem breit behandelten Gewand zeigt ein gutes und nicht gewöhnliches Vorbild; doch scheint er überarbeitet zu sein.

727 *32 Büste des L. Verus, in Lebensgrösse; eine der zahlreichen Wiederholungen ohne besonderen Werth.

728 *33 Jugendlicher Bacchus, stehend (5½ Fuss hoch), an einen Baumstamm mit Weinlaub gelehnt. Neu sind beide Arme

von den Schultern an (in die R. hat man ihm einen Krug, in die L. den Thyrsos gegeben), das ganze l. Bein von der Hüfte an und das r. vom Knie abwärts; die Füsse aber alt. Der Kopf ist alt und erinnert an den capitolinischen sogenannten Ariadnekopf. Zierliche Arbeit.

729 *34 Büste einer Frau, aus schwarzem Marmor, auf einer Säule von schönem orientalischen Alabaster (von 15½ Palm Höhe und 5 Palm Durchmesser).

730 *35 Junger Athlet, stehend (6 Palm hoch). Der r. Arm von der Schulter an mit der Hand, die ein Salbgefäss hält, aus dem er Oel in die L. giesst, der l. von über dem Ellenbogen an, ebenso beide Beine von den Knieen abwärts mit den Füssen und dem Plinthos sind neu, Kopf und Torso ohne besonderes Interesse.

731 *36 Bildnisskopf eines jungen Römers mit kurzem Bart, aus antoninischer Zeit (ohne Grund Alkibiades genannt), über Lebensgrösse, in der Toga. Er streckt die R. wie redend aus der Toga; nur einige Finger der Hand und einige Flicken im Gewand sind neu. Gute Arbeit.

Nach Bovérs Angabe liess der Cardinal Despuig den Kopf von Nicolas Besançon stechen; danach soll ihn Visconti im Museo Pio-Clementino publiciert haben.

732 *37 Hercules als Kind, stehend (5 Palm hoch). Neu sind der Kopf mit dem Löwenfell, beide Arme mit den Attributen (Keule und Hesperidenäpfel), beide Beine von den Hüften an, und der Baumstamm, an den er sich lehnt. Das auf der Brust zusammengeknüpfte Löwenfell zeigt dass die Ergänzung zum kindlichen Hercules richtig ist.

733 *38 Bildnisskopf einer Römerin aus antoninischer Zeit (vielleicht die jüngere Faustina), in Lebensgrösse; wohl erhalten. Besonders das Gewand mit der Hand ist gut gearbeitet, aber von etwas lebloser Zierlichkeit.

Herr Bovér erklärt den Kopf ohne jeden denkbaren Grund für die Kai-

serin Helena; bemerkt aber dabei, Visconti habe ihn für eine Agrippina gehalten.

734 *39 Stehender Silvanus oder Vertumnus (5½ Palm hoch), um die Schultern ein Fell, mit Früchten im Schooss, an den Füssen Stiefel; neben ihm sitzt ein Hund. Wohl erhalten bis auf den r. Arm mit dem Stabe und die Vorderfüsse des Hundes. Gewöhnliche Arbeit, wie für Villen und Gärten häufig.

735 *40 Kopf der Cybele mit Mauerkrone und Schleier, in Lebensgrösse; etwa aus antoninischer Zeit. Neu ist nur die Nase und der obere Theil der Mauerkrone.

736 *41 Schreitende Minerva (?) (4½ Palm hoch). Der Kopf mit dem Helm, die Brust mit der Aegis und beide Arme mit Speer und Schild sind neu. Alt ist nur der untere Theil vom Gürtel abwärts, ein werthloses Stück weibliche Gewandstatue, ganz willkürlich zur Minerva ergänzt.

737 *42 Büste des Traian, über Lebensgrösse, eines der schlechtesten unter den vielen Bildnissen dieses Kaisers. Die Spuren von Malerei in den Augen sind wahrscheinlich modern.

738 43 Stehender Hercules mit dem Löwenfell (4½ Palm hoch). Die Nase, die Arme mit den Attributen (Keule und Hesperidenäpfel), das l. Bein vom Knie abwärts und der r. Fuss sind neu. Die Benennung ist aber richtig, die Arbeit unbedeutend.

739 44 Modernes Serpentingefäss, Gegenstück zu N. 719.

740 *45 Stehende Frau im Chiton, zur Flora ergänzt, über Lebensgrösse. Der Kopf ist alt, aber der Blumenkranz im Haar und der Hals sind neu; ebenso beide Arme und Hände, in die man ihr einen Blumenkranz und lose Blumen gegeben hatte. Neu ist ferner das Mittelstück des Leibes; die Füsse scheinen alt, sind aber viel zu gross und sicher nicht zu dem

übrigen gehörig. Das ganze ist also ein willkürlich zusammengesetztes Stück ohne Werth.

741 46 Bildniss des Cardinals Despuig.

An den Wänden des Saales sind die folgenden Reliefs und kleineren Sculpturen meist so hoch und in so schlechtem Licht angebracht, dass es zuweilen schwer ist, genau über sie zu urtheilen.

742 47 Kleiner liegender Flussgott, bärtig, von gewöhnlicher Arbeit.

743 48 Doppelherme zweier Satyrn; gute Arbeit von vortrefflicher Erhaltung.

744 49 Bildnisskopf eines Kindes, in Lebensgrösse, von gewöhnlicher Arbeit.

745 50 Christuskopf, etwa aus dem 15. Jahrhundert; sicher nicht aus den ersten Jahrhunderten der Kirche, wie Herr Bovér meint.

746 51 Kleiner bacchischer Genius, stehend, kindlich. Beide Beine von den Knieen abwärts sind neu.

747 52 Copie des Kopfes des vaticanischen Eros.

Dass dieser Kopf das Bildniss einer schönen Frau aus Mayorca, der Francisca Sastre, genannt *madò Frèu* sei, wie Bovér angiebt, muss nothwendig auf einer Verwechselung beruhen. Vielleicht fand man später eine Aehnlichkeit heraus; denn die oben gegebene Bezeichnung ist unzweifelhaft. Der Bildhauer, der diesen Kopf im J. 1805 machte, hiess nach Bovér Pascual Cortes.

748 53 Büste der Lucilla (die Bezeichnung scheint richtig zu sein), in Lebensgrösse, von vortrefflicher Ausführung, in feinem durchsichtigen Marmor. Nur an der l. Seite des Kopfes und Halses ist einiges ergäuzt, wie das l. Ohr.

749 54 Kleiner geflügelter Genius des Todes, stehend, mit umgekehrter Fackel; der besonders seit Lessing bekannte Typus.

750 55 Kopf des Silen, in Lebensgrösse, mit Kranz von

Weinlaub und Epheu. Die Nasenspitze und einige Blätter des Kranzes so wie das Bruststück sind neu.

751 *56 Kleiner stehender Jüngling, zum Mercur ergänzt. Der Kopf, die Arme mit den Attributen (Beutel und Stab) und die Beine von den Knieen abwärts sind neu. Der Torso ist von zierlicher Arbeit.

752 57 Moderner weiblicher Kopf.

753. 754 58. 59 Zwei moderne Kinderstatuetten.

755 60 Moderner weiblicher Kopf.

756 61 Kleine Wiederholung des Apollino; der Kopf und die Arme mit den Attributen (Bogen und Pfeile), die Beine von den Knieen abwärts und der untere Theil des Baumstamms, an welchem der Köcher hängt, sind neu.

757 62 Bildnisskopf eines Römers mit geschorenem Bart, in Lebensgrösse, ohne Grund Cicero genannt.

758 63 Kleine Statue eines bärtigen Mannes mit phrygischer Mütze, in kurzer Tunica, mit Hosen und Stiefeln bekleidet. Er steht die Beine über einander schlagend an einen Baumstamm gelehnt, ähnlich den Attisbildern. Der r. Arm ist neu, vom l. der untere Theil mit dem Griff des Stabes oder der Fackel, die er queer vor sich umgekehrt auf den Boden stützt; ihr Mittelstück ist alt, und die Ergänzung zur Fackel daher nicht nothwendig. Am Plinthos suchte ich vergeblich nach den Symbolen des Mithrasdienstes, kaum ist eine Schlange darauf zu erkennen. Rohe und flüchtige Arbeit.

759 64 Kleiner Kopf eines Satyrn, mit einem Kranz von Aehren, die ergänzt sind, ebenso wie Schultern und Brust.

760 65 Kopf der Minerva, in Lebensgrösse, Wiederholung des in den Monumenti dell' Instituto Band 4 Tafel 1 publicierten Typus, aber mit der übertriebenen Zierlichkeit der hadrianischen Zeit.

761 66 Kleiner Bildnisskopf eines Römers, mit eigenthüm-

lichem Haarbüschel mitten auf der Stirn. Späte und schlechte Arbeit.

762 67 Weiblicher Kopf, etwa eine Muse, keineswegs Bildniss (nach Bovér der jüngeren Faustina), sondern ideal; nicht besondere Arbeit, aber nicht ohne Anmuth.

763 68 Kopf eines Kindes, mit einer Binde im Haar, in Lebensgrösse; von sorgfältiger, aber manierirter Ausführung.

764 *69 Doppelherme des Jupiter Ammon, über Lebensgrösse; wenig ausgeführte Arbeit nach gutem Vorbild; die Hörner sind ineinander verschlungen.

765 70 Moderne Medusenmaske.

766 71 Kleiner Kopf eines Jünglings, wenn nicht modern, so doch sicher ohne Werth; auf einem Bruststück von africanischem Marmor.

767—769 72—74 Drei kleine Reliefköpfe in Discusform; wohl Kaiserbildnisse. Der erste sieht dem Claudius etwas ähnlich, der zweite scheint modern, der dritte, mit der sicher modernen Umschrift VESPASIANO, sieht diesem Kaiser nicht einmal ähnlich. Alle drei sind werthlos.

770 75 Mosaikbild, Doppelkopf des Janus; unbedeutende Arbeit, willkürlich ergänzt.

771 76 Relief in ovaler Form (wohl erst durch Restauration); Grabesspende oder Opfer einer Frau und zweier Mädchen vor einem Altar. Das kleinere Mädchen trägt kurz gelocktes Haar. Saubere Arbeit, etwa aus hadrianischer Zeit, wohl nach einem grossen und guten Vorbild.

772 *77 Archaisches Relief, Aegisthos durch Orestes ermordet.

Nach dem Stich Fontanas vom J. 1791 wiederholt in Gerhards archäol. Zeitung 11, 1849 Tafel 1 und Overbecks Gallerie heroischer Bildwerke 1 Tafel 28, 8.

773 78 Kleiner Kopf eines Jünglings auf einem Bruststück

von africanischem Marmor. Gegenstück zu N. 766 und vielleicht auch modern.

774—776 79—81 Drei kleine Reliefköpfe in Discusform, wohl Kaiserbildnisse, Gegenstücke zu N. 767—769. Der zweite ist der Kopf einer Frau; die Umschrift des dritten GALBA ist sicher modern.

777 82 Moderne Medusenmaske, Gegenstück zu N. 765.

778 83 Doppelherme zweier Satyrn mit langen Bärten, gute Arbeit, wohlerhalten. Aehnlich N. 743.

779 84 Ganz kleiner Bildnisskopf eines Römers mit geschorenem Bart und glatt anliegendem Haar; sicher nicht Domitian, wie Herr Bovér angiebt. Unbedeutende Arbeit.

780 85 Kleiner Kopf eines Kindes; rohe Arbeit.

781 86 Kleiner Kopf einer Frau mit Diadem (vielleicht Artemis) von älterem ernstem Stil. Unter dem Diadem kommen kleine Löckchen hervor, hinter den Ohren fallen je zwei glatte Haarstränge auf die Schultern. Das Bruststück ist neu. Leider steht dieses zierliche Werk zu hoch und zu dunkel, um gehörig gewürdigt zu werden. An ein Bildniss der Plotina, wofür Bovér es hält, ist nicht von fern zu denken.

782 87 Kleine stehende Frau im Chiton und Mantel, wohl Juno. Der Kopf und beide Arme mit den Attributen (Scepter und Schale) sind zwar neu, doch sprechen Stellung und Gewandung für die Richtigkeit der Ergänzung. Sauber ausgeführte Arbeit von schönen Verhältnissen.

783 88 Kopf einer Frau in Lebensgrösse, mit Stirnband, plump, von roher Arbeit.

Weil Lucidi einen in Ariccia gefundenen Antinooskopf anführt, hält Bovér diesen offenbar weiblichen Kopf dafür.

784 89 Kleiner Kopf eines Kriegers im Helm, von unbedeutender Arbeit; Kopf und Brust scheinen nicht zusammen zu gehören.

785 *90 Bildnisskopf eines bärtigen Römers, in Lebensgrösse; etwa aus der Zeit des Caracalla.

Keineswegs ein Bildniss des Sokrates, wie Bovér meint.

786 91 Kleine stehende Frau im Chiton und Mantel, nach Stellung und Gewandung vielleicht Juno. Der Kopf und beide Arme (mit dem Buche, das eine Sibylle andeuten soll) sind neu.

787 92 Kleines Relief, Wiederholung des Barberinischen Löwen, von zierlicher Ausführung.

788 93 Rundes Relief, liegender Ziegenbock; unbedeutende Arbeit.

789 *94 Kopf des Bacchus, in Lebensgrösse, mit Weinlaubkranz. Die Nasenspitze, die Lippen und einige Blätter des Kranzes sind neu. Der Kopf ist zierlich ausgeführt und von feinem Ausdruck.

790 95 Obertheil einer kleinen stehenden nackten Venus; sehr unbedeutend.

791 96 Bildnisskopf eines Römers, in Lebensgrösse; Wiederholung der sogenannten Mariusbildnisse. Rohe und schlechte Arbeit.

792 *97 Kleine ruhig stehende Artemis, im langen Doppelchiton, dessen Obertheil bis auf die Hüften herabfällt, den Köcher auf dem Rücken; daher ist die Bezeichnung sicher, obgleich Kopf und Arme mit den Attributen (Halbmond und Bogen) neu sind. Saubere Arbeit von vortrefflichen Verhältnissen.

793 98 Kopf eines Jünglings, in Lebensgrösse, mit lockigem Haar und Binde darin; ähnlich dem capitolinischen sogenannten Vergil; von wenig guter Arbeit.

794 99 Kopf des Apollon in Lebensgrösse; kleinere und schlechte, aber alte Wiederholung des Kopfes des Apoll von Belvedere.

795 100 Kolossaler Fuss von guter Arbeit.

796 101 Kleiner Kopf eines Römers im Eichenkranz, wohl kein Bildniss.

797 102 Herme mit drei Köpfen (nach Bovér), in halber Lebensgrösse, von denen der eine jugendlich und bartlos, der andere bärtig ist (der dritte ist nicht zu sehn). Darauf ein wohl richtig ergänzter Modius.

798 103 Springender Panther, wohl zu einer Bacchusstatue gehörig; schlechte und späte Arbeit.

799 104 Cassetton mit einem den Donnerkeil haltenden Adler, wohl von einem Bauwerk aus antoninischer Zeit. Nicht besondere Arbeit.

800 105 Relief eines römischen Sarkophags mit den Büsten einer Frau und ihres Kindes; r. fehlt wahrscheinlich das Bildniss des Mannes. Unter dem Kopf des Kindes ein kleiner ruhender Widder (wie es scheint).

801 106 Relief in Discusform, weiblicher Kopf; scheint modern zu sein.

III. KABINET.

Ausser den einzeln verzeichneten Gegenständen werden hier eine Reihe kleinerer antiker und moderner Gegenstände, Thonfiguren, Lampen, Werkzeuge aus Erz, Messer, Nägel u. s. w. aufbewahrt, wie sie bei allen Ausgrabungen gefunden werden. Erwähnung verdienen einige Helme und Waffenstücke von Gladiatoren, von guter Erhaltung.

802 1 Relief in Discusform, Gorgoneion mit heraushängender Zunge; Nachahmung eines alterthümlichen Werks.

803 2 Kleiner Bildnisskopf eines Kaisers im Lorbeerkranz, vielleicht Vespasian. Unbedeutende Arbeit.

804 3 Bruststück eines jugendlichen Satyrs mit Fichtenkranz und Fell um die Schultern, nicht ohne Geschmack und Sorgfalt ausgeführt.

805 4 Kleiner Bildnisskopf eines jungen Römers, vielleicht ein Prinz aus der Familie der Antonine. Schlechte Arbeit.

806 5 Kleines Bild der Artemis von Ephesos. Der ganze obere Theil und die Arme sind neu; auf dem unteren sind drei kleine Reliefs übereinander; die drei Charitinnen zwischen zwei Füllhörnern; Amphitrite mit ausgespanntem Schleier auf einer Seegeis sitzend; und drei Frauen mit unkenntlichen Attributen, vielleicht Mören.

807 6 Kleiner weiblicher Kopf, modern.

808 7 Kleine und nicht unzierliche Wiederholung des sogenannten Phokion des vatikanischen Museums. Kopf, Arme und Füsse sind neu.

809 8 Kleiner Kopf des Bacchus aus *giallo antico*, die Augen aus weissem und schwarzem Marmor eingesetzt. Zierliche Arbeit.

810 9 Kleiner unförmlicher Zwerg, stehend, aus Porphyr, etwa ein Kabir oder Daktyle. Die Beine von den Knieen abwärts sind neu.

811 10 Kleiner Kopf mit phrygischer Mütze, wohl des Attis. Rohe Arbeit.

812 11 Kleiner Kopf eines Kindes, von gezierter Auffassung; unbedeutend.

813 12 Kleiner Bildnisskopf eines Mannes; scheint modern.

814 13 Kleines Relief in Discusform (die aber nicht ursprünglich ist), eine Frau in der Stellung der auf Terracotten häufigen den Stier opfernden Victorien. Vielleicht eine Badesclavin; werthlose Arbeit.

815 14 Moderne Copie des ruhenden Hermaphroditen.

816 15 Antike Vase aus italischem Marmor, ohne Bildwerke.

817 16 Zwei kleine moderne Löwen.

818 17 Zwei Gefässe aus rothem Thon, von später, aber geschmackvoller Arbeit. Löwen und Attismasken bilden

die Verzierung des Bauches; am Hals wechseln kleine bärtige Köpfe in phrygischer Mütze mit geflügelten in Verzierungen auslaufenden Genien.

819 18 Römische Amphora aus Thon, ohne Bildwerke und Zierrath.

820 19 Kleiner Kopf eines bärtigen Mannes, etwa halbe Lebensgrösse, aus Bronze; alterthümlich, an den Stil der Aegineten erinnernd. Sehr merkwürdig und werth durch Gipsabgüsse bekannt zu werden.

821 20 Zwei moderne Marmorsäulen.

822 21 Kleiner Adler, eine Schlange in den Klauen haltend. Schlechte Arbeit.

823 22 Kleiner Kopf eines Mannes mit hohem, turbanähnlichem Schleier, aus Bronze. Von guter Arbeit, er scheint antik zu sein.

824—826 23—25 Drei kleine Köpfe mittelalterlicher Arbeit; auf dem einen die moderne Inschrift TITO.

Im Treppenhause des Hauptgebäudes liegen eine Menge Fragmente von Marmorsculpturen; darunter die Beine eines Jünglings und eines Kindes von vortrefflicher Arbeit; eine gute bacchische Doppelherme, ein kleiner stehender Hermaphrodit und einige Köpfe.

---

5. MALAGA UND GRANADA[1]).

In Malaga befinden sich (als ich dort war auf dem Kirchhof) einige fragmentierte römische Statuen, welche theils im Jahr 1789 in der Alcazaba gefunden worden sein sollen[2]), theils in dem nahen Cartama, dem alten Cartima[3]); sie ver-

[1]) Vgl. Bullettino von 1861 S. 169—177.

[2]) Cean S. 316.

[3]) Ein vollständiges Verzeichniss aller daselbst gefundenen antiken

dienen nicht einzeln verzeichnet zu werden. Ebendaher stammen die unten beschriebenen Gegenstände N. 828 und 829.

Von anderen Städten des südöstlichen Andalusiens sind antike Bildwerke gefunden worden in Antequera, dem alten Antikaria, eine Herculesstatue[4]) und in Ronda la Vieja, dem alten Acinippo[5]), verschiedene kleinere Fragmente, in Adra, dem alten Abdera, eine Statue, die man für Jupiter Ammon hielt, weil sich zugleich ein Widder und ein Adler fanden[6]). Doch ist alles zu unbedeutend, um besonders verzeichnet zu werden.

Auch Granada verdient keinen besonderen Abschnitt. Ich sah daselbst nur in einer Wand der Alhambra ein kleines Relief, Leda mit dem Schwan von zwei Satyrn belauscht darstellend, welches mir antik zu sein schien, und in der Sammlung des Herrn José de Pineda eine Reihe merkwürdiger altiberischer Idole aus Bronze, von denen es vielleicht später möglich sein wird einige bekannt zu machen.

In Guadix, dem alten Acci, wird ein augenscheinlich moderner Stein mit dem Sonnenbild für ein Bild des Netos oder Neton gehalten, da Macrobius (Sat. 1, 19, 5) erwähnt, die Bewohner dieser Stadt hätten ein *simulacrum Martis radiis ornatum* unter diesem Namen verehrt.

827 Mosaikbild, Herakles stehend mit Keule und Löwenfell (nur die Beine sind erhalten), umgeben von den Symbolen seiner zwölf Arbeiten: 1 der nemëische Löwe, 2 der von

Gegenstände giebt Herr Manuel Rodriguez de Berlanga in seinen estudios Romanos, welche in der Zeitschrift la Razon 1, 1860 S. 137—511 und 2, S. 16—36 gedruckt sind. Einige Stücke kamen nach Madrid in die Sammlung des naturhistorischen Museums (oben S. 228 N. 508 und 509); der Kopf einer der Statuen ist in Granada in der Sammlung Pineda.

[4]) Vgl. Bullettino a. a. O. S. 168, Monatsberichte der Berliner Akademie von 1860 S. 606. Cean S. 300 führt noch einen vierseitigen Altar mit Reliefs an, den ich nicht sah.

[5]) Vgl. Bullettino a. a. O. S. 173, Monatsber. von 1860 S. 621 ff. und Annali dell' inst. von 1862 S. 96.

[6]) Cean S. 347.

dem Drachen bewachte Baum der Hesperiden, 3 Kerberos, 4 die Hydra von Lerna, 5 der dreiköpfige Geryoneus, 6 die arkadische Hindin, 7 der kretische Stier, 8 die stymphalischen Vögel, 9 der erymanthische Eber (7, 8 und 9 beruhen nur auf der Annahme Berlangas und sind jetzt verloren), 10 Eurystheus im Fass (man sieht den Kopf des Ebers, den Herakles trägt), 11 die Amazonenkönigin und 12 ein verlorenes Bild, wahrscheinlich die Rosse des thrakischen Diomedes. Unter dem in der Mitte stehenden Herakles ein sitzender schilfbekränzter Flussgott, nackt, vielleicht Alpheios, der bei dem Reinigen der Ställe des Augeias half, oder eine Vorstellung von localer Bedeutung. Dem entsprechend war wahrscheinlich auch über dem Herakles ein nicht mehr vorhandenes Bild angebracht. Unter dem Flussgott ist ein die ganze Breite des Fussbodens bedeckendes Bild, worin Herr Berlanga die Rückführung der Alkestis zu erkennen glaubte. Die mir inzwischen zugekommene Photographie lässt keinen Zweifel, dass es den Herakles betrunken unter Thiasoten darstellt.

Gefunden im J. 1860 in Cartama, jetzt auf dem Landsitz, genannt *hacienda de la Concepcion*, des Herrn Jorge Loring, Marqués de Casa-Loring bei Málaga. Vgl. Bullettino a. a. O. S. 170.

828 Kleiner Kopf eines Jünglings mit kurzem krausem Haar (H. 12), mit Kopfbinde, etwa ein jugendlicher Hercules oder Mercur, aus Bronze, die Augen aus Silber eingelegt; zierliche Arbeit, wohl aus dem ersten Jahrhundert.

Gefunden in Cartama, im Besitz des englischen Consuls in Malaga Herrn William Penrose Mark. Vgl. Gerhards archäol. Anzeiger 20, 1862 S. 259*.

829 Kleiner Marmortorso eines Silen, im Epheukranz (H. 36). Arme und Beine fehlen; er ist mit dem Fell umgürtet und scheint auf dem Rücken des Esels liegend zu denken. Zierliche Arbeit.

Gefunden in Espejo, dem alten Ucubi, jetzt in Malaga im Besitz des Herrn Benito Vilá. Vgl. Gerhards arch. Anz. 20, 1862 S. 333*.

6. CORDOBA[1]).

Im siebzehnten Jahrhundert besass in Cordoba Bernardo Gamiz de Cabrera eine Sammlung, die ausser Inschriftsteinen und Münzen einige antike Bildwerke enthielt. Nachricht davon giebt das schon erwähnte[2]) *journal d'un voyage d'Espagne* von 1659. Sie scheint im vorigen Jahrhundert zum Theil in die damals bestehenden Sammlungen des Pedro de Estrada und des Rafael Maria, später des Pedro Leonardo de Villa Cevallos übergegangen zu sein. Von der ersten finden sich Nachrichten und Abbildungen einiger Stücke in Francisco Perez Bayérs handschriftlich erhaltener Reise durch Andalusien[3]). Zwei merkwürdige Bleitesseren von der Art der in der Sammlung der Nationalbibliothek vorhandenen[4]), die daselbst erwähnt werden, beschreibe ich hier nicht genauer. Die Sammlung Cevallos ist noch vorhanden, wenn auch nicht ganz vollständig; besonders alle kleinen Bronzen sind veräussert worden. Auch fehlt die von Bayér bei Estrada gesehene Statue eines bärtigen Alten mit Früchten im Schooss (also wohl Priapos oder Vertumnus) und eine von ihm für griechisch erklärte Büste eines bärtigen Mannes in dem colegio de Santa Victoria. Von einem neuerdings in Cordoba gefundenen Mosaikbild berichtet Herr Ramirez de las Casas-Deza (Gerhards arch. Anz. 1862 S. 320*). Die zu erwähnenden Sculpturen der Sammlung Cevallos (es ist auch eine moderne Büste des Traian darunter) stammen zum Theil aus Montoro, dem alten Epora[5]), zum Theil aus Cordoba selbst und anderen der zahlreichen antiken Städte seiner Umgebungen. Aus diesen ist nur weniger Funde von Bildwerken hier zu erwähnen, obgleich Statuen und Mosaikbilder überall vorgekommen sind. Eine kleine

---

[1]) Vgl. Bullettino von 1861 S. 230—233 und 245—249, Monatsberichte der Berliner Akademie von 1861 S. 51. Cean S. 343 f.

[2]) Siehe oben S. 3 Anm. 1.

[3]) Vgl. Monatsber. von 1860 S. 328. Die dazu gehörigen Zeichnungen sind leider verloren.

[4]) Siehe oben S. 193 Anm. 15.

[5]) Vgl. Bullettino a. a. O. S. 245, Cean S. 369.

Erzstatue aus Martos, dem alten Tucci, ist oben[6]) angeführt worden; es gab daselbst eine Reihe von Statuen der augustischen Familie. In den Ruinen von Cazlona, dem alten Castulo, ist ebenfalls manches Bildwerk gefunden aber nicht aufbewahrt worden. So das Relief einer sitzenden Frau in Lebensgrösse, welches Bayér sah[7]). Vorhanden ist noch (in der Universität in Granada) ein Grabrelief, die Büste einer Frau in einer Nische und darüber im Giebelfeld ein Jüngling stehend zwischen zwei Pfauen, worin man eine christliche Vorstellung erkennen wollte[8]). Neuerdings ist eine, wie es schien, recht alte bronzene Brunnenöffnung aus Cazlona nach Madrid gekommen, wo ich sie bei Herrn Amador de los Rios sah.

Die Sculpturen der Sammlung Cevallos sind in den beiden Höfen des Hauses sehr ungünstig aufgestellt. In Montemayor, dem alten Ulia, befand sich ebenfalls eine Reihe von Statuen der Mitglieder des julischen Kaiserhauses, und ein Mosaikfragment mit den Musen, deren eine mit der Umschrift EVTERPE noch Bayér sah[9]). Andere in Montemayor einst vorhandene Alterthümer beschreibt ein von Cean mitgetheilter Brief des Franco[10]). In Baëna besitzt Herr José Morales y Valenzuela einige in den Umgebungen gefundene Alterthümer[11]); ebenso bei Cabra, dem alten Igabrum, die Brüder Manuel und Juan Antonio de la Corte Ruano auf ihrer Besitzung los Granados[12]). Ferner sind westlich von Cordoba auch in Peñaflor, dessen alter Name sich nicht mit Sicherheit bestimmen lässt, Mosaike und Statuen gefunden worden, deren ich zwei recht gute, Römer in der Toga vorstellend, im Hause des D. Antonio de la Coba sah[13]). In

---

6) S. 218 N. 487. Vgl. Bullettino a. a. O. S. 228.

7) Cean S. 65 und 89.

8) Vgl. Bullettino a. a. O. S. 229, Cean S. 66.

9) Vgl. Bullettino a. a. O. S. 249. Cean S. 240.

10) Vgl. Rhein. Museum 17, 1862 S. 257.

11) Vgl. Bull. a. a. O. S. 247. 12) Vgl. Bull. a. a. O. S. 246.

13) Vgl. Monatsberichte von 1861 S. 68.

Lora del Rio hat der Chirurg Herr Luis Benite eine kleine Sammlung von Alterthümern zusammengebracht. Von einigen Statuen, die einst daselbst vorhanden waren[14]), fand ich nichts.

830 Kleiner bärtiger Bacchus (oder Silen) mit Epheukranz, in tiefem Schlaf liegend.

Früher im Haus des Pedro Carrascal; von Bayér für einen Flussgott gehalten, wogegen das Schlafen und der Epheukranz sprechen.

831 Kleine Nymphe, stehend, eine Muschel vor dem Schooss haltend, der Kopf fehlt.

Vgl. oben S. 68 N. 62.

832 Torso eines stehenden Jünglings, über Lebensgrösse, jugendlicher Gott oder Kaiser, gute Arbeit.

833 Kolossaler Torso eines stehenden Kaisers im Harnisch und Mantel; nach dem Stil der Ornamente und der Güte der Arbeit ein Kaiser der älischen Familie.

In Montoro gefunden, nach den Zeugnissen des Franco und Cardenas mit einem zweiten ähnlichen Torso, der nicht mehr vorhanden ist.

834 Römische Frau im Chiton und Mantel. Der Kopf fehlt; vielleicht Bildniss der Kaiserin Cornelia Salonina, da sie mit einer Inschrift derselben (Grut. 275, 3 und 4) gefunden worden sein soll. Der Stil der Arbeit passt zu dieser Zeit.

835 Büste einer Frau mit Diadem (Juno), über Lebensgrösse.

836 Kopf der Minerva; nur das Gesicht ist erhalten.

837 Bildnisskopf eines jungen Römers im Priesterschleier, vielleicht einer der Prinzen des julischen Hauses.

838 Büste einer Römerin mit Diadem und Schleier, wohl Bildniss einer Kaiserin.

---

[14]) Vgl. Cean S. 268, Bullettino von 1862 S. 106.

7. SEVILLA[1]).

Sevilla hat zwei grössere Sammlungen von Alterthümern, die der Herzöge von Medinaceli in der *casa de Pilatos*, italienischen Ursprungs[2]), deren beste Stücke nach Madrid gekommen sind, und das Museum im früheren Dominicanerkloster *la Merced*. Von Privatsammlungen sind mir drei, die der Herren Manuel Almonte, Antonio de Vera und Eduardo Sanchez bekannt geworden. Die erste enthält einige kleine Sculpturen aus Italica, darunter einen hübschen kleinen Torso einer Diana. Herr Sanchez hat hauptsächlich Münzen. Er besitzt unter anderem ein zweites Exemplar der oben S. 193 erwähnten Bleitessera in Madrid. Endlich sah ich bei dem Professor der Theologie an der Universität, P. Francisco Mateos Gago, zwei interessante ganz flache Reliefs aus Italica, Thaten des Hercules darstellend, zwar aus später Zeit, aber von eigenthümlicher Art. Die Sculpturen des Museums stammen zum grösseren Theil aus den Ruinen von Santiponce, dem alten Italica, zum kleineren aus der Sammlung des D. Adan Centurion, Marqués de Estepa, welche derselbe um die Mitte des siebzehnten Jahrhunderts in seinem Schloss in Lora oder Lorilla bei Estepa in Südandalusien zusammengebracht hatte[3]). Sie war gegen Ende des vorigen Jahrhunderts zum grossen Theil in den Besitz des Francisco de Bruna y Ahumada, eines hohen Justizbeamten in Sevilla († 1807), übergegangen und im Erdgeschoss des königlichen Alcázar, dessen Alcaide er war, aufgestellt worden. Die zahlreichen Münzen und geschnittenen Steine, welche derselbe besass, sind im Jahr 1811 zum grössten Theil gestohlen worden. Ausser ihm hatte im vorigen Jahrhundert auch der Graf del Aguila vieles gesammelt. Auf diese Weise ist viel

---

[1]) Vgl. Bullettino von 1862 S. 99—107; Monatsberichte der Berliner Akademie von 1861 S. 82; Cean S. 248.

[2]) Vgl. oben S. 237.

[3]) Vgl. Bullettino von 1861 S. 169 und Monatsberichte der Berliner Akademie von 1861 S. 105.

verloren und nur weniges dem Museum erhalten worden. Dazu sind einige vereinzelte Funde aus anderen Orten gekommen. Unter den in Italica gefundenen Sculpturen des Museums sind mehrere gute Fragmente von Kaiserstatuen und einigen idealen bei Ponz (17, 1792 S. 222) abgebildeten Figuren, welche einzeln zu verzeichnen überflüssig erscheint. Verloren scheint dagegen eine im Jahr 1606 gefundene Statue der sitzenden Isis mit dem kleinen Horus (4 Palm hoch), deren Beschreibung Cean nach Caro giebt [4]). Nicht aus Italica, sondern aus dem kleinen Ort las Cabezas de San Juan südlich von Sevilla stammt die im Museum befindliche kleine Statue des knieenden die Weltkugel tragenden Atlas [5]), nach der auf dem Plinthos befindlichen Inschrift dem Kaiser Claudius von der Bewohnerin einer nicht genau zu bestimmenden spanischen Stadt gesetzt [6]). Das schönste Stück, welches in Italica gefunden worden ist, besitzt der Herzog von Montpensier. Es ist ein kolossaler weiblicher Kopf mit Helm ohne Busch, offenbar eine Roma, nicht Minerva, von vortrefflicher Arbeit in (wie mir schien) griechischem Marmor. Er gehörte zu einer Statue, von welcher auch andere Reste mit ihm gefunden und wieder verschwunden sein sollen. Einige kleinere Alterthümer, welche sich in späten Gräbern im Garten des Herzogs gefunden haben und sorgfältig aufbewahrt werden, haben historisches, aber nicht archäologisches Interesse. In Sevilla selbst ist noch in einer Gasse nahe der alten Alameda eine verstümmelte Togastatue zu sehn, welche für das Urbild von Don Juan Tenorios steinernem Gast angesehn wird [7]). Eine archäologische Gesellschaft, welche sich neuerdings

[4]) In dem Werk Antiguedades y principado de la ilustrisima ciudad de Sevilla y chorographia de su convento iuridico o antigua chancilleria, Autor el Doctor Rodrigo Caro, Sevilla 1634 Fol. finde ich diese Beschreibung nicht; Cean nahm sie daher wohl aus Caros handschriftlichem Nachlass, den die Madrider Akademie aufbewahrt.

[5]) Vgl. Cean S. 233.

[6]) Vgl. Monatsberichte der Berliner Akademie von 1861 S. 111.

[7]) Vgl. Cean S. 250.

in Sevilla gebildet und den Namen *diputacion arqueológica Sevillana* angenommen hat, besitzt in ihrem Local ausser den gewöhnlichen kleinen Alterthümern in Erz und Thon eine verstümmelte Marmorbüste, wie mir schien, des Nero, etwas über Lebensgrösse. Es ist zu bedauern, dass der nicht beträchtliche Antikenvorrath Sevillas nicht vereint wird und dadurch der Gefahr des Untergangs und der Verschleppung fortwährend ausgesetzt bleibt.

Von den übrigen Städten des westlichen und südlichen Andalusien ausser Italica ist wenig zu berichten. Ueber Italica bereitet Herr Demetrio de los Rios eine eigene Publication vor, welcher seit einiger Zeit regelmässige Ausgrabungen leitet. Früher schon einmal hatte Ivo de la Cortina mit bestimmtem Plane wie später in Tarragona graben lassen und in einer eigenen Schrift seine Funde zu beschreiben begonnen [8]). Besonders Mosaikbilder hatte er in grosser Anzahl gefunden, doch ist kein einziges derselben noch vorhanden; vor allem nicht das grosse von Laborde einzeln publicierte, welches in dem Mittelbild Circusspiele, um dasselbe herum in einzelnen Feldern die Köpfe der Musen und Symbole der Jahreszeiten, wahrscheinlich mit Bezug auf die Farben der Circusparteien mit den Namen der Wagenlenker, darstellte [9]). Interessant schien mir ausserdem die Zeichnung eines von Cortina gefundenen Mosaikbildes, welche ich bei Herrn Rios sah, worauf nach den Inschriften VENVS zwei Verlobte TVLLIANVS und PRO/IS zu verbinden scheint. Herrn Rios Arbeit wird jedenfalls die höchst unzulängliche Schrift von

---

[8]) Antigüedades de Italica por Don Ivo de la Cortina, Sevilla 1840 4°. Ich sah 52 Seiten und XII Seiten eines dazu gehörigen folletin; auch eine Reihe von Tafeln gehören dazu. Vgl. ausserdem Bullettino von 1839 S. 5 ff. und oben S. 283. Das werthvollste, was er hinterlassen hat, sind die originalen Ausgrabungsberichte, meist flüchtig an Ort und Stelle gemacht, welche Herr Rios seiner Arbeit zu Grunde legt.

[9]) Description d'un pavé en mosaique découvert dans l'ancienne ville d'Italica etc. par Alexandre Laborde, Paris 1822 Fol.

Matute[10]) überflüssig machen. — In Ecija, dem alten Astigi, hat Herr Mariano Casaubon allerlei kleine Alterthümer zusammengebracht. Darunter verdient Erwähnung ein kleiner vierseitiger tragbarer Altar aus Marmor mit Henkeln, gefunden im Jahr 1856 bei Aguilar, dem alten Ipagrum. Auf der Vorderseite ist in hohem Relief die Büste eines geflügelten Genius, der in der R. einen Palmzweig, in der L. nichts hält; den Kopf, mit zierlich gewundener Haarflechte, wendet er in lebendiger Bewegung nach r.; die Flügel sind auf das feinste ausgeführt. Auf der entgegengesetzten Seite ist ein mit Binden geschmückter Stierschädel. Ausserdem besitzt Herr Casaubon eine schöne Tritonenmaske und eine Reihe kleiner in Cadiz gefundener Thonfiguren. In Cadiz selbst ist von Bildwerken meines Wissens nichts erhebliches gefunden worden. Von Statuen wird nur die eines jugendlichen Bacchus angeführt[11]); Herr Manuel Ruiz Clull achtet sorgfältig auf alles vorkommende. Einiges mehr fand sich in Medina Sidonia, dem alten Asido, und Jeréz de la Frontéra, in dessen Nähe Asta zu suchen ist[12]). Aus Jeréz werden verschiedene Statuen von Römern in der Toga, aus Medina Sidonia ein römischer Sarkophag mit den Bildnissen von Mann und Frau in einem von Tritonen und Nereiden umgebenen Medaillon nebst einigen Barken und Ruderern (also vielleicht das Grabmal eines Schiffers) erwähnt[13]). Von der Sammlung des Marqués de Thierry im Puerto de Santa Maria, welche der

---

[10]) Bosquejo de la Italica ó apuntes que juntaba para su historia D. Faustino Matute y Gaviria. Sevilla 1827 8"; die Fortsetzung zerstörte der Verf. selbst wegen Mangels an Verkauf.

[11]) Vgl. Cean S. 228.

[12]) Vgl. Cean S. 235 und 239. Einige Notizen über antike Bildwerke in diesen Städten finden sich auch in der oben S. 5 Anm. 13 angeführten Reise des Grafen von Maule.

[13]) Von diesem Sarkophag spricht schon Caro antiguedades de Sevilla f. 124 v. Vgl. Cean S. 239.

dänische Reisende Plüer im Jahr 1765 sah [14]), scheint nichts mehr vorhanden zu sein. Eine mit Ammonsköpfen geschmückte Marmorvase, in der Nähe von Cadiz gefunden, war nicht mehr aufzufinden. Ein ergiebiger Fundort von Alterthümern waren früher die Ruinen von Carteia, el Rocadillo und die *torre de Cartagena* bei Gibraltar [15]). Im Stadthaus von San Roque sah ich ein dort gefundenes Stück Marmorfries mit Stierschädeln und Blumengewinden von schöner Arbeit; kleinere Alterthümer sind in Gibraltar von verschiedenen Liebhabern zusammengebracht worden, wie von dem General Moore (jetzt in England), dem Capitain Jackson und dem Barbier José Salazár. Bei dem letzten sah ich eine höchst vortreffliche kleine Bronzestatue der Minerva mit Helm und Aegis; der Speer fehlte. Caros eigene Sammlung von Alterthümern, einst in seinem Haus in Utrera befindlich, scheint spurlos verloren zu sein [16]) Er spricht an verschiedenen Stellen seines Buches von Antiken in seinem Besitz; so (f. 7 v.) von den Büsten einer Kaiserin (f. 147 v.) und einer Bacchuspriesterin (vielleicht Ariadne), von einer kleinen Erzstatue der Venus nach Art der mediċäischen (f. 147). Verschwunden ist ebenso in Carmona die Sammlung des berüchtigten Trigueros [17]) und in Alcalá del Rio die im vorigen Jahrhundert zusammengebrachte des Marcos Merchante y Zúñiga [18]). Aus Lebrija, dem alten Nebrissa, erwähnt Caro (f. 119) eines kleinen Attisbildes, wie nach seiner Beschreibung deutlich ist.

Aus der Provinz Huelva endlich ist ein in der Stadt Trigueros befindliches Puteal mit Reliefs zu erwähnen. Es stellt vier Blumengewinde haltende Genien mit Flügeln und vier Zeichen des Thierkreises dar, den Capricornus, Widder, Löwen und Kentauren (also die Zeichen von Januar, April, August und

---

14) S. 444–446; vgl. oben S. 5 Anm. 6.

15) Vgl. Monatsberichte von 1860 S. 634.

16) Vgl. Monatsberichte von 1861 S. 111.

17) Vgl. Rhein. Museum 17, 1862 S. 235.

18) Vgl. Monatsberichte von 1861 S. 95.

December)[19]). In den Kupferbergwerken von Rio Tinto soll sich auch manches alte Kunstwerk gefunden haben. Neuerdings fand sich in Huelva selbst, das dem alten Ossonoba an der Anasmündung ungefähr entspricht, eine kleine silberne Statue des Mercur; sie soll durch Herrn Delgado der Sammlung der Akademie der Geschichte in Madrid einverleibt werden.

Das folgende Verzeichniss der Sammlung Medinaceli in Sevilla konnte nur unter ungünstigen Umständen gemacht werden und wird daher mancher Verbesserung bedürfen. Caro (f. 63 v.) erwähnt ihrer nur ganz kurz.

Im grossen Hof stehen in den vier Ecken vier Statuen:

839 1 Minerva im Chiton mit der Aegis, kolossal; der Kopf ist alt, aber ein moderner viel zu grosser und höchst geschmackloser Helm ist darauf gesetzt worden. Beide Arme mit Schild und Keule (so) sind neu. Das ganze ist eine ziemlich rohe Arbeit, wie besonders die Behandlung der Gewandung zeigt.

840 2 Minerva, kolossal. Der Kopf und beide Arme mit Speer und Schild sind neu. Im ganzen ist sie N. 839 sehr ähnlich (sie trägt ebenfalls Chiton und Aegis), aber von weit besserer Arbeit.

841 3 Frau im Chiton mit Weinlaubkranz (Ariadne? Bacchantin?), kolossal. Die L. und die l. Brust und der r. Arm mit dem Tamburin sind neu. Man ergänzte sie zur Tänzerin und dachte dabei an die vergilische *copa*, wie die Aufschrift des Plinthos *Caupa Syrisca* anzeigt.

842 4 Frau mit Diadem und Schleier, kolossal. Das Füllhorn in der R. lässt auf Ceres oder Fortuna schliessen (die L. mit dem Steuerruder ist neu); doch scheint der Kopf das

[19]) Beschrieben und abgebildet in den memorias der Madrider Akademie der Geschichte Band VII S. XIX f. und bei Cean S. 291.

Bildniss einer **Kaiserin** und sieht der Manlia Scantilla ähnlich. Die Arbeit ist nicht schlecht.

Unter dem Säulengang um den Hof sind 24 Büsten, alle mehr oder weniger über Lebensgrösse, aufgestellt, sehr hoch und dunkel; doch sieht man, dass einige davon modern sind, ebenso wie die sämmtlichen Aufschriften. Ich gebe ein kurzes Verzeichniss, l. vom Eingang beginnend:

843 1 Vespasian, wahrscheinlich modern.

844 2 Marcus Aurelius, sicher antik.

845 3 Hadrian, ebenso, die Aufschrift ist richtig.

846 4 Bildniss eines unbekannten Römers mit glattem, kurzem Haar, nach der Aufschrift *Philippus*; sicher antik und von guter Arbeit.

847 848 5 6 Zwei sicher moderne Köpfe, in den Aufschriften *Romulus* und *Quirinus* genannt.

849 7 *Titus*, scheint ebenfalls modern.

850 8 Bildniss eines bärtigen Römers, ohne jeden Grund in der Aufschrift *Maximus* genannt; alt, aber wohl überarbeitet.

851 9 Bildniss eines kahlköpfigen Römers mit geschorenem Bart, *Caligula* genannt. Vielleicht ein schlechter Kopf des Cäsar.

852 10 *Scipio Africanus* der ältere; modern.

853 11 Tiberius, wie es scheint; ohne jeden Grund *Hannibal* genannt. Gute Arbeit.

854 12 Kopf eines Jünglings mit langem Haar und Strahlenkrone, welche zum grössten Theil ergänzt zu sein scheint (also vielleicht Sol). Die Aufschrift *Tureta* ist mir ganz unverständlich.

855 13 Karl der V.

856 14 Vitellius, Wiederholung der bekannten Büste, mit der Aufschrift *M. Tullius Cicero.*

857 15 Antoninus Pius; alt, aber sehr mittelmässig.

858 16 Marcus Aurelius jung, wie es scheint; nicht *L. Verus*, wie die Aufschrift angiebt.

859 17 Jugendlicher Mercur, athletisch, mit kurzgelocktem Haar, von zierlicher Arbeit. Das Bruststück mit Harnisch ist neu und die Aufschrift *Vitellius* ganz aus der Luft gegriffen.

860 18 Bildniss eines bejahrten Römers, dem Nerva nicht unähnlich; jedenfalls nicht *Tiberius*, wie die Aufschrift sagt.

861 19 Titus, modern, Copie nach einem bekannten Original; mit der falschen Aufschrift *Tiberius*.

862 20 Vespasian, wie es scheint; sehr schlechte Arbeit. Die Inschrift *Valerius* sollte wahrscheinlich Diocletian bedeuten.

863 21 Moderner Kopf; nach der Aufschrift *Agrippa*.

864 22 Bildniss eines kahlköpfigen Römers, vom Knie abwärts neu; das übrige von guter Arbeit. Die Aufschrift *Marius* hat keinen Grund.

865 23 Caracalla jugendlich, wie es scheint; mittelmässige Arbeit. Die Aufschrift *M. Antonio* steht wohl irrthümlich für *M. Antonino*.

866 24 Moderner kahler Kopf mit der Aufschrift *Maximinus*.

In dem Gartenpavillon, welcher jetzt als Maleratelier dient, befinden sich die folgenden Sculpturen:

867 1 Kolossaler Römer, stehend, in der Toga; auf dem Plinthos steht am r. Fuss ein Kästchen mit Schriftrollen. Der Kopf ist alt und gut, aber schlecht aufgesetzt und vielleicht nicht dazu gehörig. Doch sind auch die Arme aus feinerem Marmor angesetzt, aber alt.

868 2 Stehende Frau im Chiton und Mantel, etwas über Lebensgrösse. Der Kopf, ohne Diadem, ist alt. Die feinen Falten um Brust und Schultern und der durchsichtige, die Körperformen zeigende Faltenwurf des Mantels weisen auf hadria-

nische Zeit. Vielleicht Bildniss einer Kaiserin als *Venus genetrix.*

869 3 Venus unterwärts bekleidet, stehend, etwa halbe Lebensgrösse. Der Mantel liegt auf dem r. Arm und wird mit der R. vor dem Schooss festgehalten. Unten ein wasserspeiender Delphin. Sehr mittelmässige Arbeit. Als Piedestal dient:

870 4 Die Basis mit der Isisinschrift bei Orelli 2510; mit den Reliefs auf der einen Seite des Anubis und Ibis, auf der anderen des Osiris und Apis.

Sie ist in Guadix (*Acci*) gefunden worden, wo auch andere Inschriften ein Isisheiligthum bezeugen; vgl. Monatsber. von 1861 S. 29; die Reliefs sind abgebildet bei Montfaucon 2, 2 Tafel 136.

871 5 Kopf des Augustus, über Lebensgrösse; nur das Gesicht ist alt, und ohne besonderen Werth.

872 6 Stehender Hermaphrodit, in halber Lebensgrösse, in langem auf der Brust zusammengeknoteten Gewand, wie es bei Isisbildern gewöhnlich ist. Die durchsichtigen Falten lassen deutlich die Vereinigung der beiden Geschlechter in der reichen Fülle der Körperformen erkennen. Gute, etwas gezierte Arbeit hadrianischer Zeit.

873 7 Stehender Römer in der Toga mit kurzem Haar, in halber Lebensgrösse. Sehr mittelmässige Arbeit.

874 8 Stehende Frau mit Diadem und Schleier, im Chiton und Mantel (Juno? Ceres?), über Lebensgrösse; ohne Attribute. Nur die Nasenspitze und ein Stück des Schleiers ist angesetzt; die Arbeit nicht besonders.

875 9 Sitzender Kaiser (vielleicht Tiberius), im Mantel, über Lebensgrösse. Der Kopf ist an der l. Seite beschädigt und die Aehnlichkeit nicht sehr ausgeprägt.

876 10 Bacchus, stehend, mit Weinlaub und Trauben bekränzt, die Nebris um die Schultern, etwas unter Lebensgrösse. Die Nasenspitze und die R., welche wohl eine Schale oder den

Thyrsos hielt, fehlen; die L. ist in die Seite gestemmt. Die Beine von den Knieen abwärts sind neu.

877 11 Stehender nackter Knabe mit krausem oben in einen Knoten zusammengebundenem Haar (wohl Amor), etwa Lebensgrösse; die Nase und die Arme fehlen. Ob Ansätze zu Flügeln vorhanden, konnte ich nicht sehn, da er dicht an der Wand steht.

878 12 Kopf des Marcus Aurelius, über Lebensgrösse; die Nase fehlt.

879 13 Kleine christliche Statue des guten Hirten mit dem Lamm; nur die L. fehlt. Etwa aus dem Ende des vierten Jahrhunderts.

Oben an den Wänden dieses Pavillons stehn, ausser zwei modernen, vier Büsten, alle über Lebensgrösse:

880 1 Bärtiger Grieche, vielleicht Sokrates.

881 2 Bärtiger Grieche; mir unbekannt.

882 3 Römer im Harnisch, vielleicht Caracalla.

883 4 Kopf eines bartlosen Jünglings mit langem Haar und hohem Blumenkranz, bis auf den fehlenden Bart an Serapisköpfe erinnernd; ein interessantes Werk.

In dem kleinen Garten und den ihn umgebenden Hallen sind folgende Sculpturen ohne Ordnung und Geschmack meist auf antiken Säulen sehr hoch aufgestellt:

884 1 Ein eigenthümliches korinthisches Capitell: zwischen Palmenblättern sind geflügelte Genien mit Früchten und Körben und Tänzerinnen mit fliegenden Gewändern angebracht.

885 2 Kind mit einem Vogel, die Haare auf dem Scheitel zusammengeknotet, in Lebensgrösse. In die ergänzte R. hat man ihm eine Schale gegeben, daraus es den Vogel tränkt. Flüchtige Arbeit.

886 3 Kopf des Marcus Aurelius, über Lebensgrösse; die Nase fehlt.

887 4 Sitzendes Kind, klein. In der L. hält es einen undeutlichen Gegenstand, einem Hammer gleichend; der r. Arm fehlt. Schlechte Arbeit.

888 5 Kopf des Antoninus Pius, über Lebensgrösse; die Nase fehlt.

889 6 Kopf des Antinoos, über Lebensgrösse; die Nase ergänzt. Gute Arbeit.

890 7 Kopf des Augustus als Knabe (oder vielleicht einer seiner Enkel), in Lebensgrösse; die Nase fehlt. Gute Arbeit.

891 8 Kopf des Augustus als Jüngling, sehr lebendig, von breiter und schöner Behandlung; über Lebensgrösse. Gut erhalten.

892 9 Kopf eines bärtigen Römers aus antoninischer Zeit, über Lebensgrösse. Die Nase ist angesetzt.

893 10 Kopf einer Frau mit langem griechischem Haarschopf, über Lebensgrösse; auf ein modernes männliches Bruststück gesetzt.

894 11 Kopf eines Jünglings, etwa Lebensgrösse; rohe Arbeit.

895 12 Kopf eines Römers mit geschorenem Bart; zu hoch um gehörig gesehn zu werden.

896 13 Kopf einer Frau mit Diadem und Schleier (Muse? Juno?), über Lebensgrösse. Das Gewand wird auf der Brust von einer kleinen lachenden Maske festgehalten.

897 14 Kopf eines hässlichen Römers, etwa Lebensgrösse, an die sogenannten Mariusköpfe erinnernd. Nase und Kinn fehlen.

898 15 Kopf eines Römers mit geschorenem Bart und kurzem glatten Haar, etwa in Lebensgrösse, ungefähr aus dem Ende des ersten Jahrhunderts.

899 16 Kolossaler Kopf einer Frau (Muse?), wie es scheint von guter Arbeit, aber zu hoch aufgestellt um gehörig gesehn zu werden.

900 17 Kleiner Kopf der Venus, mit ähnlicher Haartracht wie die der capitolinischen.

901 18 Bildniss einer Römerin mit künstlich gekräuselten Haaren, etwa Lebensgrösse; ungefähr aus hadrianischer Zeit.

902 19 Bildniss einer Römerin, ähnlich N. 901, aber etwas später.

903 20 Hässlicher Kopf eines Kindes, etwa Lebensgrösse.

904 21 Kopf des Hadrian, über Lebensgrösse, auf modernem Bruststück; gute Arbeit.

905 22 Kopf eines alten Römers mit glattem Haar, etwa Lebensgrösse; ungefähr aus dem Anfang des zweiten Jahrhunderts.

906 23 Kolossaler Kopf einer Frau, den Blick nach oben gewendet; es schien eine Muse wie N. 899.

907 24 Kopf eines Römers mit kurzem Haar und schwachem Backenbart, etwa Lebensgrösse, auf einem alten Bruststück mit Harnisch. Dem Severus Alexander nicht unähnlich; jedenfalls ungefähr aus seiner Zeit.

908 25 Kopf eines bärtigen Römers, in halber Lebensgrösse; die Nase fehlt. Schlechte Arbeit.

909 26 Kopf eines jungen Römers mit geschorenem Bart und glattem Haar, über Lebensgrösse, etwa aus augustischer Zeit. Mittelmässige Arbeit.

910 27 Ein Römer, nur mit dem Mantel bekleidet, stehend, aus verschiedenen alten und neuen Stücken zusammengesetzt; über Lebensgrösse. Der Kopf sieht dem Commodus ähnlich; die Arme fehlen. Der untere Theil mit dem um die Beine geschlungenen Mantel scheint alt zu sein; doch sind die Beine zu kurz und gehören vielleicht gar nicht zum Obertheil.

911 28 Kolossale Frau im Chiton und Mantel, ohne Diadem, stehend (Ceres?). Der Kopf ist alt, aber vielleicht nicht dazu gehörig; das Gesicht ist ergänzt. Modern und schlecht er-

gänzt ist ferner der r. Arm; die antike L. hält zwei Aehren und zwei Mohnstengel. Breit behandelte, aber etwas rohe Arbeit.

8. ESTREMADURA[1]).

Estremadura, dessen südlich vom Guadiana gelegener einst zu Bätica gehöriger Theil gewiss an Kunstwerken nicht ärmer war als jene Provinz, bewahrt jetzt von Kunstwerken nur wenig nennenswerthes. Von dem Glanz Meridas, der Colonie Emerita Augusta, welchen noch die arabischen Eroberer bewunderten, zeugen ausser den architektonischen Ueberresten nur einige fragmentierte Statuen, welche theils in einem zu Theatervorstellungen dienenden Raum des früheren Klosters Santa Clara, theils im Hof des Hauses von D. Antonio Pacheco aufbewahrt werden. Zwei derselben, junge Römer in der Toga darstellend (die Köpfe fehlen), der eine mit dem *latus clavus* und von guter Arbeit, der andere aus später Zeit, sind abgebildet bei Laborde (1 Tafel 162 S. 115). Das beste Werk ist der Torso einer römischen Frau in schönem Gewand, wohl eine Göttin; doch fehlen Kopf und Arme mit den Attributen. Ein kleinerer weiblicher Torso, ebenfalls wahrscheinlich das Bild einer Göttin, ist von zierlicher Arbeit etwa traianischer Zeit. Im Haus des Herzogs de la Roca ist ein kleines Relief, ein Kind mit einem Kaninchen darstellend. Ausserdem sah ich in der äusseren Wand des Hauses eines D. Juan Cantos (calle de Santa Olalla N. 2) ein wahrscheinlich christliches Sarkophagrelief. Cean (S. 392) erwähnt nach den Zeichnungen des Velazquez, Cornide und Bayér (die ältesten und besten, die des berühmten Architekten Herrera, verbrannten im Jahr 1734) noch einiger Köpfe und Reliefs ohne Interesse; die Statuen, die er beschreibt, sind wohl für mittelalterlich zu halten. Die zahlreichen Mosaikbilder, welche in Merida sich

---

[1]) Vgl. Bullettino von 1862 S. 170—179.

fanden, sind wie die von Italica sämmtlich zu Grunde gegangen. Nur von einigen besitzt die Madrider Akademie Zeichnungen; doch bemerkte ich keine hervorragenden Vorstellungen darunter.

Von den übrigen Städten der Provinz besitzt meines Wissens nur Cáceres ein Bildwerk, die auf dem Markt stehende römische Statue eines Mannes im Priesterschleier, im l. Arm ein Füllhorn haltend; der r. Arm mit der Hand, die wohl eine Opferschale hielt, fehlt. Von den spanischen Autoren wie Cean (S. 402) ist diese Statue durchgehends, aber irrthümlich, für weiblich gehalten und Ceres oder Abundantia genannt worden. Trotz der Höhe, in welcher sie jetzt aufgestellt ist, schien sie mir die bei Laborde (1 Tafel 174 S. 117) abgebildete; er nennt sie *Genius des Augustus*; irgend ein Genius ist sicherlich gemeint. Dass in Cáceres allein sich ein römisches Kunstwerk erhalten hat, stimmt sehr gut zu den übrigen Anzeichen, nach welchen ich die Stadt für der Lage nach dem vielgesuchten Norba entsprechend halte.

9. PORTUGAL[1]).

Der äusserste Westen der iberischen Halbinsel scheint an Kunstwerken sehr arm gewesen zu sein. In den grösseren römischen Städten Lusitaniens (ausser den schon besprochenen Emerita und Norba) Olisipo, Ebora, Pax Julia und Bracara sind bis auf die üblichen kleinen Gegenstände unverhältnissmässig wenig antike Bildwerke gefunden worden. Was früher vorhanden war, stellt der oben[2]) angeführte Aufsatz von Bellermann S. 262—264 zusammen[3]); Cean schliesst mit ächt

[1]) Der ausführliche Bericht über Portugal für das Bullettino des Instituts ist noch nicht gedruckt.

[2]) S. 278 Anm. 4.

[3]) In dem Buch des Grafen Raczynski les arts en Portugal (Paris

spanischer Selbstgenügsamkeit die Theile des römischen Lusitaniens und der Tarraconensis, welche das heutige Portugal umfasst, von seinem Werke (vgl. darin S. 215) aus.

In Lissabon sind mir zwei Sammlungen kleinerer antiker Bildwerke bekannt geworden, die des Königs Dom Fernando und die der Nationalbibliothek, von welchen die Verzeichnisse folgen[4]). In der (hauptsächlich ethnographischen) Sammlung der Akademie der Wissenschaften sah ich nur zwei kleine Köpfe von Satyrn aus Marmor in hohem Relief, ähnlich den in Madrid befindlichen (oben S. 156 N. 309 ff.), welche mir alt zu sein schienen, obgleich sie auf modernen ovalen Marmortafeln befestigt sind. Unter den antiken Waffen und Geräthen gewöhnlicher Art, welche auch dieser Sammlung nicht fehlen, sind ferner zwei kleine Ziegen aus Bronze auf einem Piedestal, wie sie auch in anderen Sammlungen vorkommen (N. 494 und 938); von roher Arbeit, aber wohl ziemlich alt. Ausserdem soll der Herzog von Palmella einige Statuen und Vasen (ich weiss nicht ob in Portugal gefunden) besitzen, die ich nicht sehn konnte[5]). Ich weiss ferner nicht, ob die im Circus des Maxentius gefundenen Statuen des Caracalla und der Julia Domna, welche nach Feas Note zu Winkelmann (opere 1, 439) der Herzog von Abrantes, Gesandter von Portugal bei Clemens dem XI, kaufte, nach Lissabon gebracht oder in Rom geblieben sind. Eine Sammlung christlicher Alterthümer, besonders in Glas, welche nach de Rossis Angabe ein anderer portugiesischer Diplomat in neuerer Zeit in Rom gebildet

---

1846 8°) findet sich über antike Kunstwerke so gut wie nichts; auch Kinseys Portugal illustrated (London 1829 8°) und Denis Portugal pittoresco (ich kenne nur die portugiesische Uebersetzung des französischen Werkes, Lissabon 1847 8°) geben nichts brauchbares.

[4]) Ein Buch über die Nationalbibliothek von José Feliciano de Castilho, genannt relatorio acerca da bibliotheca nacional (Lisboa 1844, typographia Lusitana) habe ich nicht zu sehn bekommen.

[5]) Ein Gefäss aus dieser Sammlung ist abgebildet in der portugiesischen Zeitschrift Archivo pittoresco 4, 1861 S. 48.

haben soll, war trotz aller Nachfragen nicht in Erfahrung zu bringen.

In der Nähe von Lissabon befinden sich die beiden unten verzeichneten Sarkophage (N. 927 und 928). Ein ergiebiger Fundort römischer Anticaglien, besonders in edlen Metallen (Schmuck und Gefässe), sind die Ruinen einer römischen Stadt (vielleicht Caetobriga) bei Nossa Senhora da Troia gegenüber von Setúbal, südlich von Lissabon [6]). Grössere Kunstwerke, Statuen und Reliefs, sind zu verschiedenen Zeiten in Evora und Beja, einst den wichtigsten Städten des Südens von Lusitanien, gefunden worden. Aus Troia, Evora und Beja, so wie aus den kleineren Orten ihrer Umgebungen, stammen die unten verzeichneten Stücke der einst mit vieler Mühe von dem Erzbischof Frei Manoel do Cenaculo zusammengebrachten Sammlung, welche sich jetzt, leider in grosser Vernachlässigung und nicht mehr vollständig, theils in Beja, theils in Evora befinden [7]). Es ist dringend zu wünschen, dass sie nach Lissabon geschafft und dort in würdiger Weise aufbewahrt werden. Nördlich vom Tejo ist meines Wissens nichts nennenswerthes von römischer Kunst gefunden worden, ausser einem Mosaikbild, Orpheus unter den wilden Thieren vorstellend, gefunden in S. Sebastião do Freixo [8]) und jenen merkwürdigen Statuen galläkischer Krieger mit lateinischen Inschriften, aber von ganz barbarischer Arbeit, welche an einem anderen Ort ausführlich von mir beschrieben worden sind [9]).

[6]) Vgl. Monatsber. von 1861 S. 744. Eine sociedade archeologica Lusitana, welche sich gebildet hatte um hier Ausgrabungen zu veranstalten, hat bis jetzt nicht viel erreicht, aber einige Hefte annaes (Lissabon 1850—1861 8°) veröffentlicht.

[7]) Vgl. Monatsber. von 1861 S. 757.

[8]) Vgl. Monatsber. von 1861 S. 774; abgebildet ist es in dem Archivo pittoresco 1, 1856 S. 125 durch den Engländer Dr. John Martin.

[9]) In Gerhards Denkmälern und Forschungen 19, 1861 S. 185 ff. Daselbst ist auf Tafel CLIV die Statue in Vianna abgebildet worden nach einem mir von Herrn Alexandre Herculano gütigst mitgetheilten Modell. Vgl. Monatsber. von 1861 S. 804 und Rev. archéol. 1862 S. 285.

Zwei davon stehn in Lissabon in dem Garten des Schlosses von Ajuda; eine dritte befindet sich in der kleinen Stadt Vianna do Castello (nördlich von Oporto) in einem Privathaus; mehrere andere sind an verschiedenen Orten des spanischen Galiciens zum Vorschein gekommen [10]). Im Norden Portugals hat nur Oporto einige antike Bildwerke aufzuweisen, theils in Privatbesitz, theils in der von Herrn Joåo Allen der Stadt geschenkten Sammlung des *museu publico*; die kleineren antiken Gegenstände derselben übergehe ich. In Braga sah ich nur ein kleines Relief mit Inschrift, worauf ein Mann in der Toga mit dem Füllhorn im r. Arm (also ein Genius) kaum noch kenntlich ist; der Inschrift nach ist es ein vielleicht galläkischer Gott [11]).

a LISSABON.

Die Sammlung des Königs Dom Fernando (im Palast der Necesidades) enthält einige schöne aus Neapel stammende Vasen, welche der verstorbene König Dom Pedro V geschenkt erhalten hatte, ferner Silber-, Thon- und Glasgefässe aus Portugal. Ich übergehe hier alle die bloss antiquarisch interessanten Stücke und verzeichne nur die mit Bildwerken versehenen. Die kleine Zahl bezieht sich auf die Reihenfolge der ausführlichen Beschreibung im Bullettino; die in Klammern bei den Vasen auf Jahns Tafel der Vasenformen.

912 8 (53) H. 45 r. F.

A Vier neben einanderstehende Gestalten; l. eine Frau im Chiton (ohne Flügel) r. hin, mit beiden Händen einem r. von ihr stehenden und zu ihr gewendeten Jüngling eine Binde

[10]) Schon Southey und nach ihm Denis (Portugal pittoresco 4 S. 218) sprechen davon; die portugiesischen Schriftsteller, welche sich mit den keltischen Alterthümern des Landes abgegeben haben (es laufen dabei einige Fälschungen mit unter), wie Martinho de Mendonça im 13. Band (vom Jahre 1733) der collecçåo dos documentos e memorias der Lissaboner Akademie (Theil 2 N. 16) wissen von diesen Statuen nichts.

[11]) Vgl. Monatsber. von 1861 S. 792.

hinhaltend. Der Jüngling ist nackt und trägt den spitzen Schifferhut; er hält in der R. den Speer und in der L. einen grossen runden Schild, auf welchem ein Lorbeerkranz zu sehn ist. R. von ihm steht Nike, geflügelt, in der erhobenen R. einen einhenkligen schwarzen Krug haltend, aus welchem sie in die Schale eingiesst, die sie mit der L. einem vor ihr stehenden nackten Jüngling reicht. Der Jüngling hält in der R. den Helm (die Haare umgiebt ein schmales Band), in der L. den Speer; die Chlamys liegt ihm auf der r. Schulter.

B Vier Jünglinge in Mänteln.

Auf dem oberen Rand eine Reihe von Thierbildern (ebenfalls roth auf schwarz), Löwen, Eber, Schwäne.

Schöner Stil, nicht sehr ausgeführt.

913 8 (53) H. 50 r. F.

A Thiasoten (wie es scheint) bei einer nächtlichen Feier begriffen. L. schreitet eine Frau im Chiton eilig r. hin; sie hält in der R. einen dreifüssigen Leuchter oder Fackelständer. Ihr folgt ein nackter Jüngling, in der R. eine Fackel tragend. Er wendet den Kopf um nach einer Tänzerin im Chiton hinter ihm, welche das Tamburin schlägt. R. steht ein zweiter Jüngling, nackt bis auf die Chlamys auf der Schulter; er hält den Thyrsos in der L. und wendet den Kopf zu der Tänzerin.

B Drei Jünglinge in Mänteln und eine Frau im Chiton.

Auf dem oberen Rand Löwen, Schwäne und Eber wie bei N. 912, aber weniger gut gezeichnet.

*914 1 Kleines einhenkliges Gefäss (r. F.); auf der einen Seite sitzt ein Mädchen im Chiton, mit ausgebreiteten Armen, wie um zu spielen; auf der anderen Seite steht ein zweites, ebenfalls im Chiton.

915 Silberne Schale von einfacher Form (H. 7 Centimeter, Durchmesser 12) mit einem doppelten Fries in nicht zu flachem Relief von Früchten und Thieren. Hühner und kleine

Vögel an einem Ring befestigt, ein Polyp auf den Dreizack gespiesst, Muscheln, ein Schinken in einem Korb, ein Netz mit Fischen, Artischocken, ein Messer, ein Hase, ein Henkelkrug und Becher, ein liegendes Reh, ein Korb mit Gemüse sind deutlich und natürlich dargestellt; einige andere Gegenstände bleiben dunkel. Etwas breite, aber sehr lebendige und geschickte Arbeit. (Vgl. oben N. 546).

Gefunden in Troia. Abgebildet in den *annaes* der oben erwähnten *sociedade archeologica Lusitana* Heft 1 1850 S. 4.

916 13 Kleines Gefäss aus rothem Thon ohne Henkel, leider fragmentiert; im Stil der Zeichnung und der Feinheit der Ausführung den oben beschriebenen Gefässen in Tarragona (N. 684) durchaus ähnlich. Vor einem Altar mit brennendem Opfer steht l. ein Priester, den Oberkörper entblösst, r. eine Frau im Chiton; hinter dem Priester ist auf einem Piedestal das Bild einer Göttin deutlich, doch fehlen bestimmende Attribute. Es folgen auf beiden Seiten noch mehrere andere Figuren, doch sind sie meist beschädigt. Die Vorstellung verdient Veröffentlichung.

Gefunden in Alcacer do Sal, dem alten Salacia, nicht weit von Setúbal.

917 4 Drei kleine Terracottafiguren, gewiss italischer Herkunft; zwei davon sind Frauen, stehend, die eine im Schleier, die dritte ein sitzender Jüngling, wohl Eros.

Die Sammlung der Nationalbibliothek, mit dem Münzcabinet verbunden, enthält die folgenden Bronzen, darunter einige alte Idole ähnlich den oben (N. 478 ff.) verzeichneten, und einzelne Terracotten; Thonlampen und kleinere Gegenstände verzeichne ich nicht. Die sämmtlichen von Bellermann (a. a. O. S. 264) erwähnten Bronzefiguren sind unzweifelhaft modern. Auch zweifle ich an der Aechtheit einer kleinen stehenden Bronzefigur (N. 18 H. 6) eines bärtigen Mannes (vielleicht ist Mars gemeint) mit Helm, kurzer Tunica und Stiefeln, ohne Schwert. In der ausgestreckten L. scheint er die Lanze gehalten zu haben, die erhobene R. hält nichts.

918 1 Kleiner jugendlicher Hercules (H. 18), bartlos, stehend, um den Kopf eine Binde mit einigen knospenartigen Knöpfen. Er ist ganz nackt; in der herabhängenden R. hält er die Keule (aber nicht mit dem Gestus der lysippischen Bronzestatue des Capitols, sondern sie von oben fassend); die L., in die Hüfte gestützt, hält die drei Aepfel der Hesperiden. Die Last des Körpers ruht auf dem r. Bein; der l. Fuss ist seitwärts vorgestellt. Brust und Schultern zeigen athletische Bildung; nur in den Hüften ist eine schwächliche Krümmung, ähnlich wie bei der schon erwähnten capitolinischen Statue.

Gefunden, wie man mir sagte, in Spanien.

919 2 Kleiner stehender Mercur (H. ungefähr 12), nackt, mit Flügelhut von eigenthümlicher Form. Auf der r. Schulter liegt die Chlamys, auf der l. ein Wehrgehenk. Die R., in die Seite gestemmt, hält den Beutel; in der L. hielt er wahrscheinlich den jetzt fehlenden Caduceus.

920 3 Kleiner Kopf des Mercur mit Flügelhut (H. etwa 8), von zierlicher Arbeit.

921 4 5 Zwei kleine Stiere, von gutem Entwurf, aber roher Ausführung. Nach den Löchern daran als Schmuck auf irgend einem Gegenstand befestigt.

922 8 Idol aus Bronze (H. 8), wohl männlich, mit spitzem Hut, ähnlich der phrygischen Mütze, in langem vorn offenem Gewand, die Hände gefaltet, wie es scheint. Rohe Ausführung.

923 9 10 Zwei andere ähnliche Idole, etwas kleiner; das eine, ohne den spitzen Hut, mit chitonähnlichem Gewand, scheint weiblich. Vgl. oben N. 485.

924 11—16 Sechs nackte Idole von androgyner Bildung (6 bis 15 Centimeter hoch).

Die Idole aus Erz N. 922 bis 924 sind unzweifelhaft auf

der Halbinsel gefunden worden; genauer ist der Fundort leider nicht bekannt.

925 17 Christliche Bronzelampe in Form einer Taube.

926 19 Kleine Thonfigur eines Römers in der Toga (H. 10); sicher antik, aber von roher Arbeit.

927 Römischer Sarkophag aus Marmor mit dem Apollon Musagetes und den neun Musen (H. 2½, Länge 9 Palm). Die Musen tragen (stehend bis auf 6 und 7) folgende Attribute: 1 keines, sie steht auf einen Pfeiler gestützt (wie oben N. 46); 2 zwei Flöten; 3 die tragische (?) Maske; 4 eine Schriftrolle (?); 5 einen Dolch oder Opfermesser; es folgt Apollon in langem Gewand, der Kopf fehlt (er scheint in der L. die Leier, in der R. das Plektron gehalten zu haben); 6 sitzt vor einer grossen Leier; 7 sitzt mit einer kleinen Leier; 8 hält in der L. eine Kugel (?) und zeigt darauf mit einem Stab in der R.; 9 hält die komische (?) Maske in der L. hoch. Auf den beiden Seitenflächen der gewöhnliche Genius des Todes mit der umgestürzten Fackel; die eine Seite ist verdeckt. Scheint aus später Zeit zu sein.

Gefunden in Valado bei Alfeizarão; aufbewahrt in dem früheren Kloster von Alcobaça. Eine sehr unvollkommene Abbildung findet sich in Frei Joaquin de Santa Rosa de Viterbos seltenem Buch, betitelt *elucidario das palavras que em Portugal antiguamente se usárão* (Lissabon 1, 1798 S. 79 Tafel 5, 11), der ich jedoch folgen muss, da ich das Werk nicht gesehn habe.

928 Römischer Sarkophagdeckel aus Marmor (L. 1, 35). Zwei, wie es scheint, tragische Masken zu beiden Seiten, dazwischen die nicht ungewöhnliche, aber immer interessante Darstellung dreier sitzender Dichter und vor ihnen stehender Musen. Der erste, bärtig, r. hin, hält auf dem Schooss mit beiden Händen eine geöffnete Schriftrolle. Die Muse, l. hin vor ihm stehend, trägt einen netzähnlich behandelten Chiton und den Mantel. Zwischen ihr und dem Dichter hängt eine deutlich komische Maske. Der zweite Dichter, r. hin, mit ebenfalls

deutlicher Glatze, hält eine geschlossene Rolle; die Muse, l. hin, stützt den r. Ellenbogen auf einen Pfeiler und das Kinn in die R. Der dritte Dichter sitzt l. hin und hält eine kleine Rolle in der L., die er auf den Sessel stützt; die R. erhebt er zu der l. vor ihm stehenden Muse, welche wiederum die Stellung der sogenannten Polyhymnia (oben N. 46) einnimmt. Flüchtige Arbeit.

Der Fundort ist unbekannt; der Deckel befindet sich in dem früheren Kloster Chellas bei Lissabon. Stimmten die Maasse genau, so könnte man ihn der Vorstellung nach für zu N. 927 gehörig halten. — Abguss in Berlin.

b EVORA UND BEJA.

Von der Sammlung Cenaculos sind die kleineren Gegenstände, als der Besitzer den Bischofssitz von Beja mit dem erzbischöflichen von Evora vertauschte, nach Evora auf die der Stadt ebenfalls von ihm geschenkte Bibliothek gekommen; die grösseren Marmorwerke, Säulenkapitelle und ähnliches blieben in Beja zurück bis auf einige Beine, Arme und Hände von Statuen. Hierauf beziehen sich die Buchstaben E und B. Die kleinen Zahlen gehen auf den in Evora befindlichen handschriftlichen Catalog der Sammlung mit Zeichnungen (bezeichnet CXXIX 1, 13), welchem ich auch die Fundnotizen entnehme [1]). Die Stücke, bei denen die kleine Zahl fehlt, sah ich in Evora, doch sind sie bei Cenaculo nicht verzeichnet. Glas- und Thongefässe, Schmuck und Geräth, Lampen u. s. w. verzeichne ich nicht.

929 B 97 Kolossale Statue einer sitzenden Frau wohl eine Göttin, von sehr guter Arbeit.

Gefunden in Val de Aguieiro bei Beja. Die ganze obere Hälfte fehlt jetzt.

930 B 107 Torso einer Gewandstatue, ob männlich oder weiblich, ist in der Zeichnung undeutlich.

Aus Val de Aguieiro. Scheint verloren zu sein.

---

[1]) Vgl. Monatsber. von 1861 S. 757.

931 E 104 Kopf einer Göttin mit Diadem und herabhängenden Stemmata, nicht ganz Lebensgrösse. Roh und etwas alterthümlich.

Aus Evora.

932 E Drei Bildnissköpfe von Römern, etwa drei Viertel Lebensgrösse, alle drei bartlos. Der eine schien mir Caligula sein zu können, die beiden anderen zeigen keine bestimmte Aehnlichkeit. Die Arbeit ist gut, etwa aus augustischer Zeit.

933 E 103 Kopf einer Römerin, ungefähr Lebensgrösse; der Haartracht nach etwa aus traianischer Zeit, von sorgfältiger Arbeit. Die Nase ist abgestossen und der Kopf jetzt vom Bruststück getrennt, sonst wohl erhalten.

Aus Evora.

934 E 98 Kleines Relief mit tanzenden Bacchanten, von guter Arbeit.

Aus Evora.

935 E Jugendlicher Satyr mit Weinlaubkranz, Reliefmedaillon auf (wohl moderner) ovaler Scheibe. (Vgl. N. 309 ff.)

936 Silberner Griff einer Schale, darauf in ziemlich hohem Relief ein stehender Jüngling, nur mit dem kurzen Mantel bekleidet; in der L. hält er ein Füllhorn und mit der R. libiert er aus einer Opferschale auf einen neben ihm stehenden kleinen Altar mit brennendem Opfer. Also ein Genius, ganz ähnlich dem *genius imperii* auf Münzen des Nero. Darunter stehn in Gold eingelegt die Buchstaben C C P I, welche nur be deuten können *coloni coloniae Pacis Juliae* (Beja ist Pax Julia).

Gefunden, wie mir gesagt wurde, in Troia, wohin das Gefäss durch Zufall gekommen sein muss. Vgl. Monatsber. von 1861 S. 757.

937 Sechs kleine Idole aus Bronze, zwei von der rohesten (androgynen) Art, die übrigen etwas jünger (vgl. oben N. 924).

938 Drei kleine Ziegen aus Bronze. Vgl. oben S. 329.

939 Kleiner Eber aus Bronze.

940 Christliche Thonlampe; darauf (wie es schien) Josua und Kaleb, die Traube auf dem Stabe tragend.

c OPORTO.

941 Boden einer silbernen Schale, in welcher in flachem Relief ein bärtiger Krieger, stehend, im Harnisch und kurzem Rock und Beinschienen, mit Helm, Schild und Speer, angebracht ist. Nach der in Gold eingelegten Umschrift

S·ARQVI·CIM L·SAVR·V·S·L·M·

wohl das Bild eines galläkischen Gottes, welchem die Schale geweiht war. Den Schriftzügen nach etwa aus augustischer Zeit.

Gefunden in der Quinta do Paço bei Carriça nördlich von Oporto; im Besitz des Herrn Domingos de Oliveira Maya in Oporto. Vgl. Monatsber. von 1861 S. 787.

942 Viereckiges Goldplättchen (4 Centimeter hoch und 5 breit), am Rand mit Löchern versehn, offenbar um als Zierrat befestigt zu werden, ziemlich dick; das Reliefbild darauf ist über eines der berühmten syrakusischen Dekadrachmen geschlagen, denn es zeigt den schönen Kopf der Arethusa in vollendetem Stil von vier Delphinen umgeben, mit der Inschrift *ΣΥΡΑΚΟΣΙΩΝ* oben und darunter dem Namen des Künstlers *ΕΥΑΙΝΕτος*.

Gefunden, nach durchaus glaubwürdiger Aussage, im Jahr 1840 in der Nähe der Stadt Bragança, aufbewahrt im *museu publico*. Es bleibt dahin gestellt ob in diesem merkwürdigen kleinen Kunstwerk ein Beweis mehr gefunden werden darf für die uralte Ausbeutung der Goldminen am Tajo, Douro und Minho durch sikeliotische Griechen (vgl. Plinius n. h. 4, 20, 112, Strabo 3, 4, 3 und die Stadienangaben im Itin. des Antoninus S. 423, 6), oder ob man annehmen muss, dass es in späterer Zeit durch die Römer hier nach dem äussersten Westen der alten Welt gekommen ist. Im Museum.

943 Kleiner weiblicher Kopf aus Marmor mit dem Modius, wohl Proserpina.

Gefunden in Italica und Herrn João Allen geschenkt von dem Spanier D. José de Urcullú; im Museum.

10. DER NORDEN VON SPANIEN.

Ueber den Norden Spaniens, das heisst über beide Castilien und Leon, Asturien und Galicien, Aragon, Navarra und die baskischen Provinzen, ist sehr wenig zu berichten. Antike Bildwerke sind nach dem geringen Stand der römischen Cultur dieser Gegenden zu allen Zeiten nur selten gefunden, niemals aber gesammelt worden; mit einer einzigen Ausnahme. Der Herzog von Villahermosa, D. Martin de Gurea y Aragon, ein aragonesischer Grande, hatte wahrscheinlich durch einen Aufenthalt in Italien angeregt um das Jahr 1570 auf seinem Schloss la Pedrola nicht weit von Zaragoza eine Sammlung von allerlei Kunstwerken und Alterthümern, besonders Münzen und geschnittene Steine, zusammengebracht. Nachricht davon giebt ein von dem Besitzer selbst verfasster Catalog, von welchem eine Abschrift aus dem Besitz seines Enkels, des Grafen von Guimerá, der sie im Jahr 1621 hatte[1]), an den gelehrten Lastanosa und aus dessen Sammlung an die Nationalbibliothek in Madrid gelangt ist (sie führt die Bezeichnung V 159). Nach der Aussage des Herrn Valentin Carderera in Madrid, welcher Zaragoza und seine Umgebungen genau kennt, findet sich jetzt so gut wie nichts mehr davon vor. Der Beschreibung nach war unter den Statuen und Bronzen viel modernes; einige Stücke werden ausdrücklich als Copien bezeichnet. Manches ist in Italien erworben worden; einiges ward geschenkt vom Cardinal Granvella. Erwähnung verdienen die folgenden Stücke: ein kleiner Satyr aus Bronze, in Soria gefunden (Fol. 52 N. 3 des Catalogs); eine Marmorvase mit Bacchantenreliefs, in Gaeta gefunden (N. 4): der Verfasser theilt des Antonio Agustin, seines berühmten Landsmannes, Erklärung davon mit, den er um seine Ansicht befragt hatte; eine Marmorbüste des Augustus

[1]) Der Graf von Guimerá beschreibt ausserdem eine von der seines Ahnherrn verschiedene Sammlung geschnittener Steine in einer Handschrift der Madrider Akademie B 186.

aus Zaragoza (N. 5); eine desgleichen des Hadrian aus Tarragona (N. 6), von demselben Stil, bemerkt der Verfasser, wie ein Kopf des Antinoos, welchen D. Diego Hurtado de Mendoza [2]) besass; eine Marmorbüste des Alexander (N. 70), Geschenk des bekannten Luis Andres Vives, der sie in Alcañiz, einer aragonesischen Stadt, besessen hatte; ein kleines Pferd aus Bronze (N. 7), in Girona in Catalonien gefunden und geschenkt von Arias Gallego, dem Bischof von Girona (1556 bis 1566); endlich ein kleiner Stier aus Bronze (N. 11), darauf die Buchstaben L·S, welche man verschiedentlich zu deuten versuchte. Es befinden sich in Zaragoza noch in der Krypta der halbzerstörten Kirche von Santa Engracia zwei christliche Sarkophage mit gewöhnlichen Vorstellungen und mit Inschriften. Sie sind aber neuerdings so barbarisch mit Oelfarbe angestrichen worden, dass ich die nähere Untersuchung aufgeben musste. Die älteren einheimischen Schriftsteller [3]), und die sie ausschreiben, geben nichts darüber. Nur in der guia de Zaragoza von 1860 (Zaragoza bei Vicente Andres S. 400) finde ich eine Beschreibung dieser Sarkophage. Der eine scheint fast dieselben Gruppen zu enthalten, wie der nachher zu erwähnende von Layos (N. 944): Lazarus Erweckung, die Verwandlung der Brode, das Opfer Abrahams u. s. w. Der andere, auf welchem die Beschreibung nur der Gruppe von Adam und Eva erwähnt, trägt danach die Inschriften ENCRATIA PETRVS FLORIA AVLVS ARO MARTA, welche Garucci [4]) nach anderer Mittheilung gewiss richtiger so angiebt: ARON INCRATIVI ZACO (Jacob) PETRVS FLORIA PAVLVS. Cean (S. 131) berichtet ausserdem nach einem seltenen Kupferstich des Pedro Hubert von einer im Jahr 1627 gefundenen kolossalen Statue einer liegenden Frau in Tunica und Mantel,

---

[2]) Vgl. oben S. 7 Anm. 16.

[3]) So Fr. Diego Murillo fundacion de la capilla del Pilar y excelencias de Çaragoça, Barcelona 1626 Fol. S. 265—288. Madoz dicc. geogr. 16, 579 schreibt ihn einfach aus; Ponz hat nichts darüber.

[4]) Im Bullettino von 1860 S. 176.

welche in der L. einen Apfel, in der R. ein Blumengewinde hielt; den Fuss stemmte sie gegen eine Schildkröte. Die Bedeutung ist danach schwer festzustellen. — An Ort und Stelle hat sich in diesen Gegenden auch sonst von Bildwerken so gut wie nichts erhalten, wenn man absieht von einem römischen Sarkophag in Huesca, einigen Dianabildern in Relief, die auf einer Felswand bei Cabeza del Griego sich fanden [5]), wo wahrscheinlich die alte Stadt Ercavica lag (jetzt sollen sie nicht mehr erkennbar sein), und von den merkwürdigen fünf Thierbildern aus Granit, den sogenannten *toros de Guisando*, davon vier noch auf freiem Feld in der Nähe des Hieronymitenklosters Guisando nordwestlich von Talavera de la Reyna an der Grenze von Alt- und Neukastilien stehen [6]). Der eine trägt eine lateinische Inschrift. Ueber eine ganze Anzahl ähnlicher Thierbilder, welche an verschiedenen Orten im nördlichen Spanien vorkommen und sich der Zeit und Art nach am nächsten zu den oben (S. 330) erwähnten Statuen galläkischer Krieger stellen, bereitet Herr Guerra (oben S. 269), eine besondere Publication vor. — An Mosaikbildern und kleinern Alterthümern hat es auch im Norden Spaniens nicht ganz gefehlt, besonders nicht in Castilien und Aragon. Erhalten ist davon meines Wissens aber nur der Mosaikfussboden, welcher in Carabanchel nahe bei Madrid auf der Besitzung der Gräfin von Montijo gezeigt wird. Ich sah ihn nicht; dem Vernehmen nach ist er neuerdings in der im Erscheinen begriffenen illustrierten Geschichte der Stadt Madrid der Herren Amador de los Rios und Rada in Steindruck veröffentlicht worden. Von allem verlorenen oder nicht von mir gesehenen hier zu sprechen liegt nicht in meiner Absicht, zumal den Berichten der spanischen Schriftsteller nicht immer zu trauen und die Bedeutung der beschriebenen Dinge oft schwer zu errathen ist. Nur auf einiges soll hingewiesen werden. Morales schon

[5]) Vgl. Monatsber. von 1861 S. 541.

[6]) Vgl. Monatsber. von 1861 S. 548. Cean S. 83.

beschreibt[7]) einen Sarkophag (von 8 Fuss Länge und 3½ Fuss Höhe) in der Kirche von Husillos in Altkastilien, worauf er den Kampf der Horatier und Curiatier zu erkennen glaubte. Wahrscheinlich sind es wiederum bekannte altchristliche Vorstellungen, wenigstens ist das Opfer Abrahams aus der Beschreibung ziemlich deutlich zu erkennen. Ob der Sarkophag noch vorhanden ist, weiss ich nicht. Ferner erwähne ich der Mosaikbilder von Cabriana (bei Alava in den baskischen Provinzen), auf welchem Diana als Jägerin und die vier Jahreszeiten als weibliche Gestalten[8]), sowie des von Sepúlveda (nördlich von Segovia in Altkastilien), worauf eine Weinlese dargestellt war; endlich eines Reliefs aus Lugo in Galicien mit Hercules und einer Frau, welche einen Schild im Arm und in der R. einen Büschel Aehren gehalten haben soll[9]). Die wenigen antiken Bildwerke, die ich an verschiedenen Orten selbst gesehn habe, verzeichne ich zum Schluss einzeln.

944 Christlicher Sarkophag (H. 62, Länge 1,82), etwa des vierten oder fünften Jahrhunderts, mit bekannten Darstellungen: der Auferweckung des Lazarus, dem Opfer Abrahams, der Vervielfältigung der Brode, der Einsetzung des Abendmahls, Adam und Eva, und der Anbetung der Magier.

Gefunden im Jahr 1654 zu Layos, einem kleinen Ort nicht weit von Toledo befindet er sich jetzt eingemauert in der Kirche der Nonnen von Santo Domingo el Real in Toledo. Erwähnt wird er in handschriftlichen Berichten an die Madrider Akademie, aber erst ganz neuerdings ist er in einer guten Steindrucktafel publiciert und erklärt worden von Aureliano Fernandez Guerra in der Zeitschrift el arte en España (Band 1 Madrid 1862 S. 169 ff.). Ein ganz ähnlicher zweiter Sarkophag ist im Jahr 1627 ebenfalls in Layos gefunden worden und wird von dem Conde de Mora in seiner historia de Toledo (Madrid 1654 S. 229) erwähnt. Er ist noch in Layos vorhanden und soll nächstens von Herrn Guerra bekannt gemacht werden.

---

[7]) In dem viaje santo, Madrid 1765 F. 26; danach Cean S. 172.

[8]) Cean S. 167.

[9]) Cean S. 207.

945 Kleine weibliche Statue, etwa halbe Lebensgrösse (H. ungefähr 100). Auf dem Kopf trägt sie Kranz und Schleier, das Haar ist gelockt. Die bekannte Art der Schürzung und Knotung der Kalasiris lässt keinen Zweifel daran, dass es eine Isis ist. Die Arbeit ist zierlich.

Gefunden an der Stelle des alten Clunia, jetzt in Burgos bei dem *governador* der Provinz. Vgl. Monatsber. von 1861 S. 941.

946 Christlicher Sarkophag mit der Auferweckung des Lazarus, Moses der Wasser aus dem Fels schlägt (so schien es), Adam und Eva, der Vervielfältigung der Brode und dem Opfer Abrahams.

In der Kathedrale von Astorga, in der ersten Capelle l. vom Haupteingang. Schon Morales im viaje santo (Madrid 1765 F. 178, geschrieben im Jahr 1572) und nach ihm Mauro Castella Ferrér historia del Apostol Sanctiago (Madrid 1610 S. 482) beschreiben diesen Sarkophag. Der Tradition nach bewahrte er den Leib eines Königs Alfonso, welches unter den elfen, die Castilien besass, ist nicht sicher; denn eine darauf bezügliche Inschrift auf dem Sarkophag ist erst im sechzehnten Jahrhundert und zwar historisch falsch verfasst worden, wie Florez in den Noten zu Morales nachweist.

947 Elfenbeindiptychon mit der gleichen Vorstellung auf den beiden äusseren Flächen, dem Brustbild des Consuls mit Beutel und Scepter in Medaillonform und einigen einfachen Verzierungen, ohne die üblichen Darstellungen von Spielen. Oben steht in einem Streifen auf der einen Seite in sehr schlanker und undeutlicher Schrift

FL·STRATEGIVS·APION·STRATEGIVS·APION

auf der anderen

V·$\overline{\text{INL}}$·COM·DEVV·DOMM·ET·CONS·$\overline{\text{OR}}$

Das ist *Flavius Strategius Apion* (der Raumausfüllung wegen ist der Name wiederholt) *vir inlustris, comes devotissimorum domesticorum et consul ordinarius.* Flavius Apion ist der Consul des Jahres 539; *devotissimorum* steht auch nur zur Raumausfüllung.

Diess Diptychon wird im Archiv der Kathedrale von Oviedo als

Deckel eines Notenbuchs aufbewahrt und diente noch bis vor kurzem bei der Messe an bestimmten Tagen. Wahrscheinlich wurde es aus Toledo mit anderen Schätzen vor dem Einbruch der Araber nach Oviedo geflüchtet. Eine genaue von Herrn Vigil in Oviedo gemachte Zeichnung besitzt Herr Amador de los Rios in Madrid; dem Vernehmen nach soll sie in den *Monumentos arquitectonios de España* (Madrid 1858 ff. in gross Folio, bis jetzt sind mir 12 Lieferungen bekannt) veröffentlicht werden. Vgl. Monatsber. von 1861 S. 836.

948 Flache silberne Schale (von 33 Unzen Gewicht) mit getriebenen Reliefs, zum Theil mit eingefügtem Gold. In der Mitte oben liegt die Nymphe einer Heilquelle, wie es scheint, um sie herum sieht man in verschiedenen Gruppen einen Kranken, welchem der Trunk der Quelle gebracht wird, einen bärtigen Mann in der Toga, welcher opfert, einen Sclaven, das Wasser in grosse Krüge füllend, und einen anderen, beschäftigt, diese in ein Fass zu leeren, das auf einem mit Maulthieren bespannten Karren liegt. Im Umkreis steht mit Gold eingelegt

SALVS VMERITANA

Der Ort dieser Heilquellen muss danach etwa *Umeri* geheissen haben. Auf der Rückseite im Boden der Schale steht mit punktierter Schrift

L·P·CORNELI ANII IIIXI·

(etwa *L. P(ompei) Corneliani* .....).

Gefunden im Jahr 1826 bei Castro Urdiales im Thal von Otañes, östlich von Santandér, und publiciert mit einer augenscheinlich getreuen Abbildung in den memorias der Madrider Akademie der Geschichte von 1832 (Band 7 S. XV). Die Arbeit muss ganz ähnlich wie die von N. 941 sein. Vgl. Monatsber. von 1861 S. 951.

ZUSÄTZE UND BERICHTIGUNGEN.

S. 32 Anm. 75 lies N. 63, 67 statt 62, 66.

Zu S. 41 N. 13 Auf der Schnauze des Delphins neben dem grossen Neptun, auf welche nur durch Zufall ein Lichtstrahl fallen kann, steht die folgende von Herrn Zobel bemerkte, Inschrift in ganz kleinen Buchstaben, deren Abklatsch er nur mittheilt:

Π· ΛΙΚΙΝΙΟϹ
ΠΡΕΙϹΚΟϹ
ΙΕΡΕΥϹ //////
// ΙϹ ///////

Zu S. 50 N. 28 Für die Bedeutung der Schildkröte vgl. auch Stobäos Floril. 74, 49a (3 S. 60 Meineke).

Zu S. 56 Anm. zu N. 39 Nachträgliches zu der Statue des Hypnos giebt Gerhard (Denkmäler und Forschungen 20, 1862 S. 267 ff.); den richtigen Namen hat danach Wieseler zuerst ausgesprochen.

Zu S. 78 Anm. zu N. 67 über das Korabild der Gruppe von San Ildefonso sind die neuesten Bemerkungen von Herrn von Fahrenheid (in Gerhards archäol. Anzeiger 19, 1861 S. 162*) und Bötticher (ebendaselbst S. 194*) nachzutragen.

Zu S. 82 N. 73 Wohl nicht Attis, sondern der mithrische Hesperos; ebenso S. 288 Anm. 2.

Zu S. 116 Anm. zu N. 191 Ein Abguss der früher Matteischen, jetzt im Besitz des Herzogs von Wellington befindlichen Büste des Cicero ist in dem Dresdener Museum der Gypsabgüsse (Hettners Verzeichniss von 1861 S. 90 N. 198). — S. 117 Z. 18 v. o. streiche die Wörter 'wahrscheinlich' und 'sicher'.

S. 191 Z. 1 schreibe Herculaneum statt Herculanum.

S. 234 zu N. 546 sind die Citate aus Dávila S. 66, 186 und der Abbildung in Caylus récueil d'antiq. 1 S. 216 Tafel 87 ausgefallen. Das Gefäss ist 2 Zoll hoch und hat 3 Zoll 5 Linien Durchmesser.

Zu S. 274 Nicht an bestimmtem Platze unterzubringen war ein kleines Bronzeidol, ähnlich dem der Akademie der Geschichte N. 485 und denen in Lissabon N. 922. 923, aber bei weitem besser, mit spitzem Hut und Hammer, wie es scheint (also wohl ein Kabir), von welchem Herr Zobel eine Zeichnung mittheilte (vgl. Gerhards archäol. Anzeiger 20, 1862 S. 309*); es befand sich früher im Besitz eines Herrn Olivan. Endlich besitzen die Herren Zobel und Bermudez Sotomayor sowie Capitain Jackson in Gibraltar vier kleine ägyptische Figuren aus hellblauem glasierten Thon, welche sämmtlich in Spanien gefunden sein sollen. Lepsius, welchem ich Abklatsche der Inschriften vorlegen konnte, bemerkt darüber folgendes: 'die Statuetten gehören alle vier einem königlichen Kem (? Namens Men-Psametek, dessen Mutter Teti-Nebhotep hiess. Der Name des Mannes ist mit dem des Königs Psametich zusammengesetzt, welcher letztere in den Königsring eingeschlossen ist. Die Zeit der Statuetten (Dynastie XXVI, etwa 670 v. Chr.) ist dadurch bestimmt. Auch auf der grössten der Statuetten des Herrn Guerra (oben S. 269) kommt der Name Psametich als Privatmann ohne Schild vor; er führte den Beinamen Aah-mas (Amasis) und seine Mutter hiess Bast-a-iritis.'

Zu S. 289 Anm. 4 Das Mosaik ist auch abgebildet bei Ponz 4 (1779) S. 261.

Zu S. 290 Anm. 5 Nach Cean S. 96 soll das vermuthliche Anaitisrelief vielmehr einen Mann darstellen.

VERGLEICHUNG

der Nummern des Inventars der königlichen Sculpturensammlung mit denen dieser Beschreibung (vgl. S. 26 ff.),

Viele Nummern sind öfter vorhanden, da mehrere Zählungen durcheinander zu gehn scheinen. In solchen Fällen weist der Buchstab des Sales und die Nummer des Platzes zurecht. Die ebenfalls ziemlich zahlreichen Stücke, welchen die Inventarnummern ganz fehlen, stehen am Schluss nach den Sälen und Nummern der Plätze verzeichnet.

Inv.	Beschr.	Inv.	Beschr.	Inv.	Beschr.	Inv.	Beschr.
1	21*	35	212	67	179	141	239
2	42	36	271	68	240	165	330
5	31*	37	313	69	184	168	7*
6	215	39	316	70	43	175	63
7	65	40	223	71	14*	189	325
14	285	41	165	72	255	194	32
15	285	42	23*	73	332	196	99
16	204	43	77	74	48*	196a	100
17	40	44	30*	75	327	196b	107
17	285	45	254	77	33*	200	339
18	27	45a	202	78	225	207	339
18	268	46	317	79	5	208	306
18	285	48	312	80	243	223	76
19	194	50	174	81	307	226	201
20	44*	51	213	82	47*	231	256
21	301	53	86	86	337	235	64
23	229	54	149	88	118	237	3*
24	90	55	311	90	10	239	31
25	35	56	43*	92	72	242	114
26	260	57	310	93	80	246	338
27	265	59	94	95	4	247	270
28	314	60	6*	95	47	248	193
29	45*	61	66	95	218	249	37
30	315	62	233	96	295	250	277
31	206	63	97	98	127	251	8*
32	264	64	308	100	7	252	40*
34	18	65	42*	129	17*	253	11
34	23	66	309	139	46*	254	37*

Inv.	Beschr.	Inv.	Beschr.	Inv.	Beschr.	Inv.	Beschr.
255	88	312	24*	390	290	450	81
257	44	313	328	391	216	451	22*
258	192	320	219	392	170	452	178
260	326	324	46	393	187	453	286
262	321	330	235	394	24	455	148
264	272	331	15*	395	250	456	92
265	93	332	230	396	150	457	75
266	25	333	259	398	266	456	117
266	45	336	14	399	172	458	96
269	305	338	78	400	269	459	147
269	320	340	26*	401	51	460	180
270	49*	340	208	402	222	460	287
271	334	341	257	403	244	461	231
273	151	342	41*	405	267	462	186
274	34*	342	205	406	153	463	104
275	60	343	220	408	52	466	111
275	79	345	188	409	108	467	302
276	110	346	85	410	176	468	234
277	167	352	17	411	50*	470	247
278	323	353	296	412	275	471	238
280	331	354	27*	415	33	472	55
281	239	355	297	415	248	473	283
282	181	356	282	414	126	474	102
283	196	359	121	419	57	475	252
284	83	361	105	419	236	479	221
285	228	362	292	421	2	480	56
286	119	363	292	422	291	481	273
286	274	364	224	424	3	482	95
287	322	365	28	426	84	483	294
289	303	366	73	428	210	485	39*
291	12*	368	197	429	53	486	262
292	103	369	293	430	89	487	292
293	26	370	116	431	10*	488	292
294	11*	371	185	432	318	489	258
298	324	372	115	434	171	490	35*
299	190	373	49	435	106	49..	249
300	200	374	276	436	54	493	1*
301	125	375	124	436	207	494	62
302	29*	377	227	437	251	495	4*
302	58	378	177	438	109	496	237
304	199	379	198	439	51*	497	261
305	319	380	50	440	18*	500	16*
306	217	381	242	441	156	501	209
307	304	382	155	442	20*	503	28*
309	191	383	288	444	189	504	13
310	123	384	241	445	98	505	25*
310	246	385	157	447	214	508	289
311	36	389	13*	448	164	512	5*

Inv.	Beschr.
513	1
520	70
524	59
530	39
531	41
535	69
728	74
733	16
735	113
748	21
754	145
761	34
762	20
767	12
771	29
772*	19
773	299
773	300
779	15
790	38
792	68
793	61
794	22
891	36*
898	120
912	141
918	122
918	146
920	128
922	140
932	134
935	226
937	281
938	135
941	132
944	32*
947	133
986	8
987	6
A 11	19*
B 2	335
B 28	336
B 40	67
neben	
C 763	71
D 2	298
D 5	284
F 80	245
G 6	9
I 1	253
I 3	130
I 5	195
I 6	143
I 8	112
I 8a	82
I 9	211
I 10	129
I 12	30
I 13	142
I 14	87
I 15	333
I 16	263
I 17	144
I 18	131
I 19	280
I 20	278
I 21	136
I 24	279
K 3	101
K 5	2*
K 9	138
K 19	232
K 20	203
K 21	139
K 22	137
K 23	38*
K 29	91
M 1	182
M 2	154
M 3	166
M 4	9*
M 5	173
M 6	161
M 7	158
M 8	152
M 9	168
M 10	163
M 11	175
M 12	169
M 13	162
M 14	160
M 15	159
M 16	183

REGISTER.

B. bedeutet Büste, *Br.* Bronze, *M.* Mosaik, *R.* Relief, S. Seite, *St.* Statue, *Th.* Thon (Terracotta), *V.* Vase. Die eingeklammerten Zahlen und Namen bedeuten falsche aber übliche Benennungen, die Sterne Copieen.

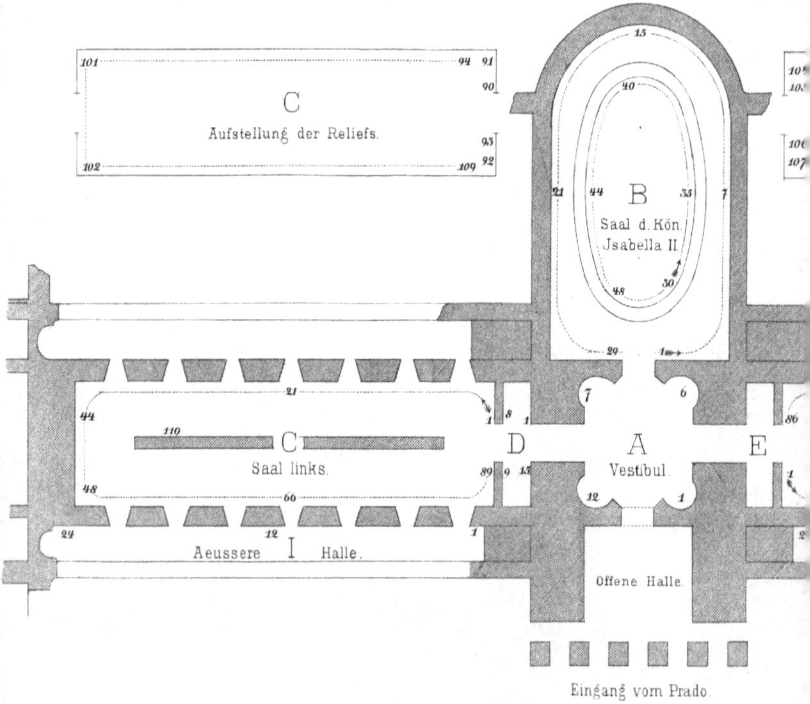

DIE KÖNIGLICH

zu S. 26.

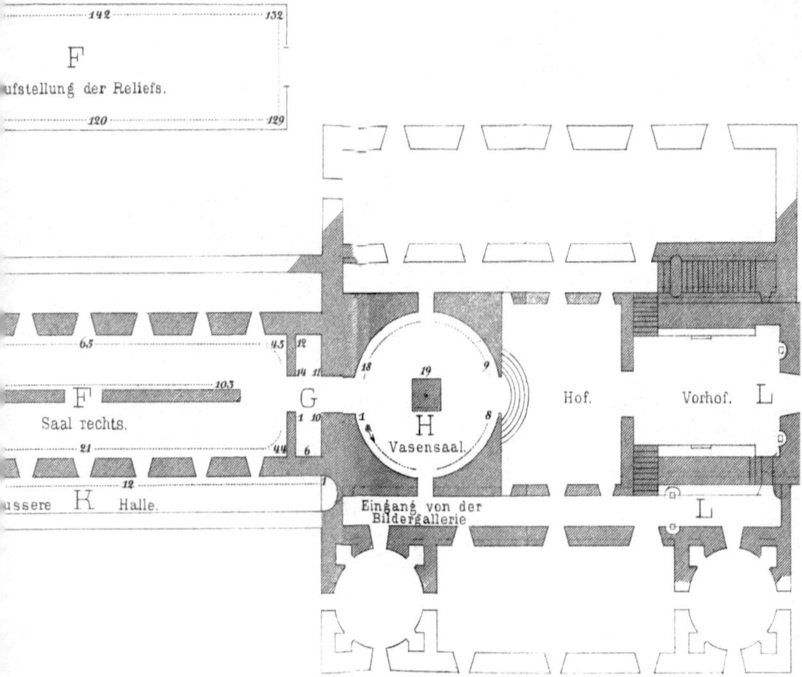

URENSAMMLUNG.

FSC
www.fsc.org
MIX
Papier | Fördert
gute Waldnutzung
FSC® C083411

Kolibri 360 GmbH
Ferdinand-Jühlke-Straße 7
99095 Erfurt, Deutschland
produktsicherheit@kolibri360.de